HISTOIRE NATURELLE EN

Animaux
et Plantes

PAR

FULBERT DUMONTEIL

Auteur des *Bêtes curieuses*, des *Portraits zoologiques*, etc.

PARIS

Ve P. LAROUSSE ET Cie
RUE MONTPARNASSE, 19

Succursale :
Rue des Écoles, 58
(Sorbonne)

HISTOIRE NATURELLE EN ACTION

———

Animaux et Plantes

HISTOIRE NATURELLE EN ACTION

Animaux et Plantes

PAR

FULBERT DUMONTEIL

Auteur des *Bêtes curieuses*, des *Portraits zoologiques*, etc.

DEUXIÈME ÉDITION

PARIS

Vᵉ P. LAROUSSE ET Cⁱᵉ
RUE MONTPARNASSE, 19

Succursale :
Rue des Écoles, 58
(Sorbonne)

PRÉFACE

Ce livre n'est pas un traité méthodique, un manuel de pure et stricte science, un ouvrage enfin sèchement classique, hérissé de descriptions arides et de mots barbares.

J'ai essayé d'écrire des pages attrayantes et variées, exactes et pittoresques, intéressantes et vraies, qui soient en même temps des leçons instructives et des lectures choisies.

Dans cette *Histoire naturelle en action*, au lieu d'enseigner, je raconte ; au lieu de démontrer et d'expliquer, je tâche de faire voir et de faire toucher ; au lieu d'écrire, je peins ; au lieu de parler, je cause. Mon enseignement est un récit, ma leçon est un tableau.

Certains écrivains semblent avoir pris ces mots pour devise : *ennuyer en instruisant*. Je voudrais prendre et tenir celle-ci : *instruire en intéressant*. Et c'est en parlant le moins possible de la science que je m'attache à la faire rechercher et aimer.

Ce livre est comme un voyage pittoresque mais réel, sans fantaisie ni caprice, autour de la création. Ce n'est pas l'imagination, mais la vérité étudiée ou surprise qui en fera tous les frais et tout le charme.

Ce n'est pas un voyage en quatre-vingts jours, mais en quelques heures et en quelques pages.

Pour passer d'Afrique en Asie, d'Europe en Amérique, du pôle à l'équateur, vous n'aurez qu'à tourner un feuillet.

Nous partons de la *maison* en faisant un tour de jardin, et du *jardin*, que parfument les fruits et les fleurs, nous passons dans la *ferme* et dans les *champs*, cadre immense et rustique ; après les champs, les *prairies* et les *rivières*, les fleuves, les étangs ; après la plaine, la *montagne*. De ses cimes élevées nous apercevons la vaste *mer*, nous entendons le bruit des flots et nous descendons des pics glacés pour parcourir ses rivages. Enfin, ce navire qui passe nous prend à son bord et nous mène aux *océans polaires* pour nous conduire ensuite dans les mers brûlantes des *tropiques*.

Les tableaux succèdent aux tableaux, et chacun de nos pas est irrésistiblement suivi d'un autre pas. Tout se tient, tout s'enchaîne, tout nous attire et tout nous charme.

Que nous nous trouvions dans les steppes de neige ou dans les déserts de sable, près du pôle ou sous les tropiques, au bord du Nil ou d'un ruisseau, en face de la mer ou d'une fontaine, en présence des Alpes et des Pyrénées ou d'une motte de terre, la Nature aura toujours à nous ménager une curieuse surprise, un merveilleux tableau. Ici, son aspect grandiose éblouit les regards et confond la pensée ; là, nous aurons besoin du microscope pour grossir ses perfections et pénétrer ses mystères.

Que la Nature fasse petit ou grand, humble ou majestueux, charmant ou terrible, c'est toujours le même génie incomparable et souverain. Aussi bonne que puissante et variée, elle étend sa sollicitude sur tout ce qui pousse, croît, végète, vit. Sa bonté et son génie éclatent aussi bien dans la pâquerette et dans l'abeille que dans le cèdre et dans l'éléphant, aussi bien dans le roseau que dans le chêne et le palmier.

Dans ce voyage autour du monde nous n'avons à redouter ni les tempêtes de neige ni les ouragans de sable, ni les avalanches des monts, ni les débâcles de glaces ; nous n'avons à craindre ni les fauves du désert, ni les reptiles des forêts, ni les monstres de l'océan. Mais je me prends à redouter pour vous un danger plus formidable que tous ces fléaux : l'ennui.

Aussi bien, pour nous en préserver, nous aurons recours aux faits historiques qui frappent et intéressent, aux récits qui passionnent, aux anecdotes qui égayent, aux souvenirs qui reposent, aux légendes qui charment. Enfin, je ferai tous mes efforts pour qu'on ne me laisse pas en route et que nous soyons aussi nombreux au retour que nous le fûmes au départ.

Et maintenant, je dédie ce livre à la jeunesse, que j'aimai toujours et dont je me rapproche de plus en plus par la sympathie, à mesure que je m'en éloigne chaque jour par les années.

F. D.

I

LA MAISON ET LA COUR

En faisant son apparition sur la terre, le premier homme ne trouva naturellement ni layette, ni berceau.

Il était sans habit, sans toit.

Sa première demeure est une caverne creusée par le temps, une grotte taillée par la nature.

Son premier vêtement est la peau qu'il envie et qu'il dispute au fauve, qu'il arrache à son cadavre.

Des siècles s'écoulent : avec des branches et des troncs d'arbres, l'homme se bâtit une misérable hutte, qui le plus souvent se dresse sur pilotis, au milieu des eaux, à l'abri des fauves.

Des siècles s'écoulent encore : l'homme s'est fabriqué, d'abord, des outils de pierre ; puis, des outils de bronze, de fer. Ce ne sont plus des branches qu'il ramasse ou qu'il brise pour s'élever un abri : il taille la pierre, il coupe le bois, il possède une demeure.

Les siècles se succèdent toujours : à la cabane s'ajoute une autre cabane, et cette maison primitive devient un village, le village une cité.

Après des milliers d'années, des monuments et des palais dressent leurs frontons magnifiques à côté de la maison.

Mais qui pourrait nous dire les millions de siècles qui

séparent la première hutte de l'homme des édifices de
l'antiquité, des châteaux de la Loire et des palais de
Venise !

Prenons la maison telle qu'elle est aujourd'hui. C'est
autre chose qu'un toit commode, qu'un abri souvent
luxueux ; c'est un foyer commun, c'est la famille ; et
toutes ces familles forment la Nation, tous ces foyers,
la Patrie.

Une des premières choses que l'homme ait faites après
son installation, ce fut d'ouvrir la porte de sa demeure
aux animaux utiles, ses auxiliaires, ses compagnons et
ses amis ; il accueille le chien, son gardien fidèle ; il
donne asile au chat, destructeur des rats et des souris ;
il bâtit une écurie pour le cheval conquis et dompté ; il
élève des étables à la chèvre acclimatée, au lapin, au
coq, à la poule ; et, en échange de son hospitalité, ces
animaux donnent à l'homme une chair exquise, des
œufs estimés, un lait bienfaisant.

Enfin, il accorde sa protection à de charmants oiseaux qui viennent égayer sa demeure de leurs chansons et suspendre leurs nids à son toit : l'hirondelle,
le rouge-gorge, le roitelet, la cigogne.

Mais l'homme ne compte pas seulement des amis autour de son foyer. Des bêtes avides et nuisibles, de
véritables ennemis ont envahi sa maison : la teigne,
fléau des armoires, qui s'attaque au linge, aux vêtements ; la mouche importune, si dangereuse quelquefois ; la fourmi intelligente, mais vorace ; l'araignée industrieuse sans doute, mais fort gênante ; le pou immonde ; la punaise infecte ; la puce enfin, la puce insatiable et cruelle, qui boit notre sang.

N'oublions pas le rat dévastateur, ni ce gentil nain,
impitoyable rongeur, sa miniature : la souris.

Entrons dans la maison de l'homme et faisons plus
ample connaissance avec les habitants que je viens de
citer au courant de la plume.

1. — Le Chien

Vigueur, agilité, courage, instinct merveilleux, intelligence et mémoire étonnantes, souplesse et docilité, sentiment exquis, constance exemplaire, fidélité à toute épreuve, dévouement sans bornes, le *Chien* a tout pour lui ; et ces brillantes aptitudes, ces qualités précieuses, il se fait comme un plaisir de les mettre, entre deux caresses, aux pieds de l'homme.

Le Chien.

Canis amantissimus hominis : il est notre meilleur ami, notre grand auxiliaire, notre infatigable et dévoué compagnon.

Variant ses services et multipliant ses rôles, toujours obéissant à la voix de l'homme, il le suit à travers les siècles, l'aide, le sert, le complète dans la con-

1.

quête du monde. Rapide, ardent, curieux, ne se lassant jamais, il semble un avant-coureur de la civilisation et l'on dirait qu'il poursuit le progrès, ayant pour fanfare la voix de l'humanité.

De l'Orient à l'Occident, du pôle à l'équateur, on le trouve toujours aux côtés de son maître aimé, l'homme.

Chez les Esquimaux où règnent des frimas éternels voyez-vous ces traîneaux glisser avec une vitesse fantastique sur les champs de glace et de neige ? Qui les conduit ainsi ? des chiens.

Si, du pôle, nous passons brusquement sous les tropiques, nous trouvons l'admirable *chien du Hottentot*(1), que son maître admet à toutes les aises du foyer, qu'il regarde comme l'ami de la maison, qu'il traite comme un membre de sa famille. Quels services, en effet, ne rend-il pas à ces peuples pasteurs ? Autour des troupeaux parqués et endormis, ces chiens intelligents se posent en sentinelles par distances égales et, l'oreille tendue au plus léger bruissement, la tête allongée, le regard fixe, ils surveillent toute la nuit le bétail en paix. Mais voici que, d'heure en heure, d'autres chiens s'en vont patrouiller à plusieurs mètres du camp pour surprendre l'ennemi et donner l'alarme. Cet ennemi est-il une panthère, un léopard, un lion, aussitôt l'intelligente patrouille par des aboiements désespérés appelle à son secours les chiens des troupeaux voisins, et ceux-ci accourent bravement les aider à titre de réciprocité.

Le Chien, toujours et partout le Chien. Ici, c'est un gardien incorruptible, un défenseur de la maison, intrépide jusqu'à l'héroïsme, dévoué jusqu'à la mort. Là, un chasseur infatigable, d'une sagacité merveilleuse et d'un étonnant courage. Entendez-vous les aboiements de la meute se mêler aux bruyantes fanfares ?

_____

(1) *Hottentot,* habitant d'une vaste contrée de l'Afrique méridionale.

Voyez-vous passer cette nappe ondulante et vivante, qui se déploie, se resserre, s'étend, disparaît, emportée sous les grands bois par le démon de la chasse ? Comme il chasse la caille et le perdreau, le Chien chasse les fauves, les colosses et les monstres de la création : le cerf, le loup, le sanglier, l'ours, l'éléphant, le tigre, le lion.....

Le long des fleuves et des rivières, dans le port des villes, le robuste et vaillant *terre-neuve* aux doigts palmés, joue le rôle hardi et bienfaisant de sauveteur. Vers 1840, ne montrait-on pas dans le port de Brest un brave chien qui, dans sa brillante carrière, n'avait pas tiré des eaux moins de quinze personnes !

Bien campé, le regard vigilant et rusé, drapé dans son importance de garde champêtre, surveillant, dirigeant, défendant le troupeau qui lui est confié, apparaît au milieu des champs, l'admirable *chien de berger*, le modèle et la souche de la race canine.

Là haut, sur le sommet des Alpes, bravant la tourmente des neiges et de l'ouragan, s'élance hardiment le *chien* philanthrope *du Mont St-Bernard*. Sans secours, sans témoin, enseveli dans la neige, le voyageur attend la mort ; tout à coup, au milieu des rafales furieuses, un ami, un sauveur apparaît au bord de l'abîme :

> Un chien, en aboyant de joie,
> Frappe du voyageur les regards éperdus :
> La Mort laisse échapper sa proie,
> Et la Charité compte un miracle de plus.

Dans les rues tortueuses et bruyantes, le bâton à la main, un aveugle s'avance, guidé par un ami attentif qui ne se lasse jamais de diriger ses pas. Ce compagnon, c'est le *caniche* fidèle qui, la sébile aux dents, regarde, quête, implore pour son maître. Sur un tréteau forain, aux sons bizarres des trombones enroués et des fifres stridents, un être en perruque poudrée, le tricorne sur l'oreille, la queue en trompette et l'épée au côté ,fait la parade devant la foule émerveillée. C'est le *chien savant*, plus étonnant et plus goûté du public qu'Arlequin et Colombine.

Gardien incomparable, bête de trait, estafette et cicérone, commissionnaire exact et fidèle, artiste, philanthrope, sauveteur et chasseur sans rival, tel est le Chien.

De tous les dévouements historiques des chiens on écrirait un volume colossal, une sorte de *Morale en action* dont le Chien intelligent et fidèle serait le héros.

Au-dessus de ses brillants services, de ses facultés étonnantes, de ses merveilleux instincts, de sa prodigieuse intelligence, le Chien brille par la délicatesse de ses sentiments, par son dévouement que rien n'arrête, par sa constance que rien ne lasse, par sa docilité que rien n'égale, par son désintéressement dont rien n'approche.

> ..... Le Chien, aimable autant qu'utile,
> Superbe et caressant, courageux, mais docile,
> Garde du bienfait seul le doux ressentiment :
> Il vient lécher ma main après le châtiment.
> Souvent il me regarde ; humide de tendresse,
> Son œil affectueux implore une caresse :
> J'ordonne, il vient à moi ; — je menace, il me fuit ;
> Je l'appelle, il revient ; — je fais signe, il me suit ;
> Je m'éloigne, quels pleurs ! — je reviens, quelle joie !

Vous plaît-il maintenant de faire l'intime connaissance de quelques braves chiens ? Nous n'avons qu'à les appeler pour qu'ils accourent à notre voix. Voici déjà le Caniche, le chien Danois, le Loulou d'Alsace.

2. — Le Loulou d'Alsace

Vif, alerte, bruyant, joyeux, tout mouvement, tout caresse, tout fidélité ; la toison épaisse et blanche, marquée de noir ou de feu ; l'oreille droite, le museau fin, et la queue, panache magnifique, éternellement relevée en cor de chasse ; la poitrine effacée, le corps trapu et nerveux, l'allure franche et gaie, l'œil riant et doux : tel est le *Loulou d'Alsace*, le plus aimable et peut-être le plus français des chiens.

Remuant, bavard, il a du vif-argent dans les pattes, aboie à tout propos, va, vient, bondit, aime le bruit et ne se prive guère d'en faire, adore le grand air, la liberté et professe un goût singulier pour l'impériale des diligences.

De la pluie, du froid, du vent, de la neige, l'intrépide postillon se moque de tout, pourvu qu'il marche, qu'il aboie, qu'il entende le hennissement des chevaux, les grelots sonores et les fouets claquants.

Jadis, deux choses caractérisaient l'antique, la vénérable diligence, qui, après un siècle de bons et loyaux services, s'est remisée dans le passé pour faire place à la locomotive. Ces deux choses invariables et légendaires étaient la casquette en loutre du conducteur et le Loulou de l'impériale.

Cette impériale était comme son trône aérien d'où il observait tout, surveillait tout, aboyant toujours.

Son aboiement expressif et varié comme un langage humain, excitait les chevaux, avertissait qu'un trait venait de se briser, saluait le chien des fermes ou, le long de la route, conviait les piétons fatigués à monter en voiture.

On aurait dit que les bagages, les malles qu'il gardait, et dont il se faisait un piédestal, étaient à lui. Et le conducteur, courbé sur ses chevaux trottants, songeait qu'il avait là, derrière lui, un surveillant infatigable, un compagnon fidèle, un ami. Et à chaque relai le Loulou, mettant patte à terre, trouvait dans la salle d'auberge où il était connu une caresse et une bouchée de pain....

Puis, escaladant en trois bonds sa niche aérienne, il mêlait ses aboiements précipités aux claquements du fouet et semblait dire aux clients attardés à boire : « En route, les voyageurs ! »

Un jour, sur la route d'Angoulême à Périgueux, le conducteur de la diligence est frappé d'apoplexie et tombe mort aux pieds de ses chevaux. Aussitôt son Loulou fidèle est auprès de lui, le flairant, le léchant, le pleurant. Il fait nuit, les champs sont couverts de neige, et pas de village, pas de maison dans le voisinage. Les voyageurs sont consternés.

Mais depuis dix ans qu'il fait le chemin, le Loulou connaît le pays, et son merveilleux instinct lui dit qu'il a un devoir à remplir.

Après une dernière caresse au mort, que ses plaintifs aboiements semblent recommander aux voyageurs, il part ; il part, courant, bondissant dans les neiges, atteint le relai voisin, se précipite dans la salle d'auberge qu'il remplit de ses gémissements et, tirant l'aubergiste par sa blouse, il semble lui dire : « Mais venez donc, un malheur est arrivé ! »

On suit le chien, on se trouve auprès du mort, on rassure les voyageurs, et la diligence continue sa route avec le Loulou, qui a repris là haut sur l'impériale son poste de confiance et d'honneur. Mais il n'aboie plus ; allongé sur une malle, son beau panache immobile et la tête entre ses pattes, il pleure son pauvre maître étendu mort dans le coupé.

Vers 1860, il y avait sur la ligne de l'Est un Loulou

bien connu qui, tous les jours, faisait le trajet de Strasbourg à Bâle sur la machine, tantôt avec un mécanicien tantôt avec un autre. Il n'était à personne et appartenait à tout le monde. C'était le Chien de la Compagnie, comme d'autres ont été le Chien du Régiment.

D'où venait-il ? quelle était son histoire ? Nul ne le savait.

Peut-être un embranchement nouveau lui avait-il ravi sa diligence et, n'ayant plus d'impériale, s'était-il résigné à monter en chemin de fer ?

C'était toujours le bruit, le grand air et la liberté.

Je vois encore ce brave animal agitant dans la fumée son panache tout noir de charbon et campé fièrement à côté du chauffeur comme si lui-même conduisait le train.

Au lieu des fouets claquants et des grelots sonores, les grondements de la vapeur et le sifflement des locomotives ; et, en guise de relais, des stations où il ne manquait jamais d'aboyer.

Il était heureux. Seulement dans sa cervelle de chien il devait trouver que les chemins de fer vont plus vite que les diligences et que la civilisation est en progrès

---

3. — Le Chien Danois

Le *Chien Danois* ne joue pas aux dominos et ne tire pas la bonne aventure sur les places publiques comme le caniche. Il ne polke pas sur les tréteaux forains comme les levrettes de Corvi, avec une fleur derrière l'oreille et un éventail à la patte.

Ce n'est pas un admirable garde champêtre comme le chien de berger, ni un cantinier bienfaisant comme le molosse du Saint-Bernard. Mais le Danois gigantesque, au poil fauve et ras, est peut-être le plus beau, le plus fort et le plus terrible des chiens de garde.

Le poitrail magnifique, la tête nerveuse et massive, la robe d'un fauve clair, le cou robuste, la patte féline et trapue, le front haut et majestueux, le chien Danois a l'air d'une jeune lionne du cap de Bonne-Espérance.

Sa vigueur égale sa taille et sa redoutable humeur est à la hauteur de sa taille.

Il est défiant et ne mange que ce que lui donne la main du maître. C'est par prudence, non par fidélité. Son intelligence n'est pas de premier ordre et il ne brille pas, dit-on, par la reconnaissance.

Le Danois est cruel. Quand le Régent de France, Philippe d'Orléans, fut mort, on ne put embaumer que la moitié de son cœur. Son chien favori, un grand Danois qui ne le quittait jamais, se jeta sur l'organe saignant de son maître et le dévora. Il fallut lui en arracher les morceaux de la gueule.

Cet abominable animal était d'autant plus coupable que depuis dix ans il vivait à la cour, admiré, choyé, caressé et n'avait qu'à aboyer pour être servi.

Je vous laisse à penser quel portier terrible doit être pendant la nuit un pareil animal.

Il me fut donné un jour d'assister à une lutte épique entre un chien Danois et un de ces vieux dogues de Bordeaux dont la race s'éteint, colosse au front bas, aux crocs formidables et nus, à la tête monstrueuse et dure comme un billot, aux lèvres épaisses et pendantes, à l'œil sanglant. Vous voyez la bête...

Bien qu'il en coûte à mon patriotisme, je dois dire qu'une victoire chèrement achetée, mais éclatante, resta au chien Danois.

4. — Le Caniche

Le *Caniche*! Eh! pourquoi pas? Faut-il le dédaigner parce qu'il est notre voisin et notre ami? Faut-il l'oublier parce qu'il est auprès de nous? Est-ce que « ce candidat à l'humanité » par la finesse de l'esprit et l'excellence du cœur, n'est pas une bête exceptionelle et vraiment curieuse?

D'aucuns prétendent que le premier des chiens est le chien de berger. Je proteste au nom du Caniche!

Mon estime, du reste, est acquise à son rival campagnard. J'aime son allure rustique et vaillante, sa bravoure, son œil retors, sa moustache rude et crottée, jusqu'à son vêtement de bure. J'admire la prudence et la sagacité qui se cachent dans ce paysan du Danube (1).

Je sais qu'aux champs le chien de berger est comme le pivot de la société. C'est la providence des étables et la sécurité des troupeaux. Sans lui, plus de discipline, plus d'ordre, plus de progrès, plus de côtelettes, plus de gigots. Sans lui, le loup, cet intransigeant farouche, passerait de la forêt à la bergerie et de la bergerie au foyer. Mais alors il n'y aurait plus de foyer.....

Au bout du compte, le chien de berger n'est qu'un garde champêtre, un admirable garde champêtre. Le Caniche, lui, est un esprit supérieur, libre et dévoué, un bienfaiteur, un artiste.

Il a le cœur dans la patte et le génie dans les yeux. Il ne demande qu'à s'instruire ou à se sacrifier ; et, sociable jusqu'à la camaraderie, il se plaît surtout dans la civilisation des grandes cités.

(1) *Paysan du Danube*, nom que, d'après celui d'un personnage d'une fable de La Fontaine, on donne à tout homme d'un extérieur grossier, d'une franchise brutale.

Il est pour la liberté et le dévouement, comme le chien de berger est pour l'autorité et la répression.

Ce sont deux grands esprits ; mais, ai-je besoin de le dire, toute ma sympathie est pour le Caniche et, en l'aimant comme je l'aime, je ne crois faire qu'aimer mon semblable.

Son rôle légendaire et pieux est de conduire les aveugles. C'est commun ; ce n'est point banal. Il faut voir avec quelle sollicitude et quelle sagacité le Caniche guide à travers les carrefours et les rues son Bélisaire d'occasion (1). Il faut voir avec quelle patience intelligente il tourne les obstacles, avec quelle muette éloquence son regard humain appelle les petits sous dans la tirelire de l'aveugle.

Il mendie. D'accord. Mais c'est pour son maître qu'il tend la patte.

C'est aussi un artiste. Il a le feu sacré et la passion des bravos. Il aime à courir de foire en foire et à monter sur les planches pour émerveiller les badauds.

Son amour-propre de caniche est flatté, sans doute, de parader devant un parterre de bourgeois, et puis, n'est-ce pas un grand pas vers la liberté que d'avoir abandonné la corde pour la rampe et la niche pour le chariot de Thespis (2) ?

S'il remplit d'une façon touchante, dans la vie réelle, le rôle ingrat d'Antigone (3), il joue sur la scène les clowns (4), les gendarmes et les fantassins avec une bonhomie et un naturel désopilants.

Combien de fois, au coin d'un carrefour ou sur une place publique, je me suis arrêté, au bruit du fifre et du

(1) *Bélisaire*, général romain qui fut disgracié et privé de la vue.
(2) *Chariot de Thespis*, chariot sur lequel Thespis, le créateur de la tragédie chez les Grecs, allait avec ses acteurs jouer ses pièces dans les campagnes.
(3) *Antigone*, fille d'Œdipe, servit de guide à son père lorsqu'il se fut crevé les yeux.
(4) *Clowns*, bouffons anglais doués de beaucoup d'agilité et de souplesse.
N. B. — Toutes ces notes étant nécessairement concises, on trouvera des développements dans le petit *Dictionnaire illustré* de P. LAROUSSE.

tambourin, pour voir parader entre une chatte somnambule et une chèvre dansante ce grand artiste : le Caniche.

Le dos taillé en plate-bande ; le visage presque humain, enjolivé de moustaches et d'une barbiche, il culbutait comme un clown de l'Hippodrome ; ou bien, la tête coiffée d'un képi, il faisait l'exercice avec un fusil d'enfant ; une autre fois, le maillot rose était remplacé par un baudrier, et le tricorne sur l'oreille, traînant un petit sabre de bazar, le Caniche-gendarme avait l'air de chercher dans la foule un criminel imaginaire.

Tel est le Caniche : Antigone, Auriol, Pandore et Dumanet (1) ! C'est plus et mieux que tout cela ; c'est par le meilleur côté, celui du cœur, le plus proche voisin de l'homme.

L'année dernière, un simple faits-divers a fait le tour des journaux. Je l'ai recueilli. Oublié, je le rappelle.

Un jardinier de Chatou s'aperçut un jour qu'un grand tas de carottes déposées dans sa cave diminuait sensiblement. Il se cache derrière une porte et, s'armant d'un gourdin, guette le voleur. Que voit-il? Son chien, un jeune caniche qui s'avance en tapinois, s'arrêtant, se baissant, regardant, rasant les murs.

Le chien saisit une carotte dans sa gueule et s'enfuit dans l'écurie. Le jardinier le suit, et, regardant par une lucarne, au lieu d'entrer, assiste à ce spectacle aussi touchant que curieux : le Caniche s'approche d'un vieux cheval malade, son compagnon de litière et son ami, dépose la carotte dans sa mangeoire et s'en va en chercher dans la cave une seconde, une troisième, une quatrième, etc.

A chaque carotte qu'il apporte, le Caniche agite avec joie son tronçon de queue et semble dire à son ami, le cheval : « Monsieur est servi. »

(1) *Auriol*, célèbre clown, très connu dans toute l'Europe pour son agilité prodigieuse ; né en 1808. — *Pandore*, type du gendarme ou de l'obéissance passive ; créé par le chansonnier G. Nadaud. — *Dumanet*, type du soldat.

Le jardinier fit fête au voleur et augmenta sa pâtée, disant avec raison que celui qui nourrissait aussi charitablement les autres, devait lui-même être bien nourri.

Cette charmante histoire ne m'a pas surpris.

Il y a vingt ans, un coutelier de la rue Dauphine, à Paris, possédait un beau Caniche dont il avait fait un véritable commissionnaire. Le chien allait lui chercher son tabac, son pain, son journal.

Tous les matins, le coutelier mettait vingt centimes dans un morceau de papier qu'il confiait à la gueule de *Moustache* (ils s'appellent tous Moustache.) En échange de ses quatre sous la boulangère remettait au chien deux petits pains que Moustache se hâtait de rapporter à son maître.

Un matin, il revient tout penaud, tout confus, la gueule vide : pas de pain.

— Quelque mauvais gamin, dit en lui-même le coutelier, aura trouvé commode de dévaliser Moustache et de déjeuner à mes dépens.

Le lendemain, comme la veille, pas de pain. Et pourtant, la boulangère affirme au coutelier que Moustache a eu son compte. Que se passe-t-il?

Le coutelier *file* le Caniche et devient témoin d'un fait incroyable : arrivé au coin de la rue Mazarine, au lieu de rentrer chez lui, comme c'était son habitude et son devoir, le chien s'élance dans une cour, s'approche d'une niche où une chienne est en train de nourrir ses trois petits, laisse tomber ses deux pains sur la paille et s'enfuit à toutes jambes comme pour rattraper le temps perdu ou se dérober aux remerciements de son amie, la nourrice.

Cette curieuse expérience fut renouvelée plus de dix fois, à la grande admiration des gens du quartier, et je me rappelle que cette touchante histoire nous fut racontée en pleine Sorbonne par Saint-Marc-Girardin, témoin oculaire de l'ingénieux dévouement de Moustache qui, très probablement, nourrissait aux dépens du coutelier la mère de ses propres enfants.

N'est-ce pas dans Rivarol que j'ai lu l'histoire de ce caniche qui, ayant vu des mendiants sonner à la porte d'un monastère et manger une écuelle de soupe qu'on leur passait à travers la porte, attendit leur départ pour tirer le cordon et recevoir son déjeuner? Mais après avoir avalé leur soupe, les pauvres avaient l'habitude de sonner un coup pour annoncer au moine qu'il pouvait retirer l'écuelle. Le caniche oublia ou dédaigna cette formalité, ce qui fit découvrir sa ruse et sa charité, comme on va le voir.

Au bout de deux ou trois jours, un moine, indigné de l'ingratitude de ce vagabond qui sonne parfaitement pour qu'on le serve, mais qui s'abstient de tirer le cordon pour qu'on enlève son couvert, se cache derrière une haie du couvent et attend le mauvais pauvre pour le sermonner d'importance.

Au bout d'une heure d'attente, il voit venir dans un chemin creux non un mendiant, mais un pauvre chien, un vieux caniche, suivi d'une chienne galeuse et boiteuse, se traînant à peine.

Le caniche arrive à la porte du couvent, prend le cordon de sonnette dans sa gueule et tire tout doucement.

Une main apparaît, un bras s'allonge et la soupe est servie à travers le judas, sur la planchette extérieure de la porte.

Alors le chien se retire, malgré les provocantes senteurs de l'écuelle, fait place à sa compagne qui, posant ses pattes tremblantes et crottées sur la planchette, engloutit la soupe de la charité.

A la suite de ce spectacle, les moines émerveillés s'empressèrent de recueillir le couple errant dans le chenil du monastère, où certainement il ne put manquer d'engraisser.

On se rappelle sans doute ce Caniche de Mme Deshou-
lières qui servait à table avec une gravité comique et une
distinction parfaite.

Leibnitz, de son côté, nous parle d'un Caniche qui
prononçait très distinctement quatorze mots allemands.
Quelle jolie langue ce doit être que l'allemand aboyé par
un Caniche de Mayence ou de Francfort !

Leibnitz ajoute qu'après cinq ou six mois de séjour
en Angleterre ce chien, vraiment savant, avait oublié sa
langue maternelle ; mais il ne nous dit pas s'il avait appris l'anglais.

5. — Le Chat

Le chien a nui au *Chat*. Si l'on compare l'exubérance
et l'expansion amicale, la fidélité, l'obéissance, le sentiment et l'intelligence presque humaine du premier à la
capricieuse indépendance du second, on estimera sans
doute que le Chat n'est qu'un égoïste, qu'un sybarite et
un réfractaire.

Sans me faire l'avocat du Chat, je crois qu'on s'est
montré un peu dur pour lui. Il ne s'attache, dit-on,
jamais à la famille où il vit, aux personnes qui le nourrissent et qui le caressent, mais à la maison qu'il
habite, aux meubles où il se plaît à dormir, au toit familier, témoin de sa gymnastique et de ses amours. C'est
une bête d'habitude et non de sentiment, de bien-être et
point de reconnaissance.

Cet acte d'accusation est peut-être exagéré. J'ai vu,
dans mon village, un gros chat de gouttière suivre de
porte en porte un vieux mendiant dans ses fatigantes
tournées. J'ai connu un médecin de campagne qui faisait
ses courses, un chat monté sur la croupe de son cheval.

Il y a quelques années, on pouvait voir au bois de

Boulogne un magnifique angora qui accompagnait sa maîtresse comme un chien. Il avait des grelots au cou et une laisse en soie rose, et quand il lui arrivait de miauler, on était presque surpris de ne pas l'entendre aboyer.

Ce n'est pas en vain, du reste, que cette indépendance incarnée qui se nomme le Chat s'est frottée à la civilisation parisienne. Dans la loge des concierges, où il trône en souverain dans son fauteuil de velours d'Utrecht, ce n'est plus une bête, c'est un personnage. Il voit tout, observe tout, juge tout et il sait si bien s'identifier à son rôle, qu'on serait tenté de lui dire en lui passant la main sur le dos : « Cordon, s'il vous plaît ! »

Dans les fêtes publiques des environs de Paris, qui n'a pas vu des chats savants cabrioler sur des singes, tirer la bonne aventure et jouer aux quatre coins avec des rats ? Enfin, comme pour faire mentir le proverbe et pour démentir la science, on a vu, paraît-il, des chattes compatissantes prêter le secours de leur mamelle à des petits chiens sans mère.

La *Chatte* est, du reste, une mère excellente ; les naturalistes racontent le combat fameux et touchant d'une chatte mère contre un faucon.

Ce faucon venait d'assaillir ses petits à coups de bec, la chatte se précipite au secours de ses enfants, engageant avec l'oiseau de proie une lutte effroyable. De son bec meurtrier, le faucon lui déchire le visage, et lui arrache un œil qu'il avale comme une dragée. Redoublant de fureur et de courage, la vaillante mère s'acharne après son ennemi et lui brise une aile. Le faucon est à terre et la chatte l'achève en lui arrachant la tête.

Elle est borgne ; mais son adversaire est mort et ses petits sont sauvés. Sans se soucier de l'œil qu'elle vient de perdre, elle bondit avec ses chats, les caresse, les lèche, les appelle en les inondant du sang qui coule de sa blessure et qu'elle a versé pour leur salut.

Au Pérou, en Guinée, en Afrique, en Asie, dans nos

forêts mêmes d'Europe, il existe des *chats sauvages*
plus robustes et plus grands que notre Chat domestique,
qui n'en est que la miniature adoucie et civilisée.

Tout le monde connaît l'*angora* superbe, au long
poil soyeux, à l'indolente majesté, c'est un Chat-pacha,
anobli, débonnaire et somnolent. Le Chat de gouttière,
palpitant et maigre, à la robe tachetée, à l'œil brillant,
au bond merveilleux, affamé de proie, acharné à la
chasse, toujours à l'affût, se rasant, se couchant, s'al-
longeant, ondulant, passant comme un trait : voilà le vrai
chat ! un tigre en raccourci.

Le Chat est le plus charmant peut-être de tous nos
animaux. Est-il possible d'imaginer un être plus fin, plus
délicat, plus propre, plus agile, plus élégant, plus coquet,
qu'un jeune chat ? Voyez-le ! il tourne, fait le gros dos,
saute, bondit, glisse, ondule, se couche, se relève, montrant et cachant tour à tour sa tête enfantine, agitant
sa patte mollement recourbée comme s'il jouait avec
un rayon de soleil.

Que dis-je ? un rayon de soleil ! mais c'est un être
vivant qui palpite sous sa griffe cruelle, un pauvre
petit oiseau qu'il tourmente et dont il se joue avant de
le dévorer.

Être gracieux et charmant, si léger, si coquet, si sympathique, adorable dans tes tours et tes détours, je te
connais maintenant, tu n'es qu'un petit tigre ; il y a
comme un rugissement étouffé dans ton miaulement
hypocrite, et tes ronrons doucereux demandent du sang !

---

6. — La Souris

Cette jolie petite bête, si alerte et si vive, à l'air futé,
au trot charmant est la miniature du rat.

La *Souris* est même plus petite que le mulot, qui est si petit. Elle a le même instinct, le même tempérament que son grand frère le rat et n'en diffère guère que par la faiblesse, la petitesse et la gentillesse.

Pour toute arme le Créateur a donné à la Souris l'agilité, et pour citadelle, un trou. Le trou de la Souris est son refuge et son bouclier, il répond à tous les périls, la garantit contre tous ses ennemis.

Aussi bien, la petite Souris ne sort de son trou que pour chercher à vivre, s'en écarte peu, y rentre à la première alerte ; elle passe, elle court, elle a disparu ; où est-elle ? dans son trou.

Et Dieu sait si cette gentille bête a des ennemis ! Les chouettes et les hiboux, les effraies, les chats-huants, les belettes, les fouines, les rats même lui font une guerre constante et acharnée.

Mais l'Attila des Souris, c'est le chat ! C'est le chat, attentif et preste, rapide et patient, qui la guette et d'un coup de sa patte de velours la saisit en quelque sorte au bond.

Si encore le chat se bornait à la dévorer ; mais il s'amuse de sa terreur et mêle la torture à son trépas. L'infortunée Souris est en même temps sa proie et son jouet. Laissant courir sa victime effarée, le chat d'un bond la rattrape et d'un coup de griffe l'arrête : « Tu n'iras pas plus loin » ! Une seconde fois la Souris s'échappe, saute, glisse, bondit, disparaît ; mais le chat est là, toujours là, qui l'attend et la saisit toute frémissante dans sa bouche.

C'en est fait de la Souris, non ! son bourreau la lâche et, la poussant délicatement du bout de sa patte, semble lui dire : « Mais, pars donc, tu vois bien que tu es libre ». La Souris s'enfuit, pleine d'espoir et de joie ; elle est sauvée !... Non ! elle est croquée.

Le chat ne joue plus, il dévore sa proie.

La Souris porte une jolie robe grise qui a donné son

nóm à une couleur. Rien de fin comme ses petits yeux,
de délicat comme ses pattes, de gracieux comme son
trot, d'éveillé comme sa mine.

Il y a des Souris blanches, aux yeux rouges, qui font
le trapèze et tirent la bonne aventure sur les tréteaux
forains.

La Souris fait moins de dégât que le rat, elle a les
mœurs plus douces et s'apprivoise aisément.

Les dents de la Souris sont, à coup sûr, les plus
jolies dents du monde ; leur beauté est proverbiale. Ne
vous fiez pas à ces petites dents si fines et si coquettes :
cuir, pain, lard, viande, chandelle, grain, linge, papier, elle dévore tout, elle déchire tout, elle ronge
tout ; aussi l'homme, traitant la Souris en ennemie
formidable, emploie contre cette petite bête les pièges
et le poison, absolument comme s'il s'agissait d'un
tigre du Bengale ou d'un lion de l'Atlas. Malgré cette
guerre acharnée et justifiée, disons-le, la gracieuse race
des Souris n'est pas près de périr. Chaque année la
femelle a huit portées de huit petits chacune, ce qui
fait soixante-quatre par an. Nos armoires et nos biblio-
thèques finiraient sans doute par n'être plus qu'un
monceau de charpie ; mais le chat est là !

Ne poussons pas la médisance jusqu'à la calomnie :
hâtons-nous de dire que si la Souris ronge le linge et le
papier, c'est moins pour s'en régaler que pour garnir le
trou où elle déposera ses petits.

J'avais autrefois apprivoisé une Souris qui trottinait,
comme chez elle, sur ma table de travail ; furetant,
sautillant, glissant le long de ma chaise et tournoyant
autour de mon écritoire en levant sa patte rose comme
si elle avait voulu y chercher un morceau de lard.

Un jour, elle me rongea cinq ou six feuilles d'un
vieux livre auquel je tenais fort, elle disparut et ne
revint que deux jours après.

Lui montrant le livre déchiré, je lui reprochai son

méfait ; la petite Souris, la tête inclinée et l'œil brillant, se tourna soudain vers son trou, s'arrêta, me regarda encore de son regard futé et-sembla me dire en plongeant dans son nid : « C'était pour mes petits. »

---

7. — Le Rat

A la souris les armoires ; au *Rat* le grenier. Il en est le maître, le bandit, le fléau.

Destruction et fécondité : voilà le Rat. Ce rongeur impitoyable se multiplie comme il ravage. Laines, étoffes, boiseries, parquets, charpentes, fruits, graines, il s'accommode de tout et ne respecte rien, coupe, perce, ronge, déchire, broie, dévore ; ce n'est pas une bête, c'est une dent.

Il n'y a pas d'hôte plus insupportable , de voisin plus ruineux. Tout logis lui est bon ; il arrive, se faufile, s'installe, se case ici et là, en haut et en bas, partout. Et encore, s'il se contentait

Le Rat.

de piller, de marauder, de se gaver, d'assouvir son effroyable appétit ; mais il fait des provisions, convertit son trou en grenier d'abondance, son alcôve en garde-manger.

Sa race est si féconde qu'elle résiste aux griffes du chat, aux crocs des chiens, à la violence des poisons, à l'ingéniosité des pièges.

Le monde appartiendrait aux rats si les rats ne se dévoraient entre eux. Quand il y a disette chez ces rongeurs, les grands se jettent sur les petits, les forts dévorent les faibles. C'est une véritable guerre civile, où, de la queue aux oreilles, le vaincu est mangé par le vainqueur.

Un naturaliste, ayant un jour une expérience à faire, place douze rats dans un tonneau soigneusement couvert. Quand il découvre le tonneau au bout d'une semaine, il ne reste plus qu'un rat, qui a dévoré ses onze compagnons. Il paraît que ce survivant avait considérablement engraissé.

Le Rat est aussi brave que vorace et se défend avec intrépidité contre le chat, contre le chien.

Le Rat est une bête intelligente, très susceptible d'éducation. Qui n'a vu sur nos places publiques des Rats savants exécuter des tours d'adresse avec une habileté surprenante ?

J'ai dit que le Rat avait des préférences pour le grenier, où il accomplit ses plus beaux ravages; mais du grenier il se répand dans toute la maison, ensanglante les poulaillers et les colombiers, infeste les écuries, dévaste les granges. Sa férocité égale sa voracité : en 1850, un pêcheur normand rentre un soir ivre-mort dans la cabane qu'il habite seul ; le lendemain on trouve son cadavre rongé par les rats. Les Rats ! combien de fois n'ont-ils pas dévoré jusqu'aux extrémités d'enfants au berceau !

Il n'est pas douteux qu'en nombre suffisant des rats affamés oseraient s'attaquer à l'homme lui-même. A l'ancienne voirie de Montfaucon (1), dont ils avaient fait leur forteresse et leur Eden, ne vinrent-ils pas, pendant une nuit d'hiver, faire le siège de l'habitation du gardien ! Les portes heureusement résistèrent aux formidables secousses de leurs mâchoires. Quand Montfaucon fut abandonné, on organisa une grande chasse aux Rats avec une meute de bouledogues. Dans une seule nuit

(1) *Montfaucon*, ancien gibet près de Paris, entre La Villette et les Buttes-Chaumont.

quarante mille rats de taille gigantesque restèrent sur le carreau.

C'est encore à Montfaucon que se passa l'affreux drame raconté si souvent : Un soir, un gardien de cet établissement, attardé dans son inspection quotidienne, se trouve prisonnier dans les cours immenses. Toutes les portes sont fermées. La nuit arrive. Il appelle à son secours, mais sa voix se perd dans ces solitudes. Impossible de franchir ces hautes murailles ; impossible d'ébranler ces portes massives. Bientôt de tous côtés arrivent des nuées de rats ; il y en a des centaines, des milliers ; ils entourent, ils assaillent le gardien affolé ; il les sent grimper sur ses membres, grouiller sur son corps ; ses vêtements sont déchirés, ses chairs rongées, le sang coule ; alors, il aperçoit une barre de fer, la saisit, s'en défend contre l'invasion qui monte toujours plus grouillante et plus hardie.

Le lendemain on trouva le cadavre du gardien, que dis-je ? son squelette gisant à côté de la barre de fer et d'une centaine de rats qu'il avait assommés en se défendant avec l'énergie du désespoir.

Les espèces du Rat sont aussi variées qu'importunes et nuisibles. Ce rongeur ne ravage pas seulement nos greniers, nos maisons ; il infeste les bois, les eaux, les champs, les villes.

Dans sa *Comédie des Animaux*, Méry prédit qu'un jour les Rats dévoreront Paris. En attendant, c'est Paris qui a vécu des rats. Pendant le siège il nous a été donné d'apprécier la chair de ce rongeur, autrement délicate que celle de ses ennemis classiques, le chien et le chat.

8. — La Musaraigne

Après le rat et la souris il convient de citer leur petite parente, la *Musaraigne*. Elle est moins grosse que la souris et ressemble à la taupe, dont elle est une vive et coquette miniature. Elle lui ressemble par la queue, par les jambes, par le museau, par ses petits yeux cachés, par les cinq doigts qu'elle a à tous les pieds.

La Musaraigne.
(Longueur 0ᵐ 062.)

Elle habite communément les greniers, les écuries, les granges. Comme elle exhale une forte odeur de musc, les chats la dédaignent et ne la mangent jamais. Mais ils la chassent, la tuent pour le plaisir de la tuer.

Les champs ont leur Musaraigne comme les maisons. On la trouve dans les bois et dans les prés, où elle se nourrit de graines et d'insectes. Comme la taupe, le hérisson, la chauve-souris, cette Musaraigne est une bête utile et bienfaisante. Sa mâchoire, hérissée de dents pointues, ne croque que des ennemis des champs et ne fonctionne que pour le bien.

La Musaraigne est bien petite, mais elle occupe une place importante dans l'échelle des êtres. Ne sert-elle pas de trait d'union entre deux animaux, deux genres : la taupe et le rat? C'est mieux qu'un insectivore, c'est un anneau vivant qui relie deux mondes.

9. — Le Grillon

Le *Grillon* est le musicien du foyer et l'ami de la maison. C'est un insecte de famille : l'âtre est son sanctuaire, la cheminée son univers, la plaque en fonte où s'appuient les landiers sa forteresse et son paravent.

Le Grillon est une petite bête frileuse et sédentaire, qui s'en va d'un chenet à un autre et croit, sans doute, avoir fait le tour du monde quand elle a fait le tour de la cheminée.

Le Grillon du foyer. (Longueur 0^m019.)

Dans le monde des insectes, le Grillon est un ancêtre; partout on le rencontre à l'état fossile, et je ne sais combien de millions d'années avant l'arrivée de l'homme sur la terre il faisait retentir les solitudes de son cri-cri mélancolique.

Avec sa grosse tête et sa robe noire, qui semble à la fois roussie au feu et couverte de suie, le Grillon n'est pas, à coup sûr, un insecte coquet. Mais c'est l'enfant de la maison. On respecte, on aime ce petit génie du foyer qui mêle sa chanson aux murmures de la bouilloire, aux pétillements de la flamme, et aux plaintes du vent qui gémit dans la cheminée.

Quant tout dort dans la maison, le Grillon chante ; on dirait une petite fée des cendres, veillant sur le foyer.

Pour lui, le chat est un géant, un ogre, un fléau. Mais le Grillon le connaît et s'en méfie. Il n'est pas assez naïf pour croire à l'indifférence débonnaire, à l'air endormi, aux somnolences calculées de ce Tartufe du foyer, de ce tigre du coin du feu.

Quand le chat étend sa griffe le *Cri-cri* est dans son trou, et aux ronrons hypocrites de son ennemi l'insecte répond par un chant familier et gouailleur, qui éclate comme une ironie derrière la plaque du foyer.

Les champs ont leur grillon, comme les fours et les cheminées. C'est l'orchestre rustique des sillons et des coteaux. Sa voix se fait entendre dans les blés et dans les vignes, comme s'il chantait le pain et le vin de l'homme.

Il est très étrange ce concert des cri-cri; monotone et lent comme une musique arabe, il s'étend à l'infini dans les bois et les champs, ondule et se perd dans les plaines, embrasse toute la création. Chaque trou a son musicien, chaque brin d'herbe sa chanson et ces millions de voix s'élèvent, se répondent, se mêlent en un hymne de résurrection et de vie.

Dans de rares contrées le Grillon, sans doute à cause de sa grosse tête et de son habit sombre, passait pour un insecte de mauvais augure. La superstition populaire voulait que ce fût là quelque âme errante et coupable, condamnée à faire son purgatoire derrière la plaque du foyer. Et l'on tuait naturellement le malheureux Cri-cri.

Mais, dans presque tous les pays, le Grillon est regardé au contraire comme le bon génie de la maison. Il s'associe aux joies, aux peines, à la vie du foyer ; sa voix qui résonne dans les cendres, endort les enfants et réveille les garçons de ferme bien avant le chant du coq; elle se réjouit des travaux de la journée, de l'espoir des récoltes; elle parle des absents, de l'aïeul qui dort sous une croix du cimetière, de la fille bien-aimée qui quitta la ferme au bras d'un époux, du conscrit qui est parti sous les drapeaux.

Je n'affirmerai pas que le Cri-cri songe à tout cela et qu'il fait une biographie chantée de tous les membres de la famille, mais je note en passant ces croyances populaires, cette foi naïve et charmante qui s'en va.....

Dans les marchés d'Algérie, on rencontre des Arabes qui étalent de petites cages entre des pipes, des boîtes de parfums et des œufs d'autruche. Savez-vous ce qu'il y a dans les petites cages ? des grillons. Des grillons chanteurs, des grillons porte-bonheur, qui s'en iront égayer de leurs cris sonores la tente de l'Arabe ou la chaumière du Kabyle.

Dans le Tyrol, avant de se coucher, la maîtresse de la maison place une écuelle d'eau dans le coin de la cheminée : après avoir chanté toute la nuit, le Grillon viendra s'y désaltérer.

Souvent on trouve le pauvre insecte noyé dans son écuelle, j'allais dire dans son verre. Victime de son art, le petit musicien est mort pour avoir trop chanté.

10. — L'Araignée

S'il est une victime de l'injustice humaine, c'est à coup sûr l'*Araignée :* elle fait horreur et pitié. On la méprise, on la maudit, on la traque, on la hait. D'un coup de balai on crève sa toile merveilleuse ; d'un coup de talon on écrase l'admirable et vaillante ouvrière. Tout est dit : c'est une vilaine bête ! Oui, mais cette laideron est une grande artiste. Ce n'est pas la beauté qui fait le mérite ou le génie. Otez au papillon ses ailes :

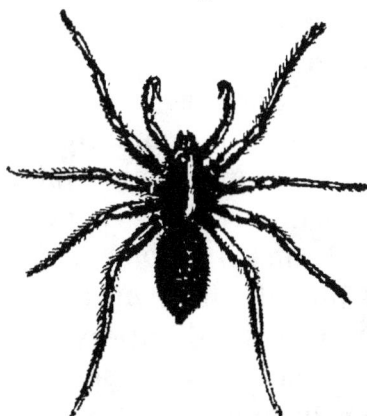

L'Araignée.

que reste-t-il ? une chenille. Un savant, d'ailleurs, n'a pas besoin d'être beau, et dans la famille des Araignées tout le monde est savant. Chaque espèce excelle dans son rôle, se surpasse dans son art.

Nous avons l'*Araignée fileuse*, qui tourne ses fuseaux comme la reine Berthe elle-même ne dévida jamais de sa royale vie. Nous avons l'*Araignée tisserande*, un atelier vivant, une filature à plusieurs métiers, qui ourdit sans relâche des filets de dentelle. Nous avons encore l'*Araignée géomètre*, qui suspend dans les airs ces rosaces de soie dont les rayons mathématiques et charmants divergent l'un de l'autre avec une précision étonnante.

Il y a aussi l'*Araignée acrobate*, qui du bout de son fil, vraie corde formée d'un millier de cordons, décrit dans l'espace des évolutions à faire frémir Blondin.

N'oublions pas l'*Araignée chasseresse*, qui surpasse en finesse le meilleur chien d'arrêt.

Enfin comme si ce n'était pas assez des talents, de l'esprit, la nature a doté l'Araignée de tous les trésors du cœur. C'est la meilleure des mères. Voici par exemple l'*Araignée à sac*, qui porte partout ses œufs dans une bourse de soie qu'elle a filée, comme une jeune mère prépare la layette de son nouveau-né. Cette bourse, elle la suspend dans un coin choisi de sa maison aérienne et la défend jusqu'à son dernier soupir. Souvent on l'a trouvée morte sur ce bissac maternel, étreignant de ses grandes pattes cette petite valise de famille, espoir sacré de sa race.

Vous plaît-il maintenant de faire connaissance avec le représentant le plus intelligent peut-être et le plus extraordinaire de cette famille d'artistes et de savants ? Il s'agit de l'*Araignée architecte*. Au lieu de tisser une toile ou bien d'ourdir un filet, elle creuse un terrier, un chef-d'œuvre d'habitation ; elle n'abandonne pas pour cela ses merveilleux fuseaux, elle y ajoute un pic, une pelle, une truelle, comme l'Araignée géomètre y ajoute un compas. Entrons chez l'Araignée architecte, qui, par parenthèse, n'aime pas beaucoup à recevoir.

Figurez-vous, d'abord, une admirable galerie de trois pieds de long. Une toile de soie tapisse tous les murs : cette tenture, aussi solide qu'élégante, est à la fois un ornement et un rempart : elle pare et consolide l'édifice. C'est encore un avertissement : si quelque ennemi se faufile et se cache dans la maison, il lui est impossible de faire un mouvement sans que la tenture ne s'agite aussitôt et ne trahisse sa cachette.

Tout au fond de la galerie s'élève un banc de terre escarpé et nu : c'est là que se tient l'araignée avec sa famille. De ce point stratégique, elle entend tout, elle voit tout. C'est son observatoire et son foyer ; tout autour, nous apercevons les débris d'un dîner de famille qu'on enlève prestement, car il n'y a pas de ménagère dans les Flandres plus propre que l'Araignée. La merveille du logis, c'est la porte : elle tourne, elle a des gonds ! elle a des gonds de soie si bien contruits, si bien compris, fonctionnant avec une telle perfection que la porte s'ouvre et se ferme par son propre poids. Il n'y a qu'à pousser. On entre, on est sorti.

Cette porte est digne de ses gonds. Formée de couches successives de terre sèche et de soie, elle joint une étonnante solidité à la plus curieuse élégance. Conçue dans un double but, cette porte est à la fois une barrière et un piège. De ce battant mobile de terre et de soie partent des fils qui, tous, aboutissent au foyer situé, comme je viens de le dire, au bout de la galerie.

S'il prend fantaisie à quelque indiscret de violer le domicile de l'Araignée, les filets s'agitent et vibrent aussitôt qu'on touche à la porte. Avertie par ce stratagème infaillible, l'Araignée prend ses grandes jambes à son cou, traverse la galerie en un clin d'œil, ouvre la porte et dévore l'imprudent visiteur. C'est ainsi qu'elle entend l'hospitalité. Il est bon de dire aussi que le pèlerin en question est souvent quelque brigand des bruyères qui en veut à l'Araignée. Quand l'adversaire est redoutable, une lutte s'engage entre le propriétaire et le bandit. Quelquefois les petits de l'Araignée vont prêter main-forte à leurs parents, et il est vraiment curieux de voir ces enfants de troupe se tourner sur le dos, s'arc-bouter au mur et pousser la porte pour repousser l'assaillant.

Si la porte résiste, la famille est sauvée; si la citadelle est prise, tout s'écroule et le vainqueur succombe, au milieu des décombres à côté des vaincus.

De la belle forteresse, il ne reste qu'une ruine, un champ : *Campos ubi Troja fuit* (1).

---

11. — La Mouche

L'araignée nous amène tout naturellement à parler de sa victime : la *Mouche*. Ne sommes-nous pas à notre tour victimes de cet intolérable insecte, qui nous obsède, nous tourmente, nous agace sans relâche ni pitié ? En croquant la Mouche insupportable, l'araignée nous débarrasse et nous venge du plus irritant de nos ennemis.

C'est la plaie bourdonnante et acharnée de la maison. Elle se pose sur tout, salit tout ; vous la chassez, elle revient, elle est là, plus importune, plus pressante, plus obstinée. On n'éloigne pas la Mouche, on la tue. Pour cette gourmande insatiable, qui met ses pattes dans tous les plats, il n'y a pas de pâtisserie assez délicate, de sucrerie assez fine, de fruit assez parfumé. Que de poudres, que de liquides ont été imaginés qui ont enrichi leurs inventeurs sans faire beaucoup de mal à la Mouche ! A chaque été elle revient, bourdonne, pique, agace, dévore, salit. La Mouche est immortelle comme la race des importuns.

(1) Le champ où fut Troie.

Mais quelle agilité merveilleuse chez cet insecte ! Quelle rapidité dans son vol, quelle étonnante vigueur dans ses mouvements ! Des heures entières, elle s'ébat devant la vitre d'une fenêtre, sans lassitude, sans arrêt ; c'est en se jouant qu'elle dépasse un cheval au trot, revient en arrière, tournoie, bourdonne, le dépasse encore.

Le célèbre physiologiste Marey n'a-t-il pas calculé qu'une mouche peut faire un kilomètre à la minute et que son aile bat 330 fois à la seconde ? En supposant la continuité de cette vitesse, une mouche ferait le tour du monde en vingt-six jours.....

Grâce à la conformation de ses pieds, la mouche est un prodige d'équilibre, et vous avez été surpris, sans doute, de la voir trottiner avec autant d'aisance sur un plafond que sur une table. L'explication en est simple : le tarse ou pied de la Mouche est garni de membranes lâches et molles dont elle étend le rebord en soulevant le milieu. En posant son pied toujours à plat, la mouche creuse le dessous en ventouse, et pour faire lâcher cette ventouse, c'est-à-dire pour continuer sa course, elle n'a qu'à détendre les muscles qui la creusent. Il convient d'ajouter que la chose se passe autrement vite que je ne le raconte. Pendant que j'écris ces lignes une mouche aurait pu faire plusieurs fois le tour de ma chambre

Citons en passant la *Mouche à viande*, bourdonnante et avide, aux pattes velues, au corps bleuâtre. Ce fléau des cuisines, qui assiège les boucheries et monte à l'assaut des garde-manger, dépose ses œufs dans la viande,

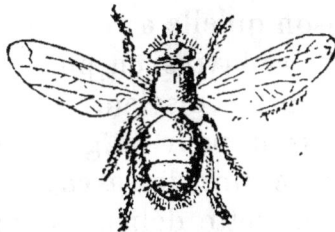

La Mouche à viande.
(Longueur 0^m01.)

qu'elle corrompt. Chassons-la impitoyablement, mais admirons son instinct maternel. De ces œufs vont sortir des larves qui trouveront la nappe mise à côté de leur berceau.

Une jolie petite mouche verte, l'*Ichneumon*, fait mieux encore : c'est à la chair vivante qu'elle confie l'éclosion de ses œufs. Elle avise une chenille bien nourrie, bien dodue, se pose sur son dos, enfonce sa tarière dans le corps de sa victime, y loge un œuf et, continuant ce douloureux manège, elle larde la pauvre bête tout du long, enfonçant un nouvel œuf dans ses chairs à chaque piqûre. Sous le dard de l'ichneumon, la chenille se tord de douleur, agite ses cornes frémissantes et sa queue fourchue. Ne le maudissons pas · c'est par amour maternel qu'il vient d'infliger ce supplice à la chenille. Quand les larves sont nées, elles grouillent au sein de la victime dont elles se nourrissent, qu'elles rongent au jour le jour toute vivante, mais sans jamais attaquer les organes de la vie.

Quand la malheureuse chenille est à peu près mangée, les larves perforent son corps pour filer leur cocon et donnent le coup de grâce à la pauvre bête qui leur a servi de berceau et de garde-manger.

On compte bien des variétés de mouches ; nous retrouverons les principales dans les Prairies et les Jardins.

N'oublions pas la *Mouche charbonneuse*, dont la piqûre est aussi terrible que la morsure du crotale et du naja. Ce ne sont pas ses œufs qu'elle enfonce dans la chair, c'est le poison qu'elle a recueilli sur d'immondes charognes, sur des cadavres en putréfaction.

Un jour, un oiseleur du quai de la Grève, à Paris, pris de compassion pour un gentil bouvreuil dont la patte s'est cassée, le tire de sa cage et commence un pansement. Pendant cette délicate opération, une mouche d'un aspect sinistre vole opiniâtrément autour de l'oiseleur ; mais au moment où elle va se poser sur sa main, le bouvreuil se dégage, s'élance, avale la mouche importune. Un instant après, les plumes hérissées, les pattes raidies et le bec ouvert, il tombe et meurt, foudroyé par le charbon, sauvant ainsi son bienfaiteur.

12. — La Teigne

Tout insecte naît armé et costumé. Tout insecte trouve dans son berceau une garde-robe et un arsenal : celui-ci endosse une cuirasse ; celui-là revêt une fourrure ou met un habit d'écaille ; un autre se glisse dans une coquille ; un autre enfin s'enveloppe de ses longues ailes comme d'un manteau.

Seule la *Teigne des laines* vient au monde toute nue.

Elle n'a reçu ni un brin de poil ni un grain d'écaille pour se garantir des injures de l'air ou se défendre contre ses ennemis. Ajoutez que sa peau est délicate et tendre, son pauvre corps chétif.

La Teigne des laines.
(Longueur du Papillon 0ᵐ 008.)

Mais on dirait que la Providence s'est plue à distinguer les créatures qu'elle semble avoir oubliées et que c'est dans l'être le plus infime qu'elle étale de préférence *sa sollicitude et sa grandeur* : En refusant des habits à la Teigne, Dieu lui a donné — comme à l'homme — le talent de se vêtir.

A peine né, cet insecte se taille dans la laine, dans la fourrure, dans des feuilles d'arbre, selon l'espèce à laquelle il appartient, des habits aussi variés qu'étranges, des toilettes vraiment singulières.

Je sais bien que la teigne est le fléau de nos armoires, des fourrures, des tapisseries, des meubles, des vêtements. Nous ne songeons qu'à faire mourir cette petite créature exécrée que Dieu s'est tant appliqué à faire vivre.

Le Créateur lui a dit : « Je te crée pour vivre ; tu trouveras une robe dans ce cache-nez et ton couvert est mis sur ce fichu. » Et la petite teigne abhorrée coupe, tond, taille, tisse, file, coud.....

Assistons à son travail : la teigne, qui n'est qu'une très petite « chenille », commence par se filer une enveloppe de soie blanche qui est la doublure de son habit, ou, si vous aimez mieux, l'intérieur de sa maison. N'est-ce pas tout à la fois un vêtement qu'elle se confectionne et un toit qu'elle se bâtit ? Là, dans cette blanche enveloppe, dans ce manchon de satin qu'elle vient de se filer, la Teigne circule librement comme dans un petit tunnel de soie. La doublure est faite, elle attend sa robe : la doublure est de soie, la robe sera de laine.

Tout à coup par l'une des deux extrémités du manchon nous voyons sortir une petite tête éveillée suivie d'un corps agile. C'est la Teigne qui flaire ses matériaux. La tête ouvre une bouche, la bouche montre des dents, les dents arrachent un fil de ce champ natal : robe, gilet de flanelle, chaussette ou caleçon.

Quand il n'y aura plus de pâturages, je veux dire de poils à tondre, la petite bête transportera ailleurs sa tente et sa maison.

Ces fils de laine que la teigne vient d'arracher, elle les apporte sur son manchon et les attache avec un brin de soie qu'elle a filée : c'est l'habit qui commence.

Tous ces poils qu'elle tond et qu'elle apporte sont liés ensemble et solidement collés par la liqueur gluante dont la soie qu'elle file est humectée.

L'habit est prêt. Notre petite couturière n'a plus qu'à livrer la commande que lui a faite le bon Dieu. Mais que dis-je ? Regardez, elle la porte déjà sur son dos.

Parfois cette robe est bien baroque. N'oublions pas

que la petite Teigne est errante et vagabonde dans le pays des laines et qu'elle demande la charité pour son manchon. Elle ne s'habille que de ce qu'elle trouve et mendie d'étoffe en étoffe le brin de fil dont elle cache sa nudité.

L'habit de la Teigne est toujours de la couleur de l'étoffe qu'elle a tondue et travaillée. Si l'étoffe est blanche, la Teigne a l'air d'une jeune mariée ; si le tissu est noir, elle semble une veuve en deuil. Si la laine est verte, rouge ou bleue, on dirait qu'elle a arboré les couleurs d'un parti. S'il lui arrive de faire des emprunts irréfléchis ou forcés à différentes étoffes, sa robe omnicolore n'est plus qu'un habit d'Arlequin. On s'habille comme on peut.

Quand la Teigne grandit, son vêtement devient naturellement trop court ou trop étroit. L'élargir n'est pour notre petite couturière qu'un jeu d'enfant. Elle allonge sa tête à travers la lucarne de son manchon, rompt quelques poils de laine et les ajoute à sa robe comme on élargit la culotte ou la blouse d'un bébé.

Ne craignez-vous pas que la moindre secousse emporte la fragile maison de la Teigne ? Rassurez-vous, tout est prévu ! Aux deux extrémités de son manchon, elle a filé, collé, attaché une infinité de petits cordages qui la retiennent solidement à l'étoffe dont elle s'habille et dont elle se nourrit. La Teigne est là comme à l'ancre, à l'abri de tout péril.

Quand elle a tout tondu dans les environs pour les besoins de sa toilette et de sa table, elle défait ses cordages et transporte son manchon plus loin. Là, elle fixe sa tente avec de nouveaux liens qu'elle file avec ardeur ; elle allonge, élargit, répare sa maison et met le couvert !

Quand le moment de sa métamorphose approche, — j'ai dit que la Teigne n'était qu'une très petite chenille, — elle suspend son manchon par un fil à la fissure d'un mur, à la fente d'un meuble. Après avoir bouché d une double toile les deux entrées de son manchon, elle s'enveloppe de soie et dans ce linceul s'engourdit, attend… Un beau jour, la soie crève, la porte s'ouvre, et un petit papillon s'envole en agitant ses ailes argentées.

La Teigne n'est plus. Sa robe, qui pend vide et flasque comme le vêtement d'un mort, servira de matériaux aux jeunes Teignes en quête d'un trousseau.

Je ne sais pourquoi on a fait à la Teigne une réputation de méchanceté. Si ses dégâts sont graves, très graves, son instinct est digne d'admiration et sa misère de pitié.

Comme à l'homme, la nature lui a refusé des vêtements, et nous ne devons pas lui reprocher trop haut le fil de laine qu'elle dérobe pour se vêtir et se nourrir.

13. — La Puce

Nous connaissons la teigne. Passons de l'armoire à l'alcôve et parlons de la *puce*, de la *punaise* immonde. Ce n'est pas à notre linge qu'en veulent ces parasites, mais à notre repos, à notre sommeil, à notre sang.

> Du repos des humains implacable ennemie…
> Je me repais de sang et je trouve la vie
> Dans les bras de celui qui recherche ma mort.

Voilà pour un si petit animal de bien grands mots, de bien grands vers! La Puce n'est pas plus grosse qu'une tête d'épingle, c'est un point vivant, un grain sauteur; elle est légère, gracieuse et délurée; ses bonds sont aussi prodigieux qu'amusants, sa vigueur est stupéfiante. Un homme, dit un naturaliste éminent, qui ferait des sauts en rapport avec des sauts de puce, sauterait à pieds joints

par-dessus le Panthéon ou les Invalides, descendrait l'ave-
nue des Champs-Elysées tout entière en trois ou quatre
bonds. Autrement rapide que l'*homme-cheval* et l'*homme-
vapeur*, il lui faudrait vingt minutes au plus pour faire
le tour de Paris.

La Puce commune.
(Longueur 0^m002.)

Tète de Puce.
(Très grossie.)

Je sais bien que la Puce, cette naine, porte tout un
arsenal sur elle, qu'elle est faite d'aiguilles et de lancettes, que ses piqûres, enfin, sont intolérables.

Mais la Puce, en définitive, n'a jamais tué personne,
et quand vous saignez du nez, vous pourriez désaltérer
des millions de Puces; cette petite buveuse de sang a
beau jouer de la lancette, je ne sache point qu'elle ait
jamais rendu quelqu'un anémique.

La Puce est une artiste merveilleuse et on ne peut que
s'étonner de voir tant d'intelligence chez une aussi
petite bête. Faut-il rappeler les Puces savantes qu'un
Barnum (1) ingénieux a promenées à travers l'Europe ?
— Trente puces, dit Walckenaer, dans son « *Histoire
des insectes* », trente puces faisaient l'exercice et se
tenaient debout sur leurs pattes de derrière, armées d'une
pique qui était un petit éclat de bois très mince ; deux
puces étaient attelées à une berline d'or à quatre roues,
avec un postillon, et elles traînaient cet équipage de
Lilliput; une troisième puce était assise sur le siège du
cocher avec une brindille de bois qui figurait le fouet;
d'autres puces à l'instinct guerrier traînaient, bijou admirable, un petit canon sur son affût. Le Barnum nour-

(1) *Barnum*, célèbre charlatan américain, a réalisé une grande fortune en
montrant à toute l'Europe un nain célèbre, le général Tom-Pouce.

rissait ses artistes de son propre sang en les posant tantôt sur un bras, tantôt sur l'autre.

La Puce se distingue en même temps que par son esprit, par son grand amour maternel : elle pond douze œufs microscopiques, desquels sortent bientôt douze petites larves qui se nourrissent d'atomes de sang desséché, dus à la prévoyance maternelle.

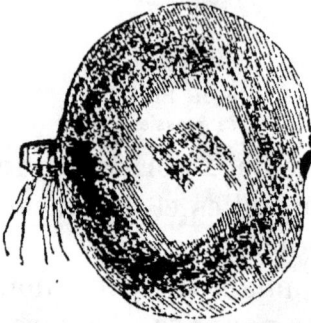

Si notre Puce est inoffensive, il n'en est pas de même de la Puce du Brésil, de la terrible *Chique*. Elle n'a qu'un talent de société : tuer son monde. Aussi insinuante que délicate, elle s'introduit dans la chair, s'y loge, y reste, s'y repaît, y engraisse, y pond ses œufs. Et la victime, en proie à d'affreux tourments, ne dort plus, ne mange

Puce pénétrante (*Chique*).

plus, ne vit plus! Ajoutez que l'effroyable petite bête secrète un liquide corrosif dont elle arrose ses plaies. Parfois l'amputation du membre atteint sauve la victime, mais, le plus souvent la gangrène se déclare, et l'on meurt; on meurt succombant à une piqûre imperceptible, pratiquée par un infime insecte.

14. — La Punaise

Plate, infecte et sanguinaire, telle est la *Punaise*. Une tache noire sur un drap blanc ; une tache vivante et cruelle, remuante, insatiable ; une bête sordide, terriblement armée ; un monstre abominable, étudié au microscope.

Ce n'est plus la légèreté merveilleuse de la puce, qui semble ailée ; ce n'est plus cette intelligence incroyable, cette grâce sautillante et gouailleuse. La Punaise, c'est une infection et une piqûre.

Vivante, elle se gave de sang ; écrasée, elle répand d'odieuses senteurs. La puce vous échappe par un bond pittoresque et gai ; la Punaise s'enfuit comme une tache qui court, et le doigt qui la saisit reste empreint d'une odeur repoussante. Parfois la Punaise s'immobilise espérant sans doute se dérober en s'aplatissant.

La Punaise des lits.
(Longueur 0ᵐ005 à 0ᵐ006.)

N'est-elle pas, du reste, le symbole de l'infection et de l'avilissement?

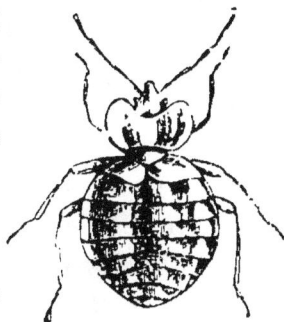

Il ne faut pas confondre la Punaise de la maison avec la grosse *Punaise des bois*, cette mère vaillante qui, protégeant sa chère famille contre la voracité paternelle, s'élance hardiment en face du mâle, l'arrête, lutte et meurt, tandis que ses petits vont se cacher dans la mousse ou sous les pierres. Cette punaise-là est une bête de cœur, l'autre n'est qu'une bête de sang.

---

15. — Le Pou

J'écris le *Pou*, et j'éprouve comme une démangeaison subite, mais heureusement imaginaire.

Parlons du Pou. A tout seigneur, tout honneur. N'occupe-t-il pas la plus haute place parmi les parasites? A la teigne, l'armoire ; à la puce et à la punaise, l'alcôve ; au Pou, l'homme lui-même.

Pou très grossi.
(Longueur 0ᵐ003).

Tête du Pou (très grossie)

Rien n'égale la ténacité avide de ce blondin répugnant qui remplit le monde de ses variétés odieuses. Le

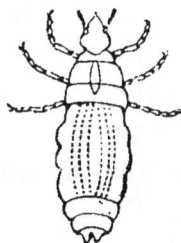

Pou s'attache aux plantes, aux animaux, à l'homme. Il tourne ses préférences vers l'enfant à la peau tendre et rose, aux cheveux bouclés. Enfin chez l'homme, il vise la partie la plus élevée et la plus noble, le siège de la pensée, la tête !

On trouve le Pou un peu partout, mais il a une prédilection pour les pays chauds, l'Espagne, l'Italie, la Grèce. Délicat et frileux, il se montre discret avec les peuples du Nord, dont la propreté, du reste, effarouche ses instincts. Le Pou est ennemi de la civilisation, il recherche les peuples barbares, les huttes sordides, les cabanes infectes ; sa prospérité à lui est la misère des autres ; la crasse est son idéal.

Ce parasite immonde se multiplie par une fécondité étonnante ; il a la vie dure et se transmet, se communique, « se donne » avec une désespérante facilité. Il se faufile et se répand dans toutes les foules ; on le rapporte de la promenade, du théâtre, de l'église, du bal. Rien ne l'intimide ; ne l'a-t-on pas vu se promener sans façon sur d'aristocratiques coiffures étincelantes de diamants, ou sur les broderies d'un maréchal de France ?

Monsieur de Talleyrand raconte qu'à la suite d'un dîner aux Tuileries il trouva deux superbes Poux sur le collet de son habit d'ambassadeur.

Après la bataille d'Iéna, Napoléon s'arrête étonné et pensif : sur la manche de sa redingote grise toute rayonnante de gloire il vient d'apercevoir un Pou, et l'écrase — il venait aussi d'écraser la Prusse.

Le Pou manque de modestie ; loin de se cacher, il s'étale avec une sorte de fierté dans l'épanouissement de son abjection. Il semble dire en se prélassant sur la tête de l'homme : « Créature de Dieu, j'ai droit au grand banquet de la vie, place au Pou ! »

16. — Le Cousin.

Le *Cousin*, lui aussi, est un parasite odieux et cruel; lui aussi est un buveur de sang. Comme la teigne, la puce, la punaise, comme le pou, c'est un hôte intolérable de la maison. Sa piqûre est même autrement terrible et venimeuse que celle de la punaise et de la puce.

Mais il est vrai qu'en échange des blessures dont nous tourmente le Cousin, cet insecte nous charme et nous confond par ses étonnantes mé-tamorphoses.

Au moment de la pon-te, il croise ses longues jambes de derrière, fait glisser ses œufs le long de ses pattes et les ag-glutine les uns contre les autres jusqu'à ce qu'ils forment sur l'eau comme un radeau mi-croscopique et coquet.

Le Cousin commun.
(Longueur 0ᵐ005 à 0ᵐ006.)

Au bout de quarante-huit heures, de chaque œuf sort une larve, ayant à peu près la forme d'un jeune têtard. Pendant trois ans cette larve vit dans l'eau, qu'elle pu-rifie en se nourrissant de tous les détritus en voie de décomposition. Puis la larve se fait nymphe et la nymphe insecte parfait, c'est-à-dire Cousin. Je ne sais rien d'intéressant comme cette dernière métamorphose qui va faire d'un insecte aquatique un insecte ailé: au moment de devenir Cousin, la nymphe monte à la sur-face de l'eau, s'immobilise et se gonfle, se gonfle en-

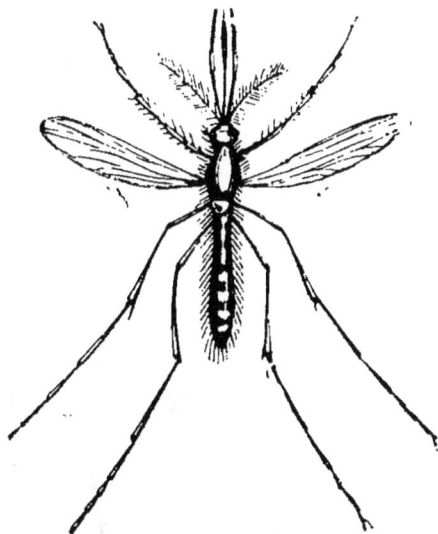

core. Tout à coup, on voit la peau se fendre peu à peu
et briller le corselet d'émeraude du Cousin ; on voit
surgir sa tête armée d'antennes recourbées et flexibles,
deux panaches. Enfin, le Cousin se dresse peu à peu
comme un mât vivant sur cette enveloppe qui affecte
la forme gracieuse et bizarre d'une nacelle. Un souffle,
une maladresse, et l'équilibre est rompu. le mât vivant
tombe brusquement de la nacelle et l'insecte se noie
avant d'atteindre le rivage, avant d'entrer dans la vie
aérienne qui l'attendait. Si le Cousin brave ces dangers
qui le menacent au sortir de son berceau, il allonge ses
pattes et son abdomen hors de la barque flottante, et,
étendant ses ailes qui sèchent aussitôt, il prend son vol.

Alors, il s'empresse de tirer les lancettes aiguës de sa
trousse merveilleuse et nous saigne avec volupté : admirons le prodige et écrasons le buveur de sang.

---

17. — Le Roitelet

Le *Roitelet* est notre oiseau-mouche. C'est le plus petit
oiseau de France et il ne pèse guère plus de six ou sept
grammes.

On l'appelle Roitelet à cause de la couronne de plumes
qui s'élève en forme de crête sur sa tête éveillée et spirituelle, qui entrerait certainement dans un dé à coudre.
Sa patte est une aiguille et son aile n'est pas plus grande
que celle d'un papillon.

Roi charmant, qui a pour trône une tige de fleur ou
une branchette d'aubépine, pour palais une cabane ou
un buisson, pour royaume la haie d'un jardinet et pour
liste civile un grain de blé, un moucheron.

Comme l'hirondelle et le rouge-gorge, le Roitelet est
un familier de la maison, un ami de l'homme. Son nid,

une miniature, se suspend au toit de nos demeures.
Le Roitelet, dit-on, s'attache à la maison qu'il a choisie,
à la haie qui fut le berceau de sa famille; et cette cabane, ce buisson, qu'il ne perd jamais de vue, il se plaît
à les visiter, de temps à autre, accompagné de ses petits:
— « Voilà où vous naquîtes, mes enfants ! »

Quand sévit le froid, le Roitelet des haies s'approche
des cabanes, se blottit sous le chaume en pelote immobile, ou, trottinant sur le toit blanchi par les neiges, vient
se chauffer au bord des cheminées rustiques qu'empa-
nache la tiède fumée des foyers.

Le chant du Roitelet n'est qu'une note claire, aiguë,
précipitée, qu'il accompagne toujours d'un murmure de
satisfaction comme s'il voulait s'applaudir lui-même.

Dans son chant mélancolique le petit oiseau dit :
« *souci.. i... i ; souci... i... i... i...* »; aussi l'appelle-
t-on, dans certains pays, le *Souciet*.

Un jour qu'il répétait tristement le long des haies
souci... i... i... i, Dieu l'entendit et, prenant pitié de
l'oiselet, lui demanda la cause de ses chagrins. — C'est
que, répondit le Souciet, je suis le plus délicat, le plus
faible, le plus petit des oiseaux ; si j'en excepte les
mésanges, mes amies, aucun oiseau des taillis et des
buissons ne veut frayer avec moi; quand je sautille dans
les haies, je suis si petit qu'on me prend pour une souris,
et pas la moindre parure n'embellit ma robe grise. —
C'est bien, dit le bon Dieu en caressant le pauvret, je te
fais Roi! Et aussitôt, une couronne de plumes se dressa
sur la tête du Roitelet.

Avec sa petite queue relevée le Roitelet a l'air d'une
petite poule en miniature, d'une petite poule de Lilliput.
Mais il a bien toute la grâce et toute la vivacité de l'oiseau.

Espiègle et moqueur autant que familier, il se laisse
approcher comme s'il vous attendait; un peu plus il
irait au-devant de votre main; mais au moment où vous

allez le saisir, il s'envole en relevant sa queue, comme pour narguer votre maladresse.

Le Roitelet des bois n'est guère plus gros que le Roitelet des chaumières. Sa couronne ne forme pas de crête. Quand il veut se poser, il agite ses ailes avec une rapidité vertigineuse, faisant la roue. On dirait une toupie vivante tournant dans l'air.

Dans les anciens âges vivait au fond des forêts de Madagascar un vautour monstrueux dont la taille atteignait vingt pieds, dont les ailes déployées mesuraient trente pas. C'était l'*épiornis*.

Ses œufs fossiles et prodigieux qu'on aperçoit dans quelques musées dépassent en grosseur sept œufs d'autruche réunis, cent cinquante œufs de poule et cinquante mille œufs de Roitelet. Leur capacité est de dix litres.

De ces œufs, qu'ils découvrent quelquefois dans les sables, les Malgaches font des cruches dont ils se servent pour aller puiser de l'eau.

Certes le petit Roitelet des chaumières ferait assez piètre figure auprès de l'épiornis, voire même à côté d'un vautour des Alpes, d'un condor des Andes ou d'un aigle des Pyrénées. Mais il serait injuste de mesurer l'étendue de ses services à l'exiguïté de sa taille.

Le Roitelet fait vaillamment la guerre aux insectes, et Dieu sait tous les ennemis des récoltes et des sillons dont nous délivre chaque année son petit bec.

En Bretagne, son nid est respecté à l'égal de celui du rouge-gorge ou de l'hirondelle. Dans le Morbihan et le Finistère, on croit généralement que le jour des rois le Roitelet revient habiter son nid avec la famille de l'année ; et l'on suspend au-dessous de ce nid presque sacré un petit gâteau que l'on appelle le *gâteau du Roitelet*.

Mais, hélas ! derrière le pauvret il se trouve toujours quelque moineau pillard et gourmand qui vient dévorer cette offrande de pitié et de sympathie.

18. — Le Rouge-gorge

La neige, par masses profondes,
S'entasse dans le bois muet,
Et la glace enchaîne les ondes
Du triste ruisseau qui se tait.
Le *Rouge-gorge* du bocage
Cherche le chaume et les maisons
Et va quêter en son langage
Pitié, secours, provisions :
« Couvert de feuilles, fait de mousse,
« Mon nid soyeux, las ! est détruit ;
« Plus de retraite chaude et douce
« Pour y dormir en paix la nuit.
« Ah ! jetez-moi quelques miettes ;
« Accueillez-moi près du foyer :
« Je saurai par mes chansonnettes
« Vous payer bientôt mon loyer. »

On ouvre au Rouge-gorge ; il entre, et secouant ses
ailes fatiguées, il trottine autour du foyer comme un
bon génie ; bientôt, en échange de l'hospitalité qu'on
lui donne, il mêle son refrain mélancolique au tic tac de
l'horloge et au bruit des rouets.

Il est de la famille. On le connaît depuis longtemps.
Il est né peut-être sous ce chaume où il vient d'implorer
et de trouver un abri.

N'est-il pas d'ailleurs le protecteur infatigable et sacré
de ces champs qu'il purge de moucherons et de vermisseaux destructeurs ? N'est-il pas le gracieux bienfaiteur de ces vergers florissants, où il fait, à chaque heure
du jour, de prodigieuses hécatombes de chenilles ?

Son ami, le laboureur, le vénère comme l'hirondelle,
et, il sait bien que s'il arrive au Rouge-gorge, comme à
d'autres oiseaux, de frapper à grands coups de bec dans
les barbes d'un épi, ce n'est que pour manger l'insecte
qui ronge le grain de blé.

Avec sa cravate rouge, sa mine intelligente et fine, ses mœurs familières et douces, son admirable amour maternel, le Rouge-gorge est peut-être le plus sympathique de nos petits oiseaux ; et je ne sais combien la reconnaissance populaire a, pour ainsi dire, attaché de poétiques légendes à son collier de pourpre.

En Bretagne et en Normandie ce petit oiseau est un personnage, et, on l'appelle, s'il vous plaît, *Jean-Rouge-gorge.*

Jean-Rouge-gorge est synonyme de sobriété, de sagesse, d'économie et de travail.

Avec sa gravité rustique le paysan breton vous racontera comment Jean-Rouge-gorge importa le froment dans la vieille Armorique :

Du côté de Ploërmel habitaient des moines agriculteurs, infatigables au travail, mais désolés de ne récolter jamais que du blé noir. Et, dans leurs ferventes prières, ils demandaient chaque soir à Dieu de vouloir bien faire germer dans leur pauvre domaine de beaux épis d'or comme ils en avaient vu en Normandie.

Un jour, l'un des moines aperçut un petit oiseau que, à sa cravate rouge, il reconnut bientôt pour Jean-Rouge-gorge. De son bec l'oiseau laissa tomber un grain de blé. De ce grain sortit plus tard un épi magnifique qui s'élevait au-dessus des blés noirs comme dans les bois un beau chêne domine les taillis.

L'épi était fée. De ses grains dorés que sema le vent jaillirent plus tard d'innombrables épis, et la pauvre Bretagne vit alors ses sillons arides se couvrir de blondes moissons.

Savez-vous, maintenant, pourquoi le Rouge-gorge porte une cravate rouge ? Je vais vous répondre par trois légendes, vous laissant l'embarras et le plaisir du choix.

Quoique frêle et délicat, ce petit oiseau porte jusqu'à l'héroïsme le dévouement maternel.

Un jour, un Rouge-gorge trouve son nid envahi par je ne sais quel oiseau de proie, quel bandit des airs en train d'égorger ses petits. Consultant non ses forces mais son courage et son amour, il s'élance contre le géant au secours de sa famille ; mais le pauvre oiselet après une résistance inutile tombe, sa poitrine déchirée, sur les cadavres de ses petits.

En mémoire de cet acte d'intrépidité et de dévouement, la gorge du petit oiseau resta pourpre du sang qu'il avait versé pour sa famille et que toute l'eau des fontaines ne saurait laver.

Autre légende : Une jeune princesse se mourait de langueur dans son castel de Normandie. Ayant apprivoisé un Rouge-gorge, elle prit dans ses cheveux un petit ruban rouge qu'elle attacha au cou de l'oiselet.

La princesse mourut, et, le jour même de sa mort, le Rouge-gorge perdit le ruban de pourpre qu'elle lui avait confié.

C'était pitié de voir Jean-Rouge-gorge chercher le ruban de son amie et de l'entendre appeler d'une voix plaintive sa jeune maîtresse.

Touché de sa fidélité et de sa douleur, le bon Dieu appela Jean-Rouge-gorge et posa sur ce cou le bout de son doigt tout-puissant, et, le cou de l'oiselet se trouva aussitôt paré d'une cravate éclatante qui remplaça le ruban de la défunte.

Voici la dernière et la plus touchante de ces légendes : Jésus, couronné d'épines et frappé d'un coup de lance, venait d'expirer sur la croix.

Un pauvre Rouge-gorge, témoin de son supplice, entonna aussitôt son chant plaintif et doux, et volant avec tristesse autour de la tête de Jésus, il déchira sa poitrine à l'une des épines de la couronne. Et c'est depuis ce temps-là que la gorge de l'oiseau compatissant porte une tache de pourpre.

19. — Le Pierrot

Au rossignol les bois touffus, à l'aigle les rochers inaccessibles, à la mouette blanche le rivage des mers, à l'hirondelle l'espace infini, à l'alouette les sillons de la plaine, à la grive joyeuse le pampre des coteaux.

Ciel et mer, plaines riantes ou verts coteaux le *Pierrot* dédaigne tout cela. A ce gavroche (1) emplumé il faut les cités bruyantes et les rues populeuses, les boulevards immenses, les places somptueuses, les squares élégants. Aux charmes de la nature, aux beautés rustiques, le Pierrot préfère le luxe et le bruit des villes. Le Pierrot est l'ami du tapage et du progrès. Il se prélasse comme un bourgeois satisfait sous le péristyle des théâtres et trottine fièrement sur le dôme des palais.

Il est au Louvre comme chez lui, et au jardin des Tuileries, dont il semble payer le loyer à l'État, on le voit se percher sans façon sur les statues de marbre. Il va, vient cavalièrement, se posant tour à tour sur le casque de Miltiade, sur le poignard de Spartacus ou sur le nez de Thémistocle. Un peu plus il nicherait dans le carquois de Diane ou dans la gueule d'un serpent de Laocoon. Il ne traverse pas le Pont-Neuf sans faire une halte souvent irrespectueuse sur la tête nue de Henri IV, et, dans ses courses familières et vagabondes, il se faufile sous les voûtes sacrées de Notre-Dame, ou bien il entre, sans y être convié, à l'Institut.

Le Pierrot n'est pas beau ; il ne porte ni habit vert, ni pourpoint bleu, ni manteau rouge, ni tunique jaune comme le serin, ni costume éclatant comme le char-donneret. Sa tête est sans aigrette et sans couronne ; il n'a même pas de cravate à son cou comme la mésange et le pinson. Il porte un simple habit marron comme

(1) *Gavroche*, type du gamin de Paris, spirituel et moqueur, créé par V. Hugo dans *Les Misérables*.

M. Prudhomme (1), et n'a aucune décoration. Il manque, si vous le voulez, d'élégance et de distinction ; mais il a pour lui la hardiesse et la crânerie, la vivacité, l'expression.

Il est très gourmand ; ses fruits de prédilection sont les cerises et les raisins ; il fait ses délices des cigales et des papillons ; il adore les petits scarabées. Il aime aussi beaucoup les brioches. Voulez-vous avoir une idée de sa voracité ? Vous n'avez qu'à jeter quelques miettes de pain dans un de nos squares : aussitôt vous verrez s'abattre à vos côtés une nuée, une grêle, une trombe de pierrots. La pelouse en est comme mouvante et toute grise. On dirait qu'ils sortent de dessous terre, ou qu'ils tombent du ciel, qu'ils sont vomis par des troncs d'arbres ou des tuyaux de cheminées.

Ils piaillent, ils crient, comme si le feu était aux quatre coins de la cité ou l'ennemi aux portes, se fâchent, se poursuivent, s'envolent, reviennent, se bousculent, se battent à coups d'ailes, à coups de pattes, à coups de bec, à coup de tête.

C'est un vacarme infernal, c'est une émeute.

Paris est le paradis... des Pierrots : au Luxembourg, aux Tuileries, de graves personnages viennent leur distribuer du pain tendre, de la brioche jaune ou du biscuit glacé. Ils se plaisent surtout à être servis par les dames, et c'est plaisir de les voir tourbillonner en se jouant autour d'un chapeau rose, ou becqueter dans quelque main finement gantée comme dans une simple assiette en terre de pipe. C'est un spectacle charmant, mais faut-il le dire ? quand le repas est fini, convives ingrats et repus, les pierrots s'en vont digérer au loin, sans détourner la tête, comme s'ils avaient peur qu'on leur fît payer leur écot.

Le Pierrot est rusé, narquois, bavard, pillard, goguenard ; il est effronté, familier, batailleur, mauvaise

---

(1) *M. Joseph Prudhomme*, type de la nullité magistrale et satisfaite de soi.

tête. Ce sont là bien des défauts, mais il possède une qualité qui les fait pardonner tous : le Pierrot a bon cœur. Est-il pris au trébuchet ou enlevé par un matou, aussitôt tous ses camarades de courir à son aide et tenter des efforts désespérés pour le tirer de peine.

Mettez à la portée d'un moineau de deux mois un moineau de quinze jours enfermé sans une mère, et faites que le captif réclame le secours ou l'assistance publique, le libre n'hésitera jamais à pénétrer dans l'enceinte perfide pour apporter la becquée au prisonnier et faire de la charité maternelle un apprentissage qui lui coûtera la vie.

« Le Moineau, dit Toussenel dans son chef-d'œuvre, *Le Monde des Oiseaux*, est un volatile héroïque qui meurt et ne se rend pas. »

Un jour, au Palais-Royal, on vit un pierrot, encore jeune, forcer un roquet à la retraite en le pinçant fortement aux narines, aux grands applaudissements de la foule et aux vivats des autres oiseaux perchés sur les arbres du voisinage.

Le Pierrot a toujours été l'ami de l'homme : Pline raconte qu'un jour, un moineau, poursuiv par un émérillon, se réfugia vivement dans la poche de Xénocrate et qu'il ne quitta plus cette demeure improvisée ; il y vécut, il y mourut. — Le philosophe Wagner, de Prague, avait un pierrot qui nichait dans sa bibliothèque entre deux vieux bouquins, sautillait sur ses épaules, sur sa tête, sur sa plume et l'accompagnait à la promenade. Chaque matin au point du jour ce pierrot-horloge lui piaillait dans l'oreille le lever de l'aurore et lui becquetait le front. C'était tout à la fois son ami et son réveille-matin.

L'histoire des Pierrots est féconde en dévouements, mais le plus beau bienfait qu'on cite de cet oiseau, c'est le trait de ce moineau qui suivait son maître, un pauvre soldat condamné à mort, jusqu'au lieu de l'exécution, et demeura courageusement perché sur son épaule pendant la fusillade. Quand le corps, criblé de balles, tomba, le moineau prit son vol.

Le Pierrot aime à être logé grandement ; il n'est point artiste, et sous le rapport de l'élégance et du goût, son nid laisse beaucoup à désirer. Rien de coquet, mais quel bien-être à l'intérieur ! tout est plume, soie, duvet, tout est lambrissé des plus chaudes étoffes. C'est mieux qu'un boudoir, c'est une alcôve. Ce goût passionné pour les appartements confortables entraîne souvent le Pierrot à faire mille et mille niches à l'hirondelle, à l'expulser de son domicile. On rapporte aussi qu'il arrive parfois à l'hirondelle de se venger de l'usurpateur et de le murer dans son nid, mais je ne croirai jamais que tant de cruauté puisse entrer dans le cœur d'une hirondelle

Quand les beaux jours sont arrivés, quand l'alouette entonne d'une voix vibrante son joyeux refrain, quand la fauvette à tête noire soupire harmonieusement sous les chênes verts, et quand le rossignol en extase égrène, du haut des peupliers, sa mélodieuse chanson, l'homme alors se montre ingrat ; enivré par tous ces chants, il oublie son humble ami, le Pierrot. Mais lorsque décembre est venu, que le vent gémit dans la cheminée et que l'hiver pleure aux vitres constellées de givre; quand l'hirondelle est partie et que le rossignol ne chante plus, jetez vos regards au dehors : au milieu de la solitude et du silence, vous apercevrez, toujours alerte et toujours gai, le Pierrot fidèle qui trottine fièrement sur le toit couvert de neige.

On dirait un joyeux convive se promenant sur la nappe blanche d'un festin. S'il aperçoit votre silhouette, il prend son vol pour venir s'abattre sur la fenêtre, et de son bec frappant aux vitres, il dit : « Pour l'amour de Dieu, ouvrez-moi. »

Puis il entre sans gêne et sans peur, s'approche du foyer et, ranimé par la chaleur, il accompagne le chant du grillon de son pépiement amical et familier.

3.

20. — L'Hirondelle

Aux demeures de l'homme je suspends mon nid, mon doux nid que je retrouve à chaque printemps, et je porte bonheur à la maison que j'ai choisie.

Je suis l'*Hirondelle* blanche et noire, oiseau de Dieu, et je viens du pays des anges dans un rayon de soleil.

Les Hirondelles.

Lorsque Avril rit dans les champs, l'air retentit de mes gazouillements et je souhaite la bienvenue au pays que je quittai l'an passé. De mon aile rapide, je frôle en passant le lilas et les muguets ; je frôle le muguet blanc, l'aubépine éclatante et la giroflée d'or.

Je suis la joyeuse Hirondelle, messagère du printemps.

Mon bec n'est pas grand, mais il fait comme un rempart aux récoltes et aux moissons. C'est moi qui fais la toilette des blés en purgeant la campagne des milliers d'insectes que j'avale chaque jour.

Je suis la vaillante Hirondelle, providence des sillons.

Mon vol est sans rival : comme une fusée, je monte dans les airs, puis l'aile ployée, faisant la morte, je retombe pour me relever comme une balle vivante qui bondit dans l'immensité. Je rase la terre comme si je voulais me cacher dans la mousse à côté des violettes, puis d'un coup d'aile je monte dans les nues. Mais décrivant tout à coup des courbes éblouissantes et de capricieuses arabesques, je reparais tourbillonnant dans le ciel pour aller m'abreuver à l'eau des fontaines.

Je suis la rapide Hirondelle, reine des airs.

Chaque année sans boussole et sans guide, je me dirige à travers les océans et les montagnes vers la chaumière que je choisis, vers le foyer que j'aime ; et je rapporte le petit ruban bleu qu'une main amicale attacha à mon cou.

Je suis la fidèle Hirondelle, l'oiseau du souvenir.

Lorsqu'un danger menace une pauvre Hirondelle, à son cri d'alarme nous accourons toutes, comme un seul oiseau, du sein des blés ou des nuages. Nous nous appelons légion, nous sommes une avalanche vivante et furieuse qui intimide l'autour ou l'épervier, et l'étourdissant de nos cris, l'éblouissant de notre vol, le menaçant de nos becs, nous mettons en fuite, nous, petites hirondelles, le bandit des airs.

Je suis l'oiseau de l'amitié et du dévouement.

Malheur à l'audacieux qui porte une griffe ou un bec sacrilège sur nos petits ! Si l'on touche au berceau de ses enfants, l'Hirondelle n'est plus un oiselet, c'est un aigle, un vautour. Dans certaines contrées, quand je vais chercher des insectes à mes petits, je les attache par la patte au bord du nid, avec un fil que j'ai taillé dans les herbes ou les roseaux. Grâce à ce lien maternel, si mon enfant sort du nid, il reste suspendu et je le délivre à mon retour. Au lieu d'une chute, c'est une leçon.

Je suis la bonne mère Hirondelle.

Aux demeures de l'homme, je suspends mon nid, mon doux nid que je retrouve à chaque printemps, et je porte bonheur à la maison que j'ai choisie.

Je suis l'Hirondelle blanche et noire, oiseau de Dieu, et je viens du pays des anges dans un rayon de soleil.

21. — Le Coq

Autant la poule est familière et douce, timide, aimante et docile, autant le *Coq*, ce sultan et maître, est viril et belliqueux, hardi, vaillant, autoritaire.

« Veiller, combattre, aimer » telle est la devise du Coq.

La plume sur la hanche et le bec au vent, drapé dans son manteau aux reflets superbes, inclinant sa large crête comme un chapeau de mousquetaire, il a l'air de cacher une épée sous son aile et d'attendre un rival pour aller le battre à la lueur des étoiles.

Le Coq.

Il y a chez lui du Fra-Diavolo(1) et du d'Artagnan (2).

Le Coq est le grand preux des basses-cours et des bois.

Sur son trône de fumier ou parmi les bruyères roses

(1) *Fra-Diavolo*, célèbre chef de brigands italiens.
(2) *D'Artagnan*, brave gentilhomme du xviie siècle, dont Alex. Dumas fit un des héros de son roman *Les trois Mousquetaires*.

et les genêts d'or, il monte la garde autour de ses poules aimées, agitant son casque et son épée, faisant sonner son ergot meurtrier et retentir ses clairons.

Époux sans peur et sans reproche, il défie, au son de ses trompettes, le bandit des airs, en même temps qu'il rassure d'inflexions plus douces sa famille terrifiée.

Le Coq est originaire de l'Asie; de la Perse il passa en Égypte, de l'Égypte en Grèce, d'Athènes à Rome.

Aujourd'hui le Coq est une nécessité absolue de la vie humaine, et l'on trouve dans toutes les contrées du globe ce magnifique oiseau que Saeven appelle le *lion des oiseaux*, dont la voix de cuivre est le réveille-matin des fermes et des villages, dont le chant hardi est une fanfare de combat ou d'amour.

Chez les anciens Perses, le Coq était dieu; les Chaldéens vénéraient ce *fils du soleil* dont la voix éclatante salue l'aurore, le retour à la vie et au travail.

A Rome, le Coq était l'emblème de la force et de la santé. On le sacrifiait à Esculape. Chez les peuples du Soudan, le Coq est un fétiche et sa crête un talisman.

Le plus grand, le plus fort, le plus beau de nos coqs de France est le *Coq de La Flèche* dont la crête écarlate ne pâlit jamais, dont le bec intrépide et l'ergot de fer bravent la fouine et l'épervier.

Plus petit, plus criard, un peu fanfaron, mais très brave, est le *Coq de Gascogne*, tout nerf et tout jactance; il arpente sa basse-cour comme si les rives de la Garonne lui appartenaient, lève sa patte d'acier comme si elle tenait un sceptre, et secoue sa crête rubiconde et exagérée comme un panache vivant.

Parmi les Coqs d'espèce étrange, voici d'abord le *coq de Bantam* (1) a la queue sans faucille, et le *coq de Gueldre* (2), qui n'a pas de crête.

(1) *Bantam*, ville de l'île de Java.
(2) La *Gueldre*, province de Hollande.

Un coq sans crête, n'est-ce pas comme un lion sans crinière, un bélier sans cornes, un mandarin sans queue, un roi sans couronne? Hé bien! le Coq de Gueldre n'en est pas moins un coq imposant et magnifique.

Ce coq tête-nue a l'air tout simplement d'avoir remisé sa crête dans quelque coin de la ferme.

Je vous présente enfin le *coq de Sumatra*, qui se drape dans son manteau aux reflets métalliques avec la majesté d'un monarque indien.

Silencieux et hautain, il incline sa large crête comme un chapeau de Manille aux bords fièrement relevés, regarde, écoute, provoque ou défie.

Il a l'air de cacher un glaive de Damas sous son aile éblouissante et d'attendre un adversaire pour aller croiser l'éperon sous les grands palmiers.

N'oublions pas le *coq du Japon*, le splendide Yokohama, qui secoue avec orgueil ses belles ailes rouges et balaye le sol de sa longue queue, soyeuse et blanche, tombant en gracieux panache.

Sa fanfare n'a pas l'éclat et la beauté guerrière de notre coq français. On dirait que sa trompette est bouchée. C'est, peut-être, qu'il chante en langue japonaise.

Le Coq est l'emblème guerrier de notre vieille Gaule ; c'est le drapeau de Brennus.

Le Coq gaulois entre dans Rome, se pose triomphalement sur le temple de Delphes et dicte ses conditions : *Væ victis!* Malheur aux vaincus.....

Plus tard, quand les Romains ont envahi la Gaule, il s'élance de son rameau d'or , et , l'aile déployée , le bec menaçant, il arrête pendant dix ans les aigles de César.

Enfin, après le Capitole le Calvaire.

Quand Pierre à renié Jésus, le Coq de la Passion agite ses ailes et entonne aussitôt sa fanfare sur l'arbre de la croix.

22. — La Poule

Pondre, couver, obéir au coq, son seigneur et maître, élever ses chers petits poussins, tel est le rôle de la Poule, et l'on peut dire qu'elle est le dévouement maternel fait oiseau.

Quand la buse et le milan planent dans les airs, elle appelle ses petits, les cache sous son aile et, la tête penchée, le regard oblique, elle semble dire au ravisseur : « Me voilà ! tu penses me prendre et m'emporter... tu vois bien que je suis seule. »

La Poule.

La Poule est intelligente et susceptible d'un grand attachement. Michel Montaigne avait une Poule qui le suivait à la promenade, et les poules de Töpffer perchaient sur son épaule quand il s'asseyait au pied d'un arbre pour écrire un chapitre de la *Bibliothèque de mon oncle* ou du *Presbytère*.

Pendant le siège de Paris, j'avais une Poule de Cochinchine à qui j'avais cédé une pièce de mon appartement, une chambre d'ami.....

Malgré les égards dont je l'entourais, elle semblait pressentir les périls qui la menaçaient : elle ne chantait plus, se faisait toute petite et marchait doucement la jambe ployée, comme une personne qui a peur d'être entendue

Si je la regardais, elle s'accroupissait immédiatement dans un coin de la chambre et baissait gravement sa belle tête blanche pour me faire croire sans doute qu'elle pondait. Trois fois je levai mon couteau, qui se détourna trois fois ; elle était si belle, si blanche, si douce et il faut bien le dire aussi, si maigre ! car la grande Cochinchinoise avait pris le parti de maigrir, espérant sans doute retarder par ce stratagème la mort qu'elle pressentait.

Enfin, le jour du supplice arrivait, quand tout à coup, le général Trochu vint lui sauver la vie. Elle vécut, mais Paris avait capitulé.

La Poule est la reine des étables, la richesse et la gloire des fermes.

Nos Poules de France sont répandues dans tous les pays. Elles montent en wagon et vont se faire embrocher à Londres, à Vienne, à Berlin, à Moscou. Elles sont de tous les festins et se font pompeusement annoncer dans toutes les langues ; et les cuisiniers de l'étranger les parent de leurs plus belles plumes qui s'étalent sur les fines porcelaines comme une sorte de passeport.

Un voyageur raconte que, se trouvant à New-York, il aperçut une Poularde magnifique qui, se promenant devant la vitrine d'un restaurateur français, portait à son cou cette lugubre inscription :

> Poularde du Périgord,
> à manger demain,
> aux truffes, à table d'hôte.
> Six heures précises.
> Diner : quinze francs.

Voyez-vous cette infortunée volaille transformée à la

fois en carte de restaurant et en lettre de faire part, portant écrit sur son cou le jour, l'heure précise de sa mort et apprenant aux gourmets américains ce qu'il en coûtera pour la manger !

Mais c'était une Poularde du Périgord !

Passons rapidement la revue de nos races françaises, espèces incomparables dont les rôtis succulents parfument l'Europe, dont la réputation sans rivale a fait le tour du monde.

Voici d'abord la *poule de la Bresse* qui porte un collier noir et qui est ronde comme une boule de beurre : elle en a le luisant et la teinte ambrée ; elle en a la tendresse. Elle ne cuit pas, elle fond. Ce n'est pas une volaille, c'est une pelote molle et parfumée, une boule d'or. Sa délicatesse exquise défie tous les géants des étables et des poulaillers.

Voici la reine des pondeuses et la plus dévouée, la plus caressante des mères, la *poule de Gascogne*. Ses confits illustres s'en vont jusqu'à Saint-Pétersbourg porter la gloire de la gastronomie française.

Voici encore les fines *poules de Houdan* et les grasses *poulardes de la Dordogne* que la truffe parfume.

Voici enfin la *Crèvecœur*, dont la crête s'élève en forme de cornes redressées et qu'il suffit de nommer.

La poule n'a pas seulement pour elle sa chair précieuse, si légère, si délicate et si saine, elle a surtout son œuf nourrissant, plus délicat, plus sain et plus précieux que sa chair.

Elle a son œuf sans rival, ce petit globe de neige qui est comme le pivot universel autour duquel tourne l'alimentation des peuples de la terre.

La Poule est toute la basse-cour, toute l'étable du pauvre, qui ne saurait élever ses prétentions jusqu'à la possession vainement rêvée d'une vache ou d'une chèvre ; c'est une compagne, une amie qui s'en va glaner les vermisseaux tout en jacassant et en chantant autour de la chaumière.

La Poule est l'emblème de la reconnaissance :

Chaque fois qu'elle pond un œuf elle entonne sa fanfare d'allégresse et de gratitude, et, chaque fois qu'elle boit une goutte d'eau, elle dresse sa petite tête vers le ciel comme pour remercier le Créateur !

---

23. — Les Poules exotiques

Parmi les Poules de races étrangères il en est d'aussi originales et d'aussi jolies que les plus beaux oiseaux. Tout est huppes et chignons, bracelets, colliers, robes à traînes de velours ou de soie.

Ici, la *race de Padoue* à la robe cailloutée, chamois, argentée ou dorée, à la huppe énorme, séparée au milieu de la tête comme la chevelure d'un jeune élégant ; là, l'étrange *poule de Wallikiki*, qui se coiffe à la Récamier (1), mais dont les larges pieds et la queue absente lui font, comme à Perrette, un jupon court et des souliers plats.

Avec son aile traînante et sa queue relevée sur la tête, la *poule Nangasaki*, à courtes pattes, a l'air d'une roue chargée de plumes.

La *poule naine* et *joufflue de Java* est une miniature de poule. On la prendrait pour un pigeon. Une canne

---

(1) Dans son portrait, peint par Gérard, madame Récamier a la chevelure relevée au-dessus de la nuque et formant des boucles coquettes sur le haut de la tête et sur la joue.

d'enfant suffirait pour embrocher cette naine des basses-cours.

La *poule de soie*, la plus élégante et la mieux mise des poules, semble une boule de neige. Elle ne le cède en originalité qu'à la *poule nègre*, à la chair noire, aux oreilles bleues, au plumage crépu et blanc.

La *poule Moscovite*, dont l'aile éclatante brille comme une coupole du Kremlin, est fière de son œuf qui pèse quatre-vingts grammes.

Voici la *poule Malaise*, dont l'éperon d'acier brave les oiseaux de proie, et la gentille *poule de Nankin*, au bec de perroquet, aux œufs exquis, teintés de rose.

N'oublions pas la *poule* presque sacrée *de Brahma*, à l'air étrange, aux plumes bizarres, à la chair exquise. Jadis on la mettait dans les temples, aujourd'hui on la met en daube.

La grande *poule de Cochinchine*, que nos étables ont conquise, dresse sa taille de géante sur ses énormes cuisses déplumées. Ce colosse oriental n'a pas la fine saveur des petites poules de la Bresse. Droite, majestueuse et fière comme un coq, ce n'est qu'une carrière de chair où l'on découperait aisément le dîner de dix personnes.

Cette géante a, dit-on, tellement la conscience de sa grandeur qu'elle se courbe toujours en entrant dans son étable.

Terminons ce défilé de physionomies bizarres et de plumages éclatants par la *poule de Bréda*.

On dirait vraiment une femme d'Alger, une *Moukere* qui aurait conservé son allure humaine en se trouvant changée en poule. De belles plumes forment comme un voile autour de sa tête coiffée d'épis ; elle déploie ses grandes ailes blanches comme un burnous africain et a l'air de marcher dans des babouches.

Toutes ces poules exotiques sont vêtues merveilleusement, pleines d'élégance et d'originalité. Elle est bien humble, bien terne la poule de nos villages et de nos fermes en face de ces filles empanachées de l'Orient.

Mais que vaut celuxe à côté des rôtis succulents et des œufs incomparables de nos poules de France !

———

24. — L'Œuf

Pour être complet, du coq et de la poule que je viens de vous présenter nous allons passer à l'*œuf*, cette ressource sans rivale de l'alimentation publique. Chaque année Paris consomme pour neuf millions d'œufs de toutes espèces, Marseille pour quatre millions, Lyon pour deux millions, Bordeaux pour un million et demi.

Avant d'être livrés à la consommation, les millions d'œufs qui arrivent aux halles de Paris sont scrupuleusement vérifiés, contrôlés, mirés.

Dans les halles souterraines se trouve le pavillon des œufs, où leur bizarre entassement forme des coupoles éclatantes, des dômes de neige.

Avec une adresse merveilleuse, qui tient de la dextérité d'un prestidigitateur, le mireur industriel, admirablement bien payé, prend un œuf, le regarde à la lumière et le met à gauche ou à droite selon qu'il est bon ou mauvais ; hâtons-nous de dire que le nombre des élus l'emporte d'une quantité énorme sur celui des réprouvés.

On sait que de tous les aliments, sans en excepter la meilleure viande de boucherie, l'œuf est le plus nutritif et le plus sain. On ignore généralement que le plus grand nombre des œufs que nous mangeons ont été pondus en Autriche et en Italie. Autrefois on prenait un œuf au poulailler, aujourd'hui nous le faisons venir de Vienne ou de Florence.

Ce sont surtout les œufs ordinaires que nous envoient l'Autriche et l'Italie ; les gros œufs de la Touraine, de l'Anjou, du Maine et surtout de la plantureuse Normandie sont particulièrement appréciés et recherchés. La concurrence des œufs étrangers ne saurait toucher l'œuf tourangeau ou normand.

Au-dessus de toute comparaison, l'œuf de Normandie garde sa dignité et ne baisse jamais ses prix ; je crois même qu'il profite de l'humilité des œufs étrangers pour renchérir sur ses mérites et se faire valoir.

Il est bien de son pays l'œuf normand !

Œufs de poule, de cane, de dinde, d'oie, de pintade, de paon, de mouette, de pigeon, de vanneau, d'autruche et de tortue, telle est la liste des œufs alimentaires auxquels il convient d'ajouter certains œufs de poisson, manger délicat et rare, très à la mode en Chine et en Russie.

De tous ces œufs, c'est celui de poule qui l'emporte en saveur et en qualité ; il est le plus répandu, le plus populaire, le plus recherché sur toute la surface du globe.

Dans tous les pays, sous toutes les latitudes, l'œuf de poule est la richesse des fermes et la ressource des campagnes.

De la Norvège au cap de Bonne-Espérance, de la France au Japon, la poule pond son œuf exquis, que les sauvages, même du Soudan et de la Cafrerie, savourent à la coque.

L'œuf de cane est préférable encore à l'œuf de poule. Il contient, paraît-il, plus de matières azotées et de principes gras.

Les œufs de dinde et les œufs d'oie diffèrent peu des précédents.

L'œuf de pintade est très petit, mais c'est son seul défaut. Son goût est excellent. Il en faudrait bien près de deux douzaines pour faire une omelette raisonnable.

L'œuf de paon, si vanté par l'imagination malade des

Vitellius, des Caligula, se distingue par une saveur écœurante, sucrée.

Les Groenlandais sont très friands des œufs de mouette, que caractérise un goût d'huile très accentué.

Les Arabes et les colons du Cap ne connaissent pas de régal supérieur à un œuf d'autruche récemment enfoui dans le sable.

Les œufs de vanneau, si délicats et si chers, viennent de la Hollande. C'est un manger succulent. Au lieu de devenir opaque par la chaleur, le blanc de l'œuf du vanneau devient transparent et vert. Après un séjour de quatre ou cinq heures, ce blanc vert se trouve assez dur pour être taillé comme une pierre. En Bavière, on en fabrique des bijoux que se disputent les filles de brasseries.

Il se fait à Madagascar et au Thibet un grand commerce d'œufs de tortue. C'est une nourriture aussi substantielle que délicate, très appréciée des Chinois.

L'œuf de faisan est un plat de haut luxe. Rien de plus finement savoureux. En automne son incomparable arome a une analogie très prononcée avec la chair de l'oiseau. On dirait un salmis dans une coquille d'œuf.

La palme reste à la poule des fermes, des prairies ou des savanes. Qu'elle vienne de pondre son œuf dans une vallée normande, une solitude africaine ou un bois des Indes, elle entonne aussitôt son petit chant de victoire, racontant à tout le voisinage ses efforts et son triomphe.

Va, ma petite poule ; sois joyeuse et fière, et dis-nous bien haut que tu viens de pondre un œuf ! Cet œuf, c'est la côtelette du pauvre, la ressource du campagnard, la friandise de l'écolier, le festin longtemps rêvé du convalescent.

25. — Le Lapin

C'est un animal sans prétention, un prolétaire modeste. Il loge dans une cabane et se nourrit de choux.

Sa fourrure n'est pas de l'hermine et sa chair n'est pas du chevreuil. Mais le *Lapin* est le régal du campagnard et de l'ouvrier. C'est le gibier des petits. Il est de toutes les fêtes, préside aux mariages de banlieue et aux baptêmes villageois.

Le Lapin.

Il remplit, il parfume, il égaye de ses robustes senteurs la ferme et la guinguette.

C'est un plat toujours prêt, qu'on a sous la main. Une chiquenaude, un cri ; le Lapin est mort. Cinq minutes après il saute entre le persil et l'oignon : vous êtes servi.

Le Lapin est l'hôte le plus populaire et l'un des plus utiles de nos basses-cours.

Sa peau est vulgaire et court les rues, mais elle se vend par milliers dans nos halles, dans nos marchés et constitue un commerce prodigieux.

Le Lapin n'est pas beau, mais il est pittoresque ; et j'aime assez ces grandes oreilles qui vous saluent comme

un éventail ou qui vous menacent comme une paire
de cornes, ces gros yeux fixés à fleur de tête, ce nez
qui frétille et ces pattes qui tricotent avec une vitesse
éblouissante des bas imaginaires.

On aurait tort de mesurer la naïveté du Lapin à la
longueur de ses oreilles. C'est une bête ingénieuse et
réfléchie.

Poursuivi, le Lapin fait des détours d'une grande
science stratégique et donne le change en grimpant sur
un saule.

Captif, il creuse adroitement de longs terriers et
trouve son salut, sa liberté dans son talent d'ingénieur.

L'implacable cuisinière vient-elle à faire l'appel des
condamnés, c'est merveille de voir les Lapins se glisser
comme des anguilles les uns par-dessus les autres et se
dérober à la main qui les a choisis.

Mais ce que le Lapin a trouvé de plus spirituel et de
plus malin, c'est évidemment de se faire remplacer
dans les restaurants de barrière par sa doublure : le
chat.

L'âne, le porc, le mouton, la chèvre, le cheval, le cygne,
l'oie, le canard, le faisan, presque tous nos animaux domestiques ont pour patrie commune l'Orient, berceau du
monde. Et c'est aussi de ce mystérieux et antique
pays que nous sont venus les fleurs et les parfums, la
soie, le café, l'or, la civilisation, la poésie, la philo-
sophie, les arts.

Le Lapin est une exception parmi les animaux domestiques ; sa patrie véritable, c'est l'Espagne.

Dans le premier siècle avant l'ère chrétienne, le
Lapin s'était tellement multiplié dans la Gaule méridionale qu'au témoignage de Strabon, ce « pernicieux
animal » étendait ses ravages depuis l'Espagne jusqu'à
Marseille.

Pline, ajoute Geoffroy Saint-Hilaire, nous montre le
Lapin plus nuisible encore. Il désole la Corse, et il est si

nombreux dans les îles Baléares que les habitants épouvantés par cette invasion étrange, implorent l'envoi de troupes contre les..... Lapins.

Auxilium militare a divo Augusto petitum (1).

Il est permis de supposer que les soldats de César remportèrent la victoire sur les Lapins et que les vainqueurs firent *sauter* les vaincus.

---

26. — La Chèvre

La *Chèvre* est la vache de l'indigent comme l'âne est le cheval du pauvre. C'est l'hôtesse aimée des chaumières et gâtée des enfants.

Combien de fois n'a-t-elle pas prêté le secours de ses riches mamelles au sein tari d'une mère et rempli tous les devoirs d'une bonne nourrice ! Épouse un peu capricieuse, la Chèvre est une mère excellente. Il faut la voir au milieu de ses cabris exécuter pour leur plaire des cabrioles audacieuses qui ne sont plus de son âge. Il faut l'entendre, quand on lui a ravi ses petits, appeler ses chers chevreaux de cette voix navrante, presque humaine, qui a l'air d'un sanglot.

La domestication de la Chèvre remonte aux temps les plus reculés. Son nom est cité dans la Genèse, et ses cornes se profilent sur les monuments en ruine de la vieille Égypte. Le plaintif Jérémie se fait suivre d'une chèvre et la reine de Saba amène à Salomon un troupeau de chèvres blanches comme le lait. Enfin, si Romulus est allaité par une louve, c'est une chèvre qui nourrit au berceau Alexandre le Grand.

Capricieuse et vagabonde est la Chèvre. Douée d'une

(1) On implore le secours du divin Auguste.

agilité surprenante, d'une gaieté pittoresque et d'une grâce étrange ; indépendante et hardie comme une fille des abîmes et des glaciers ; paradant dans les jeux du cirque, cabriolant sur les tréteaux, tirant la bonne aventure sur les places publiques et dansant comme une almée autour de la Esméralda (1) ; la corne en arrière, le nez busqué, la lèvre frémissante et l'œil brillant; le pied leste et les mœurs légères, impatiente de la corde, irrégulière de l'étable, dédaigneuse de caresses ; fantaisiste et fantasque, bizarre, grimpant le long des corniches et se suspendant aux flancs des rochers ; insouciante et friande; avide de voltige et de bourgeons, fléau des bois, ne vivant que pour l'aubépine, le salpêtre et la liberté : telle est la Chèvre.

Le Bouquetin.
(Hauteur 0ᵐ 90.)

C'est une fille de l'Asie et l'on est à peu près d'accord qu'elle descend du bouquetin *ægagre*, qui habite les chaînes du Caucase.

Répandue sur le globe entier, elle rend à l'homme les plus importants services, en lui donnant sa peau, son poil, son lait, sa chair, ses fromages exquis, délices du gourmet et régal du montagnard.

Dans le centre de l'Afrique, la Chèvre est la grande ressource des caravanes et la nourriture capitale de l'indigène : c'est un don royal, un gage d'alliance et d'hospitalité.

Après les victoires, on mange la Chèvre d'honneur et quelquefois aussi les..... prisonniers.

_____

(1) *La Esméralda*, Bohémienne, dans *Notre-Dame de Paris*, de V. Hugo.

Parmi les Chèvres exotiques je vous montrerai d'abord la *Chèvre angora*, couverte d'une toison magnifique, longue, fine, ondulée ; c'est une bête aristocratique et bien posée, fière de sa valeur industrielle, élégante et grave, drapée pour ainsi dire dans sa richesse et sa beauté.

Bien différente est la *Chèvre d'Égypte*, un prodige de laideur. Sa tête étrange semble détachée d'une momie ou sortir d'un bocal à esprit-de-vin ; des oreilles pendantes, comme cassées, des yeux blancs à fleur de tête, le nez bossu, la bouche oblique, les lèvres disjointes et des dents grimaçantes, plus jaune qu'un chapelet du temps de Mahomet

Voici maintenant les petites *Chèvres naines du Senégal*, des miniatures de délicatesse et de grâce, des merveilles d'agilité.

On dirait de leurs cornes des fuseaux et de leur barbiche un flocon de soie.

C'est la chèvre de Lilliput. Son lait est un trésor inépuisable, sa vie une cabriole éternelle. Bondissant comme un chamois ou faisant pivoter sa jolie tête blanche sur ses épaules noires, elle s'en va dans les forêts vierges brouter les feuilles parfumées des mimosas, parmi les singes et les écureuils, stupéfaits de son agilité.

Je vous présente, enfin, la plus illustre et la plus précieuse de toutes les espèces : la *Chèvre de Cachemire*. Elle ne porte point de châle ; mais, sous ses longs poils soyeux, elle cache un duvet floconneux et doux, d'une finesse incomparable qui sert à tisser ces étoffes magnifiques qui ont fait sa réputation et sa gloire.

N'oublions pas que la Chèvre a trouvé le café.

Le café et le cachemire, la plus riche des étoffes et la plus exquise des boissons, n'est-ce pas assez pour faire pardonner à la Chèvre ses caprices et sa gourmandise ?

Cette galerie serait incomplète si je ne saluais en passant le *Chevrotin de l'Himalaya*, le gentil *Porte-musc*.

Ce gracieux animal est bien le membre le plus étrange et le plus curieux de la grande famille des Chèvres.

C'est un parfumeur doublé d'un acrobate; il saute et il distille; il lui faut pour piédestal un glacier, pour tapis la neige éternelle, pour horizon l'infini, et c'est à six mille mètres au-dessus du niveau de la mer qu'il campe sur son trône de glace.

Le Porte-musc.
(Hauteur 0m 60.)

C'est là-haut que le chasseur intrépide va chercher le roi des parfums, le musc de l'Himalaya, dont une once ne coûte pas moins de trente francs dans les bazars de Calcutta.

C'est près du nombril, dans une petite poche, que le Porte-musc recèle le parfum délicat auquel il a donné son nom.

Seule, l'agilité du chamois égale peut-être celle du chevrotin de l'Himalaya. Une seule chose peut le suivre dans ses voltiges effrayantes: l'œil de l'homme. Une seule chose peut l'atteindre dans son galop aérien : une balle.

C'est une balle qui le tue. Ce qui faisait sa richesse et sa gloire fait sa perte, et la main de l'homme, se posant avec avidité sur le cadavre encore chaud du pauvre chevrotin, arrache le trésor convoité à ses entrailles fumantes.

Qu'importe ! est-ce qu'un parfum ne vaut pas une vie ! est-ce que les riches créoles de Calcutta se soucieraient du martyre d'un chevreau dont la cruelle agonie a sué de délicieux parfums !

Nous venons de voir passer les membres les plus illustres de la grande famille caprine : ceux-ci, laitiers incomparables, ceux-là, fabricants renommés de fromages ou fournisseurs ordinaires de maroquins pour les reliures de luxe.

Eh bien ! c'est pour la Chèvre de nos pays que je garde mes sympathies ; pour la Chèvre qui nourrit le montagnard des Alpes et des Pyrénées, le paysan des monts d'Auvergne et de mes chères collines du Périgord ; c'est pour la Chèvre bienfaisante et familière des cabanes qui promène ses riches mamelles au milieu des bruyères roses et des genêts d'or, tandis que ses cabris joyeux bondissent au bord des torrents.

J'ai été élevé par une Chèvre et je me rappelle que, tout enfant, je mêlais dans mes prières naïves au nom de mes parents celui de ma nourrice à barbe, restée la compagne de mes jeux.

Sur mes vieux jours, je me souviens encore de « Jeannette » et je lui consacre ici ces dernières gouttes d'encre en reconnaissance du lait dont elle me nourrit.

---

27. — La Chauve-souris

Dans beaucoup de campagnes, on considère la *Chauve-souris* comme un oiseau à quatre pattes, d'une bizarre et sinistre espèce.

La Chauve-souris est un mammifère, un mammifère ailé qui de la terre monte au ciel et s'élève dans la création.

La Chauve-souris.
(Longueur du corps, 0^m05.)

Comme tous les mammifères, elle allaite ses petits, et nous verrons avec quelle grâce touchante elle remplit son rôle maternel.

A proprement parler, ses ailes ne sont pas des ailes, mais deux membranes, pareilles à un crêpe, qui la dirigent dans ses courses aériennes et l'enveloppent comme d'un manteau.

Les peintres du moyen âge ont prêté à Satan les ailes étranges et rudimentaires de la Chauve-souris. Pour beaucoup de paysans, c'est une bête de mauvais augure, un diable ailé dont l'urine empoisonnée fait perdre la vue ; aussi ai-je vu souvent, dans mon enfance, de vieilles femmes superstitieuses se signer dévotement et fermer brusquement les yeux sur le passage de l'innocente Chauve-souris.

Dans des contrées plus éclairées, le campagnard au contraire, pénétré des précieux services que la Chauve-souris rend aux récoltes, lui a donné, dans sa reconnaissance, le nom charmant d'*hirondelle de nuit*.

Elle fait, en effet, une guerre acharnée et féconde aux insectes crépusculaires, ces fléaux du sillon qui échappent au bec purificateur et vaillant de la gentille hirondelle.

Quand l'hirondelle se couche, la Chauve-souris se lève et reprend, à son compte, le rôle bienfaisant de sa collaboratrice de jour.

La Chauve-souris est, comme l'hirondelle, la providence des champs, la gardienne des récoltes.

Pourquoi cette réputation sinistre, cette injuste répulsion ? La Chauve-souris est étrange, elle est sombre, elle est triste. C'est une fille des nuits mystérieuses. La lumière la blesse, le soleil l'effraye. Ce qu'elle aime, ce sont les ténèbres si chères aux âmes errantes et aux fantômes : ce qu'elle recherche ce sont les souterrains mystérieux, les cavernes profondes où elle flotte comme une apparition, où elle décrit autour des voûtes humides des lignes brisées et funèbres.

Cela ne suffit-il pas pour frapper l'imagination enfantine du paysan, et charger les innocentes ailes de la Chauve-souris d'un fardeau de réprobation ?

La Chauve-souris est très coquette. Avec ses pieds de derrière, dont elle se sert comme d'une main, elle partage son poil en deux et se fait une *raie* d'une régularité irréprochable qui partant de la tête se continue jusqu'au milieu du dos. Elle passe à se *faire belle* le temps qu'elle ne peut consacrer à la chasse des insectes.

Cette coquetterie singulière doit lui être pardonnée en faveur de son grand amour maternel. Je ne sais rien de pittoresque et de touchant comme la manière dont la Chauve-souris allaite son nourrisson.

Suspendue les pieds en l'air, la tête en bas, aux voûtes d'une caverne, elle berce doucement son petit cramponné à sa mamelle, tandis que ses ailes repliées font à son nourrisson comme un berceau moelleux et vivant — un édredon maternel.

Quand, pareille à un flocon ailé, elle passe sous nos yeux dans son vol hésitant et silencieux, il n'est pas rare que la Chauve-souris promène dans les airs son enfant accroché à sa mamelle.

Malgré ce précieux fardeau, elle poursuit bravement les insectes, et ne craignez pas qu'elle laisse tomber son petit dans l'espace : La mère et l'enfant ne font qu'un.

---

28. — La Cigogne

La *Cigogne*, c'est presque un oiseau sacré.

Les Égyptiens la vénéraient à l'égal de l'ibis (1), et nous, nous l'aimons comme l'hirondelle.

C'est l'hôtesse familière et respectée des vieilles ruines, des pauvres villages ; c'est l'amie de l'homme.

Son bec, redoutable aux insectes, aux vers et aux

(1) *Ibis*, oiseau qui était adoré des anciens Égyptiens, parce qu'il détruit les reptiles qui infestent les bords du Nil.

reptiles, protège les villes et les campagnes, la ferme, la grande route, le carrefour et le sillon.

C'est une grande voyageuse : elle émigre comme sa petite sœur l'hirondelle et fuit l'hiver ; mais elle revient au printemps.

Elle revient toujours, ayant son souvenir pour guide et son instinct pour boussole.

L'aimant qui l'attire et ne la trompe jamais, c'est son nid, le nid qu'elle a bâti au sommet d'une vieille église, d'une tour en ruine ou sur le toit d'une chaumière devenue sa maison. Ce nid l'attend.

Abandonné à l'approche des neiges et des frimas, il redevient une couche et un berceau à chaque printemps.

La présence de la Cigogne est un présage heureux, son retour une joie publique.

La Cigogne niche dans un coin de la France, coin ravi et mutilé. Cette terre de prédilection est notre chère, notre pauvre Alsace...

Jadis, lorsque apparaissait la première cigogne, on sonnait pieusement les cloches, et cette douce nouvelle, courant joyeusement de porte en porte, faisait le tour du village : « Les cigognes sont revenues ! »

A elle les reptiles et l'insecte voyageur, la haute surveillance des récoltes et de la salubrité publique.

La Cigogne est le *marabout* de l'Europe ; un marabout poétique et charmant, à la patte délicate, au vol hardi, au bec vaillant, aux grandes ailes blanches.

Le marabout à la tête chauve, au jabot sordide, à la robe toujours souillée, gloutonne, chiffonne, avale ; la Cigogne, ce Michel-Archange des oiseaux, extermine, fait disparaître.

Ce sont deux bienfaiteurs, mais les procédés de la Cigogne sont plus délicats et plus nobles que ceux du marabout et du vautour.

La Cigogne et l'hirondelle sont de pieux oiseaux.

L'hirondelle se plaît dans les vieilles chapelles, voltige le long des voûtes, se pose sur le tronc des pauvres ou sur l'épaule d'un saint et boit sans façon dans le bénitier en coquillage.

La Cigogne aime à construire son nid sur le toit des églises, à la cime des clochers ; son grand cou ondule à côté de la croix, son long bec se profile sur le ciel et elle penche sa tête comme si elle prêtait l'oreille au chant des cantiques et des litanies.

Dès son arrivée, la Cigogne va droit à son nid en battant des ailes comme pour dire aux habitants : « Me voilà : je suis de retour. »

La Cigogne.
(Hauteur 1m10.)

Puis, elle entre dans le village, visite les fermes et les chaumières, se mêle aux volailles qui lui font fête et qui l'entourent comme si, ayant beaucoup appris, elle avait beaucoup à raconter.

J'ai dit que notre chère Alsace était la terre de prédilection de la Cigogne. A chaque saison elle retrouve son blanc clocher, sa chaumière et son doux nid. Hélas! les amis qui saluaient autrefois son retour sont absents...

L'Alsacien, lui aussi, s'est fait émigrant. Mais, comme son amie la Cigogne blanche, il reviendra un jour de printemps.

4.

29. — Le Cheval

Je suis le *Cheval*, ami de l'homme, son plus utile et plus fier auxiliaire, son plus noble compagnon. Je suis sa plus grande conquête.

La tête haute et l'œil brillant, les naseaux fumants et le pas relevé, la queue épanouie en beau panache, je cours, je trotte, je galope, je saute, je bondis. On dirait que je porte à mes sabots des ailes : je suis le Cheval rapide, le brillant cavalier.

Au bruit des trompettes et des tambours animant mon courage, je me cache et m'élance sur les champs de bataille, grisé par la poudre et par la guerre. Je n'ai, moi, ni bouclier ni arme, mais je dresse mon poitrail vaillant en face des baïonnettes et, comme à Reischoffen, comme à Waterloo, à Iéna, à Austerlitz, je passe ou je tombe, je triomphe ou je meurs.

On dit d'un général intrépide qu'il a eu trois chevaux tués sous lui et de moi qui succombe on ne dit rien.

Je suis le Cheval soldat.

Comme le bœuf, je m'attelle à la charrue pour déchirer la terre, pour tracer mon sillon. Derrière moi on sème les blés qui pousseront au printemps.

Il n'est pas besoin d'aiguillon pour exciter mon ardeur, je fais vite et je fais bien, tandis que le soc retourne la terre et que le laboureur entonne sa rustique chanson, les oiseaux voltigent en chantant autour de ma tête.

Je suis le Cheval laboureur.

Entendez-vous ces cris de joie, ces applaudissements sonores, ces bruits de fête?

Sur l'immense pelouse une main a donné le signal, et je pars comme un trait avec mes rivaux, courant comme le vent, passant comme un trait, bondissant comme une panthère ; et du haut des tribunes les cous se penchent, les mains battent, les cris s'élèvent. Je suis vainqueur ! A pas lents, mon jockey sur le dos, je traverse l'arène, savourant comme un héros les douceurs du triomphe.

Je suis le Cheval, le roi des turfs.

Le Cheval.

Sous le dôme des forêts, la fanfare résonne et les cris des piqueurs se mêlent à l'aboiement des meutes : c'est le cerf qu'on déloge ou le sanglier qui s'enfuit, ou le daim, ou le chevreuil que je poursuis sur la lisière des forêts. Dans l'Inde, c'est le tigre ou le buffle ou l'éléphant ; en Amérique, le puma ou le jaguar ; en Afrique, c'est la girafe, le gnou, la gazelle, c'est le lion.

Partout l'homme se confie à ma vigueur, à mon agilité, à mon instinct, à ma bravoure.

Je suis le Cheval chasseur.

Voici maintenant mon dos robuste et obéissant, ma croupe infatigable et ma jambe d'acier ; les kilos

s'amoncellent sur mes reins nerveux et je ne sais ni
plier ni rompre sous mon fardeau. Et j'avance sur les
collines ou dans les vallons la tête toujours haute et le
pas relevé.

Je suis le Cheval portefaix.

Champs de bataille et champs de courses où je lutte,
où je triomphe ; bois touffus, allées ombreuses où je
chasse au son du cor ; route où je passe portant sur ma
croupe un poids formidable comme en me jouant ; lan-
daus superbes, calèches gracieuses qui semblent me
suivre comme si elles glissaient le long des avenues, tout
cela s'efface et disparaît. Devant moi se creuse et se tord
un boueux chemin de village où je trotte d'un pas toujours égal et sûr. Où vais-je? Sous la neige et la pluie,
fouetté par le vent, mordu par le froid, avançant dans les
ténèbres, j'arrive à la porte d'un malade où j'amène le
médecin qui guérit ou le prêtre qui console :

Je suis le Cheval, ami de l'homme.

Associé à ses travaux, à ses plaisirs, à sa joie, à sa
gloire, il me semble que, montant tout à coup d'un degré
dans la création, je deviens homme moi-même.

Je ne suis qu'un Cheval, qu'un martyr.

Moi qui combattis sur les champs de bataille, qui af-
frontai les baïonnettes et les boulets, un jour, tout blanc
de farine, le dos chargé de sacs, je prends à pas humbles
et lents le chemin du moulin. Moi, qui sur le turf em-
portais à la semelle de mes sabots un prix de cent mille
francs, je suis vendu, par mon maître, que je fis million-
naire, vingt-cinq francs à un cocher, et à deux francs
l'heure, sur le bitume parisien, humide ou brûlant, je
trottine à trente sous la course.

Je ne suis qu'un Cheval, qu'un martyr.

Au bout de mon dernier sillon, ou bien de ma course suprême, tremblant sur mes jambes séniles, sans force, sans ardeur, je ne suis plus qu'un objet inutile. Alors on me conduit dans la salle de l'amphithéâtre et au nom de la science on me dissèque vivant.

Je ne suis qu'un Cheval, qu'un martyr.

Au lieu de l'amphithéâtre, c'est l'abattoir qui m'attend ; au lieu du scalpel du vétérinaire, c'est le fer brutal de l'équarisseur. On m'écorche souvent vivant encore. Je ne suis plus même une bête, je ne suis qu'une peau, qu'un pauvre Cheval, qu'un martyr.

Me reste-t-il un peu de force, un supplice d'un nouveau genre m'attend dans les manèges. Plongé dans l'obscurité, afin que mon regard déjà voilé par la vieillesse ne soit distrait par aucun objet, je tourne et je tourne encore, toujours, ma fatigante manivelle, et quand à bout de force et de courage je m'arrête, un bâton mécanique poussé par un ressort maudit tombe avec violence sur mes reins palpitants ou ma croupe décharnée. Ah ! comme je regrette le sillon que je traçais dans la plaine !

Un jour vient où je ne tourne plus, car je suis tombé pour ne plus me relever. Le vieux Cheval est mort. Je ne suis qu'un martyr.

Voyez-vous là-bas ces marais infects dans la plaine déserte ? cette ombre fantastique qui semble pétrifiée dans les eaux croupissantes, c'est un Cheval, c'est moi.

Que fais-je ici, je nourris des sangsues avides, je les engraisse, piqué, mordu, déchiré par les immondes bêtes, je leur donne ce qui me reste de sang et de vie, et lorsque je suis près de défaillir, un coup de bâton armé de pointes rebondit sur mes os et me fait sortir du marais.

On me réconforte, on me soigne et demain je retournerai dans cet enfer boueux d'où je sortirai à l'état de cadavre. Alors le pauvre Cheval aura vécu ; sa carcasse, jetée au bord du marais, servira de festin aux oiseaux de proie, s'il reste encore un peu de chair attachée à ses os.

Je ne suis qu'un Cheval, qu'un martyr.

II

LE JARDIN

Après la maison, la cour. Après la cour, le jardin.

Le *Jardin* est comme le vestibule fleuri, l'antichambre parfumée de la maison. Il en est aussi le garde-manger : jetez un coup d'œil sur l'étonnante variété de ces légumes, qui viennent de tous les pays, et se succèdent pour le plaisir des yeux, pour l'agrément de la table, du printemps à l'été, de l'été à l'automne.

C'est la pomme de terre, le haricot, le chou, la carotte, l'oignon, l'asperge, l'artichaut. En faisant le tour de votre jardin, vous faites en même temps le tour du monde et le tour de l'histoire.

Chaque plante vous dit une date, un nom, un pays; vous raconte son origine, son histoire, sa légende. Chacun de ces légumes, chacun de ces arbres, chacune de ces fleurs est une conquête qui a coûté à l'homme je ne sais combien de temps, de soins, de recherches et d'efforts : cette fleur vient des Indes, ce légume d'Amérique, cet arbre d'Afrique ou d'Asie.

Après les légumes qui nourrissent l'homme et les fleurs qui le charment, voici les arbres : le cerisier, le poirier, le figuier, l'amandier, le pêcher, le pommier, la vigne, qui récréent son regard, donnent de l'ombre à son front et laissent tomber un fruit dans sa main.

Enfin, comme si ce n'était pas assez de cette verdure, de tous ces fruits, de tous ces parfums, la nature a suspendu des nids dans ce feuillage et caché des musiciens dans ces arbres.

Comme la maison, les champs et les forêts, le jardin a ses oiseaux fidèles, dont la chanson harmonieuse s'exhale du milieu des parfums.

Passons rapidement en revue ces arbres précieux et chers, ces gerbes de légumes, ces paniers de fruits, ces corbeilles de fleurs, et faisons le tour de ce jardin de village, moins superbe assurément, mais plus intime et tout aussi curieux que les jardins suspendus de Babylone.

1. — Dans mon jardin

L'autre soir, comme je me promenais dans mon jardin, j'entendis tout à coup des voix singulières qui s'élevaient des plates-bandes.

C'étaient les légumes qui causaient à la belle étoile. Voici ce qu'ils disaient :

L'OSEILLE. — Mon Dieu! que je suis malheureuse! Après un doux hiver, j'étais verte et touffue, et je montais déjà, chargée d'espérance et de graine. J'allais être mère. Mais Monsieur se promenant avec Madame, lui a dit ce soir en me désignant : « Cela tombe à merveille, comme je prends médecine demain, tu m'en feras un bouillon... »

Ainsi, parce que Monsieur se purge, il faut que je meure. Quel tyran que l'homme!

LES PETITS POIS. — Tout le monde a ses peines. Je grimpais comme un fou le long des branches étoilées de fleurs, et la brise agitait doucement mes cosses jaunissantes, quand tout à coup...

LES CAROTTES. — Quand tout à coup...?

LES PETITS POIS. — ..... Mariette a rapporté deux pigeons du marché.

LE CHOU. — Je comprends. Vous allez leur tenir compagnie.

LES PETITS POIS. — Sur le brasier! Ironie cruelle, quand nous rissolons dans le beurre, on dit que nous chantons. Nous pleurons nos branches étoilées de fleurs, la brise et le soleil ; nous ne chantons pas ; nous gémissons sur le cuivre brûlant.

L'ÉPINARD. — Moi, je sais bien ce qui m'attend, je serai haché menu comme chair à pâté.

LA POMME DE TERRE. — Mon sort est-il plus enviable? La main de l'homme ne doit-elle pas me réduire en purée?

LE HARICOT. — Moi, on m'arrache grain à grain de ma cosse, mon berceau, et l'on me jette comme un hérétique dans l'eau bouillante.

LE NAVET. — Ah! Seigneur! qu'entends-je?

LE CHOU. — Qu'as-tu donc, imbécile; pourquoi trembles-tu ainsi?

LE NAVET. — Il y a de quoi trembler, cher voisin, n'as-tu pas entendu Madame dire à la cuisinière : « Mariette, vous mettrez le canard aux navets! » Ciel! pourquoi y a-t-il des canards?

L'ASPERGE. — Taisez-vous donc, bavards, ne voyez-vous pas que tout le bruit que vous faites m'empêche de pousser?

LE CHOU. — Voyez-vous cette grande sotte qui voudrait nous imposer silence! Mais, fille inepte, plus vite tu grandiras, plus tôt tu seras croquée.

LE NAVET. — C'est juste!

LA LAITUE. — Voyez-vous ce piquet qu'on a enfoncé jusque dans mes racines? Eh bien! ce poteau, c'est mon arrêt de mort. Demain je serai arrachée du sol natal et mise en salade, je rafraîchirai le gosier de l'homme, ce tyran.

L'ARTICHAUT. — Faible et molle créature, tu regrettes donc la vie?

LA LAITUE. — Non, ce n'est point cette vie, qui dure une matinée de printemps. Ce que je regrette, c'est mon ami le crapaud, qui me protégeait contre les limaces. Comme il avait soin de moi! Comme ses gros yeux ronds considéraient avec amour mes feuilles verdoyantes et mon cœur si tendre.

La cigue. — Moi, j'ai bien ri l'autre jour. La petite bonne m'a cueillie pour du persil et je me suis bien gardée de l'avertir de sa méprise. Tous les domestiques ont été malades.

Le navet. — Ah ! ah ! ah !

Les petits pois. — Hi ! hi ! hi !

Le champignon. — Il me semble, jeune ciguë, que vous marchez dans mes plates-bandes.

Une rose. — Les fleurs, mes amis, ne sont guère plus heureuses que vous. La main de l'homme s'étend aussi, rapace et sacrilège, sur nos calices et nos parfums. Je dois être cueillie ce soir pour parer les cheveux de la maîtresse de la maison; et je ne verrai plus, je ne sentirai plus dans mes pétales frémissants le bel insecte aux ailes bleues, à la trompe d'argent, qui s'enivrait de mes parfums.

Le chou. — L'homme est un misérable, il ne nous arrose que pour nous mettre dans sa marmite.

L'épinard. — Je voudrais qu'il fût haché menu.

Les petits pois. — Et nous, qu'on le fît rissoler dans le beurre.

La pomme de terre. — Je ne suis pas méchante, mais c'est avec une douce satisfaction que je le verrais écrasé en purée.

Le navet. — Il me semble qu'il ne ferait pas mal autour d'un canard.

Le chou. — Oh! mon Dieu! qu'on le plonge tout bonnement dans la marmite.

Le cornichon. — L'homme! je vote pour qu'on le mette dans un bocal et qu'on l'envoie chez l'épicier.

---

2. — LES LÉGUMES

On demandait un jour à Töpffer quelles étaient ses fleurs favorites. « Ce sont les *légumes* de mon jardin, » répondit l'illustre Génevois.

Sans être absolument de l'avis de Töpffer, j'avoue qu'un riant potager, tout humide de rosée au soleil levant, vaut presque un parterre.

Tout est fraîcheur et vie, harmonie, gaieté, espérance le long des plates-bandes qui verdoient et qui embaument, où se balancent les fils de la Vierge, où flottent les rosaces fantastiques et merveilleuses de l'araignée des jardins.

Mais, au milieu de cette verdure luxuriante et parfumée, je voudrais quelques fleurs éclatantes ; j'aimerais à voir, comme dans les jardins de village, le satin des lis trancher sur l'émeraude des laitues, et l'or des giroflées se détacher sur le velours des groseilliers.

Les légumes, comme les fruits et les fleurs, ont leur éclat, leur parfum et leur beauté. Si leurs charmes nous touchent moins que l'attrait éblouissant des fleurs, c'est peut-être l'effet d'un égoïsme gourmand : le radis rose n'est pas fait pour être admiré, mais pour être croqué.

Mais qu'aurait dit Töpffer, si, au lieu de contempler isolément les légumes de son jardin, il les avait vus aux Halles parisiennes, entassés en pyramides, en faisceaux gigantesques, en gerbes folles et échevelées ! — C'est là que les légumes apparaissent dans toute leur éclatante et originale beauté.

Je ne sais rien, en effet, de plus frais, de plus harmonieux, de plus gai, de plus riant, que ces avalanches potagères, formant le long des étaux comme une gigantesque mosaïque.

La blancheur argentée de l'Oignon se détache sur l'ambre des Potirons, et la Tomate, écarlate comme l'épaulette d'un grenadier, tranche vivement sur les Choux au vert feuillage.

Le Salsifis porte une aigrette, l'Escarole a une couronne, et la Chicorée est frisée comme un chérubin.

Le Chou-fleur a le teint d'une créole, et les petits Pois s'entassent comme des perles dans les corbeilles de jonc.

La frêle Asperge manque un peu d'embonpoint ; mais avec quelle nonchalance elle incline sa tête violette et charmante, si bonne à la sauce blanche ! La Citrouille est fière de son turban ; les Fèves ont des croissants, et l'on voudrait être insecte pour se perdre dans le gouffre des Laitues.

A droite, à gauche, tout le long des cabines, ce sont des chapelets de Piments, plus rouges qu'une écrevisse ou plus verts qu'un lézard ; des Melons de Bourgogne ou de Provence, pareils à des casques romains ; des Carottes au panache dentelé ; des Poireaux qui s'allongent comme des massues d'argent ; des Céleris qui inclinent, comme des palmiers, leurs branches flexibles et festonnées qu'on dresse dans de grands verres sur les tables normandes ; des bouquets de Radis, roses comme des joues d'enfant, et des Champignons de guéret, qui surgissent de leurs corbeilles moussues avec leur collerette frisée et leur chapeau chinois.

---

3. — Le Haricot

Sous le rapport des services et de la popularité, le Haricot vient immédiatement après la pomme de terre, que nous trouverons à sa vraie place d'honneur, dans les Champs. C'est en quelque sorte le vice-roi des potagers. Comme la pomme de terre, le Haricot est un besoin ; on le rencontre à la fois sur la table du riche et dans la marmite du paysan, dont il est une ressource féconde.

Le Haricot a sur la pomme de terre cet avantage qu'il procure deux mets absolument distincts : en été le haricot vert est un plat rafraîchissant et léger, d'une saveur très délicate ; en hiver le haricot sec est le légume classique des ménages. N'oublions pas surtout que le Haricot est plus nourrissant que la pomme de terre. Il est, dit-on, aussi substantiel que la viande elle-même.

Un défaut du Haricot est d'être indigeste ; il le doit à son enveloppe, dont il faut le priver, surtout s'il est sec.

Il est un moyen très simple de le rendre d'une digestion plus facile : c'est de le préparer à l'huile ; il acquerra d'ailleurs ainsi une saveur plus fine.

Les variétés du Haricot sont plus grandes encore que celles de la pomme de terre et du chou.

Il y en a de toutes couleurs, de blancs, de noirs, de rouges, de violets, de ponceau, de chamois, de café-au-lait, de gris, de roses, de verts, de mouchetés, de bronzés, de marbrés, de bicolores ; il y a le suisse sang-de-bœuf et le suisse ventre-de-biche, le nain rose et le géant lilas.

Nommons rapidement les espèces reines : les haricots *de Soissons, d'Espagne, d'Alger, de Bagnolet, de Belgique, de la Chine, du Canada* ; le haricot *chocolat de Suisse* et le haricot *saumon du Mexique*, enfin la grande famille des *flageolets* et des *mange-tout*.

De même que la pomme de terre nous vient de l'Amérique du Nord, le Haricot paraît être originaire de l'Amérique du Sud.

Il y a quelques années, un savant Viennois, appelé, je crois, Frédéric Krudder, soutint dans une brochure que le Haricot était un enfant de l'Asie ; il prouvait que les Hébreux asservis à bâtir les pyramides se nourrissaient de trois légumes secs : pois, lentilles, haricots ; à l'appui de sa thèse, il rappelait qu'on avait découvert au commencement de ce siècle des grains de haricots merveilleusement conservés dans le tombeau d'une momie.

Ces grains furent semés, affirmait Krudder, et après un repos, une léthargie si vous aimez mieux, de sept à huit mille ans, ils se mirent à germer, à pousser, à fleurir, à produire.

Ces haricots contemporains de Sésostris ou de Néchao auraient, paraît-il, des descendants directs, mais singulièrement tardifs, connus en Égypte sous le nom de *haricots des Pharaons*.

Le Haricot n'est pas seulement un de nos premiers légumes, c'est une plante charmante : au printemps, quand il commence à pousser, la terre se soulève et se fendille autour de lui. Il y a des tiges qui se recourbent comme un arc ; d'autres se tortillent en tire-bouchons : on dirait des vers qui sortent du sol entrelacés. Puis le Haricot grandissant, escalade les branches comme un volubilis, et ses fleurs blanches ou roses étoilent son feuillage qui ressemble à celui des lilas ; alors son pied se charge de gracieuses cosses qui, fraîches, ressemblent à des croissants verts, et, mûres, à des croissants d'or.

---

4. — Le Chou

Il n'y a pas de légume plus populaire que le *Chou*. Le Chou est un vrai paysan ; il n'a pas le parfum de la fraise ni les fragiles délicatesses de l'asperge ; il ne porte pas un panache comme la carotte, un turban comme le potiron, une chevelure artistement frisée comme la chicorée. Il n'a pas le teint de créole des concombres les joues roses du radis, et il ne met pas de fleur à sa boutonnière comme le petit pois.

Le Chou, ce bon villageois, est large, trapu, solide comme la terre qui le porte. Il brave les intempéries et se trouve content pourvu qu'on l'arrose.

J'aime son allure rustique et franche. Il me plaît de voir sa grosse tête ronde émergeant de larges feuilles verdoyantes et plissées, arrondies en forme de collerette. Quand une ondée d'orage tombe sur les choux, j'aime à entendre ce crépitement musical qui charme l'oreille et qui, selon l'allure de la pluie, s'accélère ou se ralentit, se précipite, s'arrête, reprend : ce n'est plus un légume, c'est un harmonica.

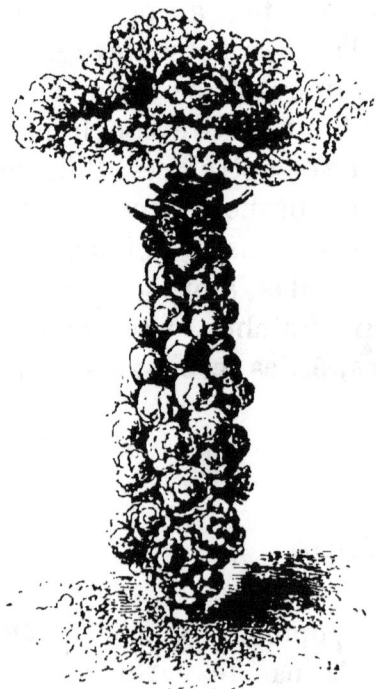
Le Chou de Bruxelles.

Quand vous traversez un village, une odeur pénétrante et suave envahit tout à coup vos narines frémissantes. Votre appétit se réveille en sursaut et vous vous écriez : « Comme ça sent la soupe aux choux ! » La marmite, en effet, est le trône du Chou, la soupe est son triomphe.

Le Chou n'est pas seulement aimé du paysan et cher aux lapins. Je connais d'illustres mangeurs de choux, et bien des bouches aristocratiques estiment la saveur agreste et pénétrante de cet enfant des fermes : « Sa petite maison de Passy, écrit un biographe du vieux Béranger, embaume la rose et la soupe aux choux. — Venez dîner demain, écrivait le poète à son ami Lamennais ; nous mettrons dans le pot-au-feu un de ces beaux choux de Milan dont vous aimez tant le parfum campagnard. »

Le chou farci, que Brillat-Savarin a décrit comme un paysage, en louant ses larges feuilles ambrées et fumantes, tapissées de chair rose, est un des plus savoureux et des plus charmants plats de famille.

Le Chou est un des légumes les plus répandus de l'univers. Il pousse comme un champignon dans presque tous les pays. Est-ce un enfant du Nord ou du Midi ? on discute beaucoup autour de son berceau problématique. J'incline à croire que le Chou est un oriental : avec son aspect touffu et ses larges feuilles opulentes, n'a-t-il pas l'air d'une belle plante des tropiques?

Le Chou-fleur.

Si le Chou n'avait pas été vulgarisé par la soupe et déshonoré par les lapins, il nous apparaîtrait avec son admirable feuillage comme une plante d'ornement, digne de nos massifs et de nos corbeilles. Rien ne dépoétise comme la marmite et la fourchette. Au lieu de l'admirer, on le farcit ! pauvre Chou!...

Nous devons un salut et un éloge au *Chou de Bruxelles* et au *Chou-fleur.*

Le premier, peu répandu dans les contrées méridionales, est très recherché dans le Nord. C'est un légume exquis, trop avide de beurre. La plante est très originale avec ses petits choux, gros comme une noix, pittoresquement étagés sur l'épaule maternelle. On cueille le Chou de Bruxelles comme un fruit sur la branche, comme une prune, une cerise.

Le Chou-fleur est d'un aspect aussi gracieux qu'original. Ses branchettes merveilleuses et capricieuses ont l'air de branches de corail qu'on aurait trempées dans du safran. De belles feuilles vertes entourent et pressent ce bouquet gastronomique.

Le Chou est comme un symbole de détachement mondain, de calme et de repos domestique.

Après la bataille d'Isly, le maréchal Bugeaud, couvert de lauriers africains, rentre en Périgord, dans sa chère petite ville d'Excideuil. Partout des arcs de triomphe où le vaillant capitaine passe avec moins de plaisir, assurément, qu'à travers les lignes ennemies. Une jeune fille en blanc lui remet d'une main tremblante une ode gigantesque où *Bugeaud* rime avec *Marceau.* Quoique brave, le maréchal recule devant cette poésie formidable, et souriant à la jeune fille : « Reprends ton compliment, ma petite ; je sais me battre, mais je ne sais pas lire... » Et le héros de s'esquiver.

Mais il a compté sans le maire, qui, le retenant par la basque de son uniforme, s'écrie de toute la force de ses poumons: « Honneur à celui qui a *planté* le drapeau de la France sur les bords de l'Isly...

— Et qui revient parmi vous, riposte le maréchal, pour *planter ses choux.* »

4. — Le Chou violet

Tout le monde connaît ce charmant légume aux teintes pittoresques et délicates, aux nuances originales. On dirait qu'il vient de sortir d'une cuve, d'être arrosé d'un vin vermeil.

Dans les potagers, sa couleur distinguée attire et charme le regard. Tous les autres choux sont habillés de vert ; lui seul porte un habit violet, comme un évêque.

Sans doute à cause de cette robe épiscopale, on appelle ce *Chou violet* « monseigneur » dans les campagnes de l'Auvergne. « Monseigneur » embaume de ses pénétrantes senteurs les marmites fameuses de l'enfant du Mont-Dore.

Le Chou violet est exquis en salade. C'est là sa spécialité et son triomphe. Il remplit pourtant son rôle de chou, c'est-à-dire qu'il se marie agréablement à la saucisse et qu'il fait des soupes délicieuses, quoique d'une couleur un peu étrange.

Laissez-moi, maintenant, vous dire la naïve légende du Chou violet.

Il y avait une fois, dans je ne sais quel très pauvre département du midi, un saint homme d'évêque qui était la charité en personne. Il aurait partagé une noisette avec un pauvre, et ses mains étaient toujours prêtes à se lever pour bénir, à s'ouvrir pour donner. Pour meubler les malheureux, il démeublait peu à peu l'évêché, et tous les soirs à sa table se trouvait le couvert de l'absent, d'un pauvre à qui des mains discrètes portaient dans la soirée même le repas quotidien.

Fils d'un laboureur, ce digne évêque n'avait, après l'amour du bien, qu'une passion : l'amour des champs ; aussi bien, il n'était pas rare de rencontrer Monseigneur à travers les prés et les sillons, les bois et les coteaux, arpentant la campagne de ses grandes jambes, qui avaient l'air de s'acheminer vers le ciel en passant par la chaumière du pauvre et le chevet des malades.

Un jour donc, notre évêque était en promenade.

Tout à coup il aperçoit une vieille femme à la tête branlante comme le balancier d'une horloge, au teint plus jaune qu'un parchemin du temps de saint Louis, le corps voûté comme l'arche d'un pont et tout colimaçonné sur un bâton de houx.

A chaque pas, la vieille femme a l'air de s'affaisser sous le poids d'un chou énorme qui vacille sur son épaule.

Déposant son chou sur un monticule, elle s'appuie, haletante et gémissante, contre le tronc d'un noyer.

— Bonjour, ma brave femme, dit l'évêque ; en vérité voici un fardeau qui semble bien lourd à vos épaules.

— Assurément, Monseigneur, répond la vieille paysanne, qui, à sa soutane violette, vient de reconnaître notre évêque. C'est que je ne suis plus jeune, savez-vous ? J'aurai quatre-vingt-neuf ans aux châtaignes.

— Et, le portez-vous loin, votre chou ?

— A cette maisonnette que vous voyez tout là-haut, sur cette colline. Ce n'est pas ici !...

— Sans doute, ma bonne femme ; vous avez bien des pas à faire.

— Puis, voici la nuit qui vient, et l'on attend le chou pour le mettre dans la soupe que nous serons quatorze. à manger, s'il vous plaît. Il faut que je parte. Tenez, Monseigneur, ayez donc la bonté de me donner un petit coup de main en me plaçant le chou sur l'épaule.

— Je ferai mieux que cela, la mère, donnez-moi votre chou et prenez mon bras. Je vous accompagne jusqu'à votre porte.

Aussitôt dit, aussitôt fait : on se met en route, le bon évêque portant le chou, et la vieille paysanne très fière de s'appuyer sur le bras de Monseigneur.

Arrivé à la porte de la chaumière, l'évêque remet son fardeau à la bonne femme en lui glissant dans la main une pièce blanche pour graisser le chou.

Mais, ô prodige ! à peine la vieille paysanne a-t-elle raconté son aventure qu'un cri de surprise sort de toutes les bouches: il se trouve que ce chou, qui était d'un vert éclatant, a pris la couleur de la robe de l'évêque.

Et c'est depuis ce temps-là qu'il y a des Choux violets.

---

5. — L'Oignon

L'*Oignon* est originaire non de l'Égypte, mais de l'Arabie. Sa popularité, si justement acquise, remonte à la plus haute antiquité.

La Reine de Saba envoie des oignons prodigieux au roi Salomon, et les Hébreux, en quittant les terres fertiles des Pharaons, regrettent les oignons d'Egypte.

Avec les dattes et les figues, l'Oignon d'Arabie est la ressource des caravanes ; et pendant des siècles notre pauvre serf de France n'a eu qu'un oignon pour égayer son pain noir.

Encore aujourd'hui, le travailleur des champs, surtout dans les plaines du Midi, fait honneur à l'oignon cru, qu'il assaisonne d'un grain de sel.

Mais, plus heureux que le serf son ancêtre, le prolétaire de nos jours peut ajouter au classique Oignon le morceau de lard ou de jambon que le progrès a posé sur son pain.

L'Oignon est un fruit charmant. En été, c'est de l'argent; en hiver, c'est de l'or. Sa pelure délicate a les reflets du satin; quand on le coupe, sa chair blanche et rosée forme des croissants; rien de gracieux comme sa tige verte et haute, coiffée d'un toquet rond, artistement frangé : c'est la graine de l'Oignon.

Au moment de sa maturité, l'Oignon sort de terre, et tout le long des plates-bandes on voit surgir sa boule blanche, teintée de vert. L'Oignon est majeur. Peu à peu il se débarrasse de la terre qui l'a nourri et protégé. C'est alors que, du pied, on incline les tiges vers le sol, pour hâter la complète maturité de l'Oignon.

Les meilleurs oignons nous viennent de l'Agenais, du Quercy (1), du Languedoc, du Béarn et du Bordelais. La Provence en produit de plus gros peut-être, mais de moins délicats.

L'Oignon est un mets populaire et sain, un aliment précieux, un assaisonnement aussi varié que recherché de la cuisine.

L'Oignon farci est un plat délicieux, très estimé dans tout le Midi de la France, où l'on excelle dans sa préparation. De l'oignon on fait des purées onctueuses et odorantes, des soupes légendaires, appétissantes et gaies, que tapisse le gruyère. L'Oignon relève de sa saveur pénétrante cent ragoûts divers: il saute avec le lapin, murmure avec les petits pois, ressuscite le bœuf de la veille, dore, accentue, égaye les matelotes.

Connaissez-vous la légende de l'Oignon? Savez-vous pourquoi l'oignon qu'on épluche fait pleurer?

On raconte que, pendant leur captivité, les Hébreux se rappelant les moutons de Juda, les chevreaux d'Israël et les belles génisses de la Galilée, arrosaient des larmes de l'exil l'invariable oignon d'Égypte dont les Pharaons les nourrissaient.

C'est depuis ce temps-là que l'oignon qu'on dépouille *rend* les larmes dont il fut abreuvé par les Juifs.

(1) Le *Quercy*, ancien pays de France, formant aujourd'hui les départements de Tarn-et-Garonne et du Lot.

6. — La Carotte

Le potiron est d'or et l'oignon est d'argent; le con-
combre est d'ambre, le navet de satin, le radis de
corail, le champignon de velours... — La *Carotte* est
de pourpre.

Avec sa forme de cône renversé et son panache vert,
son beau panache finement dentelé qu'elle dresse fièrement le long des plates-bandes, la Carotte est un des
plus beaux légumes que je connaisse.

Les petites Carottes nouvelles ont l'air de toupies
roses coiffées d'une aigrette. Elles sont sucrées comme
un fruit mûr. Sans elles, pas de daubes odorantes, ni
de bœuf à la mode, ni de poularde *à la Cambacérès*,
ni de veau *à la Béarnaise*.

La Carotte est la saveur et la gaieté des ragoûts. C'est
le triomphe de la marmite, le rubis du pot-au-feu; elle
sucre et parfume tous les mets qu'elle accompagne. Elle
charme le palais, éblouit les yeux. Dans le grand plat
campagnard, où sa chair écarlate tranche avec éclat
sur les poireaux et les navets, elle fait comme une guirlande de pourpre au bœuf qui tremble et fume...

C'est la Carotte aux vives couleurs qui relève et qui
égaye ces bouillis fameux de la veuve de Scarron, que
Mme de Maintenon plus tard décrivait si bien.

La Carotte est très ancienne, et il se pourrait bien, si
vous l'interrogiez sur son origine, qu'elle prétendît descendre des jardins de Sémiramis.

Je ne sais pourquoi elle passe pour ennemie de la
Vérité. C'est pourtant un légume très franc, dont le goût
et la couleur ne changent jamais.

La Carotte cuit, mais ne *fond* pas, contrairement à un
tas de légumes prétendus honnêtes qui promettent beaucoup et tiennent peu.

La Carotte est chère au lapin autant que le chou, et le bétail fatigué retrouve dans un régime de carottes rafraîchissantes une sorte de rajeunissement et de vigueur.

Pour l'homme, c'est un légume bienfaisant, et quand la divine pomme de terre menaça de disparaître, l'Agriculture terrifiée jeta un regard de consolation et d'espérance sur la Carotte, seule capable de lui succéder, sinon de la remplacer et de la faire oublier.

La Carotte est éminemment dépurative et rafraîchissante. La médecine la prescrit également aux tempéraments sanguins et bilieux.

La Carotte combat la jaunisse. C'est une lutte entre le jaune et le rouge, et c'est le rouge qui triomphe. Au sang malade et troublé la Carotte finit par donner sa teinte vermeille.

Connaissez-vous la touchante légende de la Carotte que j'entendis raconter, une veillée d'hiver, dans une ferme de la croyante Bretagne?

Autrefois, les carottes étaient blanches comme la neige. C'était au temps que les Gaules étaient soumises aux Romains, et que les empereurs persécutaient les chrétiens fidèles.

Il y avait à Vannes une humble et jeune servante, appelée Tyrsa, qui venait d'embrasser avec ardeur la foi nouvelle, ce qu'ignoraient ses maîtres, païens endurcis et farouches.

Tandis que Tyrsa priait avec ferveur, de jolis anges en tabliers plus blancs que les lis voletaient autour de son fourneau et se partageaient son modeste travail. Tout chantait, pétillait, embaumait dans la cuisine de la petite chrétienne, et les anges allaient à l'envi d'un côté et d'autre, frôlant de leurs ailes blanches les casseroles et les chaudrons, goûtant délicatement aux sauces du bout de leurs doigts roses. Au moment de servir le dîner, tout était prêt, tout était exquis, et les anges s'envolaient.....

Un jour, la jeune servante, soupçonnée et convaincue d'être chrétienne, fut dénoncée. Des soldats romains envahirent sa cuisine et lui lièrent les mains, la frappant de leurs lances.

De l'une de ses blessures jaillit une goutte de sang sur la carotte qu'elle tenait encore à la main. De blanche qu'elle était la carotte aussitôt devint pourpre, à l'étonnement furieux des bourreaux. On eut beau la laver, elle ne reprit jamais sa couleur naturelle.

C'est depuis ce jour que les carottes sont rouges, comme le sang de la jeune martyre.

7. — Le Navet

L'homme est souvent bien injuste : à l'âne prudent et réfléchi, a l'oie pleine de sagacité, au daim aussi rusé que charmant, au dindon qui fait la roue en véritable artiste et remplit la cour de ses glouglous ironiques, l'homme a fait une réputation imméritée de stupidité ou de sottise.

Il ne s'est pas montré plus raisonnable envers certains fruits qui passent pour l'emblème de la bêtise. Ainsi la citrouille, cette bonne grosse nourrice ; le melon, cet élégant à la robe soutachée ; le cornichon, ce fruit au goût mordant, passent pour des légumes imbéciles. Mais le plus maltraité de tous ces calomniés, c'est à coup sûr le *Navet*.

Je vous demande si le Navet est plus bête que le salsifis ou l'artichaut.

D'abord le Navet a donné son nom à un plat délicieux, ce qui n'est pas permis à tout le monde : ne dit-on pas « un canard aux navets », comme on dit : un « poulet à la Cambacérès ? »

5.

Le Navet parfume le pot-au-feu de ses fines et rustiques senteurs ; c'est lui qui, de concert avec l'oignon, est la base classique des ragoûts.

Le Navet est le régal des bestiaux et, durant les longs hivers, la providence des étables.

Un champ de navets n'est pas un champ de roses, c'est un peu monotone et terne, et pourtant le Navet est à mes yeux une plante charmante. J'aime sa peau de satin, son feuillage incliné qui prend des airs de saule pleureur, et la douce teinte rose qui farde ses joues blanches. Ce qui prouve que le Navet n'est pas un légume borné comme on voudrait le dire, c'est que l'horticulteur le développe et le perfectionne à son gré.

J'ai vu, dans de récentes expositions, des navets aussi gros que la cuisse d'un homme ; des carottes comme des défenses d'éléphant ; des asperges comme le bras, et des potirons qui pourraient servir de coupole au kiosque d'un jardin.

Messieurs les jardiniers croient faire grand, sans doute, en faisant gros. J'admire peu pour mon compte ces légumes colosses, ces fruits géants presque toujours développés outre mesure au détriment de la saveur et du goût ; je n'admire pas plus ces monstres des champs et des jardins que les phénomènes humains qu'on montre sur les foires.

Violenter la nature n'est point la perfectionner, et je trouve bien plus dignes de pitié que d'admiration ces horticulteurs chinois qui, rapetissant un arbre au niveau d'une fleur, conservent pendant vingt ans dans de petits pots de terre des poiriers et des pommiers nains.

Dites-moi, amateurs de l'excentrique et du gigantesque, avez-vous parmi vos géants une plus belle fleur que la petite marguerite des prés, un plus doux fruit que la fraise des bois ?

8. — Les petits Pois

J'aime la fleur des *petits Pois*, qui se détache sur la tige capricieuse et brisée, comme un papillon blanc. J'aime les ramures auxquelles ils s'attachent pour grandir et se donner la main. J'aime enfin ces cosses verdoyantes et légères où les grains verts sont rangés à la file comme des perles dans un écrin.

J'aime surtout les petits pois au sucre, panachés d'un doux cœur de laitue. S'ils sont tendres et fins, c'est presque un dessert.

La cuisson, dit mon cordon bleu, doit en être lente et rythmée, somnolente, rêveuse.... Qu'un filet de vapeur odorante s'échappe à peine de la casserole endormie sur la braise mi-éteinte. Que ces doux petits pois s'amollissent et se dorent entre un murmure et un sourire.

Les petits pois au lard sont plus virils, et, sans vous faire ici un cours de gastronomie, permettez-moi de vous rappeler qu'ils accompagnent délicieusement les canards et les pigeons.

Avec les petits pois aussi on confectionne d'onctueuses purées, charmantes à l'œil, suaves au goût.

Brunies au four et mises dans un sac, les cosses des petits pois trouveront leur place dans le pot-au-feu d'hiver. A leur contact le bouillon prendra une teinte dorée et un parfum de printemps.

Le pois semble originaire de l'Asie. Avec la lentille et l'oignon il formait l'invariable menu des Hébreux captifs, employés aux constructions des pyramides. Pois sec et dur, tristement arrosé des sueurs du travail et des larmes de l'exil.

Nos petits pois précoces viennent du Midi, de la Provence et du Languedoc, des Pyrénées, de l'Espagne, de l'Algérie. Ils nous arrivent fatigués, échauffés, fanés.

jaunis par leur trop long voyage. Ils ont l'air de se réveiller dans le beurre, mais ils ne sauraient retrouver leur fraîcheur et leur arome. Quand on les sert, il se trouve souvent des grains jaunes, des grains gris, des grains implacablement verts. Ce n'est plus un plat, c'est une mosaïque.

Pour savourer de bons petits pois, frais et tendres, le Parisien doit attendre les envois de la Touraine et de l'Anjou, ces deux jardins de la France où, sous un doux soleil, mûrissent à l'envi les légumes exquis, les fruits succulents. Il doit attendre surtout les petits pois des environs de Paris, dont ceux de Clamart et de Meudon sont la fine fleur.

On raconte que sous Louis XIV, l'opulent fermier général Bouret faisait sa cour à la belle comtesse Renée de R.....

Un premier janvier, il invite la comtesse à venir manger des petits pois, en noble compagnie, dans son splendide hôtel du Marais.

Ces petits pois, dont la comtesse de R.... était très friande, le galant fermier général les a fait venir, à dos de mulet, du fin fond de l'Andalousie. Ils reviennent à plus de six cents francs le litre.

La comtesse accepte l'invitation de Bouret. Mais, hélas! elle ne saurait faire honneur aux petits pois andalous.

Depuis huit jours qu'elle est souffrante, son médecin ne lui permet qu'un seul aliment : du lait.

Mais Bouret est homme d'imagination, et pour plaire à la charmante veuve dont il convoite la main, il trouve une galanterie qui émerveilla toute la cour.

Quand la comtesse Renée arrive chez son riche amphitryon, elle trouve dans la vaste antichambre la foule des invités en contemplation devant le tableau le plus étrange du monde. Ces invités entourent, admirent une petite vache bretonne si jolie, si mignonne qu'elle a l'air d'un jouet d'enfant. Sous les pieds de la vache s'allonge

un tapis de l'Inde, sous 'sa bouche se dresse une mangeoire d'argent. — Dans cette auge artistement ciselée
sont entassés les petits pois venus, à dos de mulet, du
fin fond de l'Andalousie.

Depuis deux jours, la petite vache bretonne s'en régale
à bouche que veux-tu. Elle mange ces coûteuses primeurs que la comtesse ne peut manger.

Mais la jolie veuve affirme que le lait, que le fermier
général voulut traire lui-même devant sa noble amie,
avait un vague parfum de petits pois.

Vous croyez peut-être qu'après cette galanterie Bouret
épousa la belle veuve. Eh bien ! non. Le malheureux
fermier général en fut pour sa petite vache bretonne, sa
mangeoire d'argent et ses petits pois andalous.

9. — L'Asperge

Que de bonnes choses nous apporte le printemps
Avec l'aubépine et le muguet, voici les asperges à la
tête violette, les artichauts de la Touraine au cœur
tendre et les petits pois nouveaux.

Dans l'air qu'embaument les lilas, il y a un parfum de
Primeurs et de cuisine....

Parlons des *Asperges* Voyez-vous ce champ triste et
nu avec des renflements bizarres comme un cimetière
de Lilliput ? On dirait des tombes de nains. Le printemps
vient avec des rayons dans le ciel et des chants sous la
feuillée, et tout à coup de ces *tumulus* en miniature
s'élance une tige verte et fraîche : c'est l'Asperge !

Jet délicat et joyeux, pousse charmante, qui surgit de
la terre comme un symbole d'élégance et de jeunesse !

A chaque rayon de soleil, l'Asperge s'élève et grandit,
dressant vers le ciel sa petite tête lilas que l'on trempe-

ra avec délices dans une vinaigrette ou dans une sauce blanche ponctuée de câpres africaines.

On coupe l'asperge, elle pousse. On la coupe encore, et elle pousse toujours; c'est une tige de gourmandise et de vie.

Avec l'automne le spectacle a changé; ce n'est plus un champ semé de tours violettes et d'obélisques roses; c'est une forêt fantastisque et vaporeuse, un bosquet mignon de dentelles vertes, un brouillard, un rêve, un petit bois enchanté où, sous les feuilles chargées de corail le grillon, vient chanter ses rêveries....

L'Asperge est, dit-on, italienne. Je m'en serais douté à sa taille élégante, que les citrouilles ont essayé, j'en suis sûr, de tourner en ridicule. Les Asperges sont suaves et magnifiques sur le sol volcanique des deux Siciles, au pied du Vésuve et de l'Etna. L'asperge de Catane est la plus renommée des asperges.

Les environs de Paris en produisent de délicieuses. Argenteuil, Sannois, Franconville, Épinay, Nanterre, Bezons, Maisons-Lafitte cultivent l'Asperge sur une grande échelle.

Mais la palme revient à Montreuil. C'est de Montreuil que sortent ces asperges colossales que l'on expose dans les exhibitions d'horticulture, comme on montre des géants dans les foires. Je me souviens d'en avoir vu, au Palais de l'Industrie, d'aussi grosses que le bras.

Ce n'est plus une asperge, c'est un phénomène, une monstruosité. Pour la manger, il faudrait avoir reçu du ciel la bouche de Gargantua, et quand je vois ce colosse végétal dans mon assiette, il me semble toujours que je vais être obligé de le découper comme une volaille pour le partager avec mes voisins.

Qu'on me rende ma frêle et délicate asperge, telle que Dieu la sème et que le soleil la fait pousser.

L'Asperge est le plus sain et le plus digestif, comme le plus léger et le plus délicat, de tous les légumes.

L'Asperge est l'amie des petits pois. On sait quel doux ménage ils font ensemble, quelle saveur appétissante et distinguée est née de leur union. A ce duo gastronomique ajoutez un cœur de laitue, une branche d'estragon, et vous aurez le printemps dans votre assiette.

Les Asperges.

L'omelette aux pointes d'asperges est aussi succulente que renommée ; et les têtes d'asperges au gratin, que nous devons, paraît-il, au royal cuisinier Louis XV, laissent loin derrière elles la vinaigrette et la sauce blanche.

Saluons en passant le pigeon de mai, flanqué de pointes d'asperges doucement rissolées dans le beurre et confites dans le jus de l'oiseau, qu'on bourre aussi d'asperges finement hachées avec deux foies de volailles.

Mais j'ai l'air de vous faire un cours de cuisine et je m'empresse de finir par la fameuse anecdote des Asperges de Fontenelle.

On sait que l'illustre auteur de la *Pluralité des mondes* était un gourmet aussi tyrannique que délicat.

La duchesse de Grammont disait qu'il serait capable de mettre le feu au château de Versailles pour faire cuire un ortolan.

Un matin, l'abbé Garcin, autre gourmet fameux, vient demander à déjeuner à son ami l'académicien Fontenelle.

Quelle inspiration ! Justement Fontenelle vient de recevoir de l'ambassadeur d'Espagne une magnifique botte d'asperges. Quel cadeau et quel régal ! on est en plein janvier.

A quelle sauce mangera-t-on les fameuses asperges ? Fontenelle penche pour la vinaigrette. L'abbé Garcin incline pour la sauce blanche.

On discute, on s'échauffe, on finit par s'entendre ; il est convenu qu'une part équitable sera faite au goût de chacun : une moitié des asperges à l'huile pour Fontenelle ; l'autre moitié à la sauce blanche pour M. l'abbé.

Chacun des deux convives est ravi de cet arrangement, et les gourmets se font la bouche en sirotant un verre de Constance auprès d'un grand feu.

Soudain l'abbé Garcin, d'une nature apoplectique, étend ses mains vers le ciel, jette un cri, tombe à terre : il est mort. Fontenelle aussitôt se précipite vers l'office, et interpellant son cordon bleu d'une voix triomphante, s'écrie :

— Thérèse, toutes les asperges à l'huile !

---

10. — Les Radis roses

Comme le muguet et le pinson, le petit *Radis rose*, qui pousse dans les plates-bandes, nous apporte le printemps.

C'est la primevère des potagers. Il porte un beau panache vert sur son habit rose. Allongé, c'est un pendant de corail ; arrondi, on dirait une coupole du Kremlin en miniature, une breloque tombée dans du jus de fraise. Il porte comme des fils de la Vierge à son pied. Il est charmant, le Radis rose.

Il est apéritif et gai. Vous vous mettez à table fatigué,

sans faim. On vous sert dans une soucoupe blanche des radis roses ; vous les croquez un à un, négligemment, et aussitôt, tout le long de la nappe blanche, vous voyez venir l'appétit à petits pas.

Le Radis rose est un bon garçon qui ne se fait pas prier. On le sème, il pousse ; il est mûr, on le croque. Il plaît à tout le monde. Quand il passe entre une botte de lilas et une gerbe de muguet dans la voiture de la marchande des quatre-saisons, on dirait un bouquet de roses du Bengale : « Deux sous la botte ! » ce n'est pas cher ; on accourt, on s'arrête et l'on emporte ses radis roses sous le bras.

Ce fruit charmant est à la portée de toutes les lèvres. Il étale son panache vert sur la table des rois, et, gagnant son atelier, la petite ouvrière trottine le long des rues en croquant ses radis roses.

D'où vient le Radis ? De la Grèce, dit-on. Dans un dîner agricole auquel j'assistais, je me souviens que le savant M. Drouyn de Lhuys assigna une origine athénienne au Radis. En l'entendant, on aurait juré qu'il avait mangé les premiers radis roses chez Aspasie, en compagnie d'Alcibiade et de Socrate.

Rien, d'ailleurs, ne nous prouve que le Radis ne soit originaire de Pantin ou de Longjumeau. Je ne sais rien de problématique et de discuté comme le berceau des légumes, des fruits et des fleurs.

Le Radis vient partout, de partout. Il n'est pas de petit jardin qui n'ait sa plate-bande de radis roses.

Notons pourtant qu'aux *Halles centrales* de Paris, les radis nous arrivent par charretées de la charmante vallée de Chevreuse, où les maraîchers les cultivent sur une grande échelle. Il y a, dit-on, des marchands de radis millionnaires, et c'est un gracieux spectacle de voir serpenter le long des chemins ces chariots rustiques tout chargés de corail. Ce sont des radis roses qui vont se faire croquer à Paris.

Ils passent comme passera le printemps, comme passent les années, comme passeront un jour, mes enfants, les radis roses que vous portez sur vos joues.....

---

11. — LES BÊTES UTILES

Le Jardin a ses hôtes utiles et bienfaisants comme les Champs, les Prairies et les Bois, que nous visiterons bientôt; bonnes et vaillantes bêtes qui protègent nos plantes, nos légumes, nos fleurs, en exterminant pour leur propre compte les bandits des plates-bandes et des allées, les pillards de nos semences, de nos plantations et de nos récoltes. Gardons-nous bien de tomber dans les attendrissements d'une reconnaissance exagérée. Ce sont là des bienfaiteurs inconscients, mais précieux, que nous devons au moins respecter et conserver, car nous profitons de leurs travaux comme nous souffrons des instincts des bêtes nuisibles. Combien de fois nous est-il arrivé de méconnaître les services de ces humbles mais puissants auxiliaires, et de les ranger étourdiment parmi nos ennemis !

Passons en revue quelques-uns de ces collaborateurs de l'homme en commençant par le plus méconnu et le plus décrié, par ce grand calomnié : le Crapaud.

12. — Le Crapaud

Arrive, cher *Crapaud*, bonne et vaillante bête, jardinier sans rival ! parle-moi du potager que tu protèges, des légumes que tu gardes. Comment se portent tes fraisiers et tes laitues ? combien as-tu avalé ce matin de limaces avides, de vers immondes et ravageurs ?

Je ne t'ai point vu en me promenant le long des allées, car tu te caches sous les touffes d'oseille ou sous les feuilles de choux comme... la violette dans la mousse du bois. Tu es aussi modeste que vaillant, pauvre Crapaud !

Le Crapaud.
(Longueur 0ᵐ08 à 0ᵐ09.)

On t'évite comme une ordure vivante, on te lapide comme un martyr, on t'empale comme un criminel. En échange des services que tu rends à l'homme, l'homme te fait subir mille tourments.

Combien de fois t'ai-je rencontré au bord d'un chemin, agonisant et convulsif au bout d'un pieu enfoncé dans la terre comme une croix !...

Durant trois jours et plus, tu agitais dans le vide tes quatre pattes rugueuses et frémissantes, comme si tu nageais dans l'air, ouvrant ta bouche desséchée et fermant à moitié ton œil d'or presque éteint. Et le passant stupide riait de tes convulsions, disant que tu « faisais ta toile comme un tisserand », et de cruels enfants armés de pierres, te prenant pour cible, insultaient à ton supplice, lapidaient ton agonie.

Moi, j'aurais bien voulu te délivrer, et je te regardais de mes yeux pleins de larmes ; mais tu me faisais peur !

Pourquoi ces persécutions et ces haines ? On dit que tu es laid ; moi je te trouve intéressant. Ta démarche est

si douce qu'on te croirait chaussé de caoutchouc, et
quand tu bondis on dirait que tu joues à *saut-de-mouton*.
Lorsque tu te promenes dans les allées bordées de fraisiers et de salades, il ne te manque qu'une canne et un
panama pour avoir l'air d'un bon bourgeois.

J'aime ton œil d'or, ton regard mélancolique et profond tourné vers les étoiles comme si tu cherchais une patrie. Quand tu savoures une fraise, j'aperçois le bout de
ta langue gourmande, et si tu viens à happer un insecte,
j'admire ton palais doublé de satin rose.

Tu es vêtu de bure comme un prolétaire des champs, et
tu as des verrues sur la joue. Cicéron en avait bien!
Non, tu n'es pas laid! Ce sont les grenouilles, ces bavardes
incorrigibles, qui ont fait courir ce bruit.

On t'accuse d'être venimeux. Entre nous, mon cher
Crapaud, la chose n'est pas impossible. Mais, est-ce que
la salive d'un homme, d'un enfant à jeun, n'est pas venimeuse aussi ?

Du reste, tu n'as ni crochet ni dard ; tu ne saurais,
pauvre innocent, ni mordre ni piquer, et tu n'es, en fin
de compte, qu'un empoisonneur pour rire.

On croit dans les campagnes, dont tu es le garde-
champêtre incompris, que tu n'es bon à rien. Voyons!
n'y a-t-il pas là-bas, à Paris, tout au bout du *Jardin des
plantes*, un marché aux crapauds comme à *la Madeleine*
un marché aux fleurs ? Est-ce que vous n'êtes pas là
dans de grandes tonnes, nageant, grouillant, soufflant,
crachant, des milliers de crapauds choisis, la fleur et le
trésor de la race ?

Vous venez, m'a-t-on dit, les uns de la Provence ou du
Limousin, les autres de l'Anjou, du Berry, de l'Auvergne:
tous crapauds et tous jardiniers.

L'Europe du Nord envie nos crapauds de France, les
recherche, les achète au poids de l'or. De ces tonneaux
où vous êtes entassés visqueux et glacés en pyramides
vivantes, vous vous en irez demain protéger les potagers

verdoyants de la Hollande, de la Belgique, de l'Angleterre, du Danemark, de tous les pays privés de crapauds et de soleil.

Vous êtes les missionnaires des plates-bandes et des jardins. Là-bas, vous vieillirez respectés et vous mourrez centenaires dans votre trou ; ici, on vous tue à coups de pierres. Nul n'est prophète dans son pays, mon pauvre Crapaud !

Enfin on t'accuse d'être un peu sorcier et d'aimer à interroger les astres par une belle nuit d'été. Toi, magicien ? Non. Après une journée de labeur, tu sors prendre le frais, et ce n'est pas la lune ou les étoiles que tu interpelles ; époux fidèle et tendre, tu appelles ton épouse en jetant ta note mélancolique et douce aux échos du vallon.

Qu'importe ! on te martyrise ; et c'est ainsi que, sur cette terre d'ignorance et d'ingratitude, vous êtes tout un peuple de pauvres bêtes incomprises et persécutées.

La même main qui te lapide ou qui t'empale, jette superstitieusement dans la flamme la bienfaisante chauve-souris et cloue une malheureuse chouette encore vivante sur la porte d'une étable.

Cette main-là, cher Crapaud, ne fera jamais le bien.

------

13. — La Taupe

Une bête utile et bienfaisante aussi maltraitée, aussi calomniée que le crapaud lui-même, c'est la *Taupe*.

Sa réhabilitation est de date assez récente, hélas ! mais elle est complète. La Suisse, l'Allemagne, la Hollande ont congédié leurs tau-

La Taupe. (Longueur 0ᵐ12.)

piers comme d'injustes bourreaux, et les Anglais ont mis

dans leurs jardins la Taupe enfin appréciée, à côté du crapaud, cet infatigable avaleur d'insectes.

Je reconnais que les admirables travaux que la Taupe exécute sous le sol peuvent froisser quelques jeunes racines et troubler les semis dans leur croissance. Mais ce sont là de bien légers méfaits à côté des éclatants services que rend cette bête utile. Vengeons d'abord la Taupe d'une calomnie à laquelle bien des paysans s'obstinent à croire encore. On l'accuse d'attaquer les jeunes racines et de s'en nourrir avec avidité. Rien n'est plus faux : on a mis une taupe dans une cage bondée de racines fraîches ; elle n'a pas touché à ces racines et elle est morte de faim. Une autre fois, on a placé deux taupes dans une cage avec des racines de choix : vingt-quatre heures après, ces racines appétissantes étaient intactes, mais l'une des deux taupes avait dévoré l'autre, puis elle avait succombé d'inanition..... Que voulez-vous ? les Taupes sont affligées d'un appétit effroyable et se dévorent entre elles. On n'est pas parfait.

Dans le corps d'une taupe on n'a jamais trouvé un atome de racine ; mais en revanche on a observé une masse de débris de vers, de larves, de courtilières, de petits rongeurs.

Le drainage merveilleux qui résulte des travaux souterrains de la Taupe féconde la culture ; la destruction des vers blancs, dont elle fait d'incessantes hécatombes, conserve la vie aux champs et aux jardins.

La Taupe n'est point aveugle, comme on le croit dans les campagnes. Elle n'est que myope, ce qui ne la gêne guère dans sa vie souterraine. Si ses yeux petits et couverts y voient peu, la délicatesse du toucher égale chez la Taupe la finesse de l'ouïe. Sa mâchoire est armée de vingt-quatre dents aiguës et solides, appelées à satisfaire le plus formidable des appétits Mais ce qui distingue la Taupe ce sont les extrémités de ses pieds, qui diffèrent absolument de celles des autres animaux. Tout le monde

connaît ces étranges petites mains à cinq doigts chacune.
Son poil a la douceur du satin.

La Taupe n'aime pas à recevoir et sort rarement de
son admirable retraite, dont la porte est toujours close.

Rien de curieux, de compliqué, d'entendu comme
cette demeure souterraine, agrémentée d'une voûte circulaire, de chemins tortueux, de galeries stratégiques et
élégantes, de canaux bienfaisants où l'air et l'eau, cir-
culant à souhait, nourrissent et développent les végétaux.

La Taupe n'est pas seulement une grande artiste ; elle
est pratique, elle est utile. Chez elle l'architecte et l'ingénieur sont doublés d'un agriculteur consommé. Ses
étonnants travaux n'excitent pas seulement l'admiration,
ils promènent la fécondité et répandent la vie.

Mais un bourdonnement léger a frappé mon oreille,
et j'aperçois comme un point d'or au sein des fleurs.
C'est l'abeille, architecte sans rival, bête utile par excellence, et la reine des jardins. Ce n'est pas aux larves,
aux insectes, qu'elle fait la guerre. Elle n'en veut qu'aux
fleurs éclatantes et parfumées, elle ne tue pas, elle produit ; en échange du nectar qu'elle butine, elle nous
donne le miel, la cire. Parlons de l'Abeille.

14. — L'Abeille

Voyez-vous dans un coin du jardin cette ruche, ce
tronc d'arbre creux qui s'élève en forme de tourelle
coiffée d'un toit de paille? Tout autour vont, viennent,
voltigent, butinent en bourdonnant les *Abeilles*, sous les
pommiers en fleurs. Cette tourelle rustique n'a pas la
prétention, comme la tour de Babel, d'escalader les
cieux ; ce n'est point un édifice d'impuissance et d'or-

gueil, c'est un foyer merveilleux, un atelier admirable, où tout le monde travaille et s'entend, obéit ; c'est un gouvernement parfait une république modèle ; c'est un monde.

Une ruche se compose d'une seule femelle, qui est la *reine*, d'un millier de *mâles* et de vingt à trente mille *ouvrières*, insectes neutres. Plus grasse et plus allongée, la reine se distingue par une éclatante robe et un redoutable aiguillon ; les mâles aux yeux énormes, sont noirs. sans énergie, sans industrie, sans armes. Ce sont les fainéants de la ruche.

Petites, élancées, rapides, infatigables et bien armées, bien outillées, telles sont les ouvrières.

Abeille mâle.   Abeille femelle.   Abeille ouvrière.

Dans une façon de corbeille creusée, pour ainsi dire, dans leurs jambes postérieures, elles recueillent avec leurs pattes munies de brosses, le pollen des fleurs.

Tout repose sur l'ouvrière : la récolte des vivres et des matériaux, la construction merveilleuse des gâteaux de cire et des alvéoles, l'éducation des petits.

L'Abeille ouvrière est l'existence même, la gloire et la prospérité de cette merveilleuse république.

Quand les abeilles ont choisi une ruche, elles s'empressent d'en boucher les crevasses avec la *propolis*, matière odorante et résineuse qu'elles recueillent sur les bourgeons des arbres et qu'elles ramollissent avec leurs mandibules. Quand toutes les parois de la ruche sont ainsi calfeutrées, on s'occupe de l'intérieur de l'édifice, des gâteaux d'alvéoles, destinés à recevoir les œufs de la reine, à loger les provisions communes.

Ces gâteaux merveilleux sont faits de la *cire* que sécrète l'Abeille, qu'elle prend, qu'elle pétrit, qu'elle dispose de ses pattes ingénieuses.

Chaque gâteau se compose d'alvéoles qu'avec leurs mandibules les ouvrières façonnent, régularisent avec une précision si étonnante que chaque cellule semble être sortie d'un moule. Cet alvéole de l'Abeille, c'est le chef-d'œuvre de l'industrie des insectes.

Les plus petits alvéoles logeront les larves d'ouvrières, les moyens sont destinés aux larves des mâles, les plus spacieux et les plus beaux seront le palais des jeunes reines.

Dans chaque alvéole la reine dépose des œufs, un à un, et les fixe au fond

Abeilles au travail.

de la cellule au moyen d'une liqueur visqueuse. Tant que dure la ponte, les ouvrières s'empressent autour d'elle, lui offrent du miel au bout de leur trompe, lui prodiguent les soins les plus touchants.

Lorsqu'aux œufs succèdent les larves d'abeilles, les ouvrières les nourrissent avec une sorte de bouillie formée de miel, d'eau et de parfum; mais les larves royales font table à part; on leur sert l'aristocratie des parfums, on les nourrit d'une espèce d'ambroisie. Au bout de quelques jours, les abeilles nourricières enferment les larves dans leur cellule sous un couvercle en cire; et les larves filent alors une coque de soie dans laquelle elles se transforment en nymphes; puis, au bout de huit jours, rongeant le couvercle de cire de leur cellule, elles sortent de leur alvéole sous la forme d'abeilles

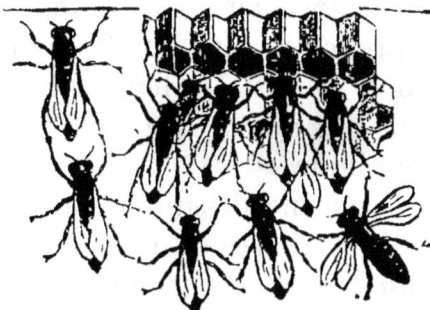

Vingt-quatre heures après leur naissance, ces nouvelles abeilles s'en vont cueillir à leur tour le nectar des fleurs.

La jeune reine arrivée la première à l'état parfait est appelée à régner sur la ruche et succède à la reine-mère qui disparaît, j'allais dire qui abdique.

Aussitôt que la fécondité de la jeune reine a été constatée, les ouvrières lui livrent les alvéoles royaux et lui remettent, pour ainsi dire, les clefs de la ruche. Elle règne, elle gouverne.

Dès qu'elle est en possession de son trône, la jeune souveraine s'empresse d'immoler toutes ses rivales, afin de prévenir, sans doute, toute intrigue et toute révolution de palais. De leur côté, les ouvrières chassent ou tuent les mâles qui, bouches inutiles, affameraient la république.

Je ne me dissimule pas que ces façons sont légèrement cavalières et que c'est là de la politique vraiment autoritaire; mais chez les abeilles l'individu n'est rien, la communauté est tout; et la reine peut dire comme Louis XIV : « L'État c'est moi. »

Tant qu'il y a des fleurs, les abeilles continuent leurs approvisionnements ; chaque jour, une partie du miel récolté est déposée pour la consommation journalière dans le garde-manger commun. L'autre partie est soigneusement emmagasinée dans les alvéoles supérieurs de la ruche; et pour empêcher ce précieux nectar de couler ou de s'altérer, les Abeilles ferment l'alvéole avec un couvercle de cire.

C'est cette provision que l'homme enlève après avoir prudemment engourdi les abeilles.

Ainsi que le dit justement Pizzetta dans son beau livre *Les Plantes et les Bêtes*, ce n'est pas l'abeille qui fait le miel; elle le récolte dans la corolle des fleurs, elle l'amasse, l'apporte à la ruche dans son estomac; aussi cette substance conserve-t-elle le parfum des plantes sur lesquelles les abeilles l'ont recueillie.

C'est le romarin qui donne au miel fameux de Nar-
bonne son agréable odeur; c'était le thym et le serpolet
qui donnaient au miel de l'Hymette le parfum qui l'a
rendu célèbre dans l'antiquité, et c'est une espèce d'acacia
qui rend vert le miel de l'île Bourbon.

Xénophon rapporte que, dans la *Retraite des dix mille*,
qu'il commandait, un grand nombre de ses soldats
furent empoisonnés pour avoir mangé du miel recueilli
par des abeilles sur des plantes vénéneuses : ce fait n'a
rien d'impossible, car beaucoup d'accidents de ce genre
ont été constatés et enregistrés par la science. Tout
n'est donc pas douceur et parfum dans le miel...

La science a reconnu aussi qu'une seule piqûre
d'abeille pouvait donner la mort. Le docteur Delpech,
membre de l'Académie de médecine et du Conseil
d'hygiène publique, l'a démontré par de nombreux
exemples dans un rapport excellent.

Aux environs de Paris, un enfant de six ans, vigoureu-
sement constitué, est piqué à la tempe par une abeille.
Aussitôt ses traits s'altèrent, son corps se couvre de
sueur et une demi-heure ne s'est point écoulée qu'il
meurt.

Dans le comté de Chester, un certain John Grevalli,
homme des plus robustes et des plus sains, est piqué à la
joue par une abeille. Se sentant faiblir, il se couche et
expire en syncope au bout de dix minutes.

Un riche fermier du comté de Berks, appelé Henri
Stizel, après vingt-quatre heures de soins inutiles et de
douleurs atroces, succombe à la piqûre que lui a faite une
petite abeille.

A Bugyan, en Hongrie, un jeune pâtre, plein de vigueur
et de santé, est piqué au cou par une abeille furieuse. On
découvre, on arrache l'aiguillon, on prodigue mille
soins au berger, mais c'est en vain. Au bout de quelques
instants, le jeune homme chancelle, essaye de balbutier
quelques mots et tombe mort.

J'arrête mes citations en ajoutant que de pareils faits ont été rapportés dans le *Journal de Médecine et de Chirurgie*, dans la *Revue médicale*, la *Gazette médicale* et la *Gazette de santé*.

Malgré ces cas heureusement assez rares, il serait injuste de considérer la précieuse Abeille comme une empoisonneuse de profession. Ce n'est pas la mort que la Providence a placée au bout de son aiguillon; c'est son admirable industrie, le merveilleux travail de sa ruche qu'elle a voulu montrer à nos regards; c'est sa récolte précieuse et exquise qu'elle a entendu prodiguer aux hommes.

L'Abeille, c'est la grande artiste des jardins et des forêts, c'est la « mère » féconde et respectée, c'est la mouche d'or à qui nous devons la cire et le miel.

Quittons la ruche, et tournons nos regards vers cette toile merveilleuse, cette rosace flottante et vaporeuse qui prend à tous les rayons de soleil des reflets de pourpre et d'émeraude. C'est la demeure aérienne de l'Araignée.

15. — L'Araignée des jardins

Avec quelle rapidité, quelle aisance, quelle perfection surprenante elle improvise dans l'espace son admirable toile! Ne dirait-on pas une figure géométrique, un dessin aussi régulier que fantastique, je ne sais quel travail mystérieux suspendu dans l'air par l'invisible main d'une fée! Parfois ces rosaces flottantes se touchent et s'enchaînent comme des rêves, ébauchent dans l'espace la façade aérienne d'une cathédrale de soie que berce la brise des jardins.

A cause de la gracieuse couronne qui constelle son dos élégamment frangé, on appelle cette araignée *Epeire-*

Diadème. Enfin, en raison de la croix éclatante et nettement dessinée sur son corps, elle porte le nom poétique d'*Araignée à la croix blanche*.

Avec sa couronne et sa croix, l'Araignée des jardins a quelque chose de mystérieux et de charmant. Ce diadème se comprend : l'Épeire n'est-elle pas la reine des fileuses, la souveraine des fuseaux et du rouet ? Est-ce que la reine Berthe (1) a jamais filé des fils aussi merveilleux que ceux de l'Araignée à la croix blanche ? Quant à cette croix bizarre, nous en dirons tout à l'heure la légende.

Les outils de l'Épeire sont aussi merveilleux que sa parure. Regardez ses pattes délicates et fines que ne souilla jamais un grain de poussière ; elles se terminent par deux crochets tout différents : l'un, qui est simple, sert à dégager, à démêler, à choisir les fils ; l'autre, qui est fourchu, saisit, entraîne les fils qu'elle se propose d'attacher. Sa tête, si expressive, est littéralement couverte d'une foule de petits yeux brillants et malicieux qui, de tous les côtés, aperçoivent et guettent la proie. Installée au centre de sa toile, elle embrasse de son regard tout son domaine aérien, observant l'insecte qui vient s'empêtrer dans ses filets. Aussitôt elle accourt, l'entoure de fils, le dévore.

Que dire de la prestesse de l'Araignée, de son aisance, de sa vivacité, de la légèreté et de l'harmonie de ses mouvements ? Si le hasard porte un ennemi redoutable dans ses filets, elle improvise un fil et glisse, disparaît, se sauve dans un trou.

Les merveilleux travaux de l'Épeire ne sont un secret pour personne. Comme les grands artistes qui défient la concurrence et l'imitation, l'Araignée des jardins travaille en plein air, en plein soleil, sous les yeux de

____

(1) La *reine Berthe*, femme de Pépin le Bref, passa huit années à filer la quenouille.

tous. On n'explique pas sa toile ; on la voit et on l'admire. Elle a pour compas son œil, pour équerre sa patte, pour atelier l'espace.

Dans sa toile, filet quelquefois immense, viennent s'empêtrer les insectes nuisibles, bandits ailés, vagabonds de l'air, pillards de nos jardins. Il y a là des mouches, de petites guêpes, des moucherons, des cousins, des papillons, que sais-je ? Cette toile, frémissante sous les efforts des captifs et toute constellée d'ennemis, est comme le tableau synoptique et vivant des services que nous rend l'infatigable Épeire. Souverainement intronisée au centre de son palais de soie, elle étale à nos regards le produit de ses chasses fécondes : « Homme, voilà ce que fait de tes ennemis l'Araignée à la croix blanche ! »

Sous les tropiques et particulièrement à Madagascar, on trouve une Épeire gigantesque qui file des toiles immenses, tendues au-dessus des cours d'eau et solidement accrochées par des fils que cette araignée jette d'une rive à l'autre. Ces toiles sont si résistantes qu'il faut un instrument tranchant pour les détruire et qu'elles arrêtent des petits oiseaux au passage.

Je termine par la légende de la croix blanche que l'Araignée des jardins porte gravée sur son dos. Quand Jésus agonisait sur le Calvaire, une araignée, voyant ses membres couverts de mouches, eut pitié de ses souffrances et se mit à filer une toile autour de ses pieds endoloris. Après cette bonne action, l'araignée compatissante se retira au bout d'un fil ; mais comme elle s'éloignait, l'ombre de la croix se détacha tout à coup sur son corps, aussi blanche qu'un lis, et l'Araignée des jardins en a toujours gardé l'empreinte.

Au moment de clore un peu brusquement cette trop courte liste des amis de nos jardins, un chant vient de retentir sous la feuillée et je pense à l'Oiseau.

16. — L'Oiseau

C'est le grand protecteur de nos jardins et de nos vergers. Il en est le défenseur et le gardien ; il en est la providence ailée et chantante. Quel est, en effet, l'ennemi opiniâtre, acharné, éternel de nos arbres, des légumes et des fruits ? l'insecte ; l'insecte, qui sape la plante dans sa racine, qui attaque l'arbre dans sa sève, le fruit dans sa fleur, la fleur dans son bourgeon. Quel est le fléau de l'insecte ? l'*Oiseau !*

Et pourtant, sur ce cerisier j'aperçois un mannequin farouche et grotesque, destiné à effrayer l'oiseau avide et pillard..... Écoutez cette histoire :

Un jour, le grand Frédéric, qui était très friand de cerises, s'aperçoit que d'effrontés moineaux prélèvent sans façon une dîme indiscrète sur son dessert royal.

Le roi de Prusse, comme on sait, n'y allait pas de main morte avec ceux qui contrariaient sa politique ou simplement ses goûts. Que fait-il ? il ordonne de détruire tous les pierrots du royaume, et douze cent mille moineaux sont massacrés dans une année. Qu'arrive-t il ? c'est qu'à leur tour les hannetons et les chenilles, les vers, les pucerons dévastent les cerisiers du roi.

Il fallut se procurer un million de moineaux pour avoir des cerises... l'année suivante.

La fauvette détruit la bruche des pois ; le chardonneret fait une guerre acharnée à la zérène des groseilliers ; le joyeux pinson, aux chenilles, aux hannetons, aux courtilières ; le rossignol s'attaque aux larves de toute espèce, et il n'est pas jusqu'au plus petit de nos oiseaux, l'humble roitelet, qui ne fasse une consommation prodigieuse de fourmis et de vermisseaux. N'a-t-on pas calculé qu'un couple de mésanges et sa nichée dévorent par an trois cent mille chenilles et autres insectes !

Dans les champs, que nous visiterons bientôt, l'Oiseau bienfaisant agrandit son cadre et multiplie ses services.

Autour de la maison, le long des plates-bandes et des allées, il fait à nos fruits, à nos légumes, à nos fleurs un rempart de son bec, et prend tout le jardin sous la protection de son aile en remplissant les airs de musique et de joie.

---

17. — LES BÊTES NUISIBLES

Après les bêtes utiles, les *bêtes nuisibles*. A côté du bien, le mal. Ainsi va le monde ; ainsi le veut la loi mystérieuse qui régit la terre, qui gouverne les animaux et les plantes.

Les bêtes nuisibles sont loin d'être rares ; la liste en serait terrible ; ajoutées bout à bout, ces créatures malfaisantes feraient certainement le tour de mon jardin. On les rencontre partout : sous le sol, à sa surface, dans l'air. Elles s'attaquent à tout : à la racine, à la sève, à la feuille, à la fleur, aux fruits, aux graines.

Parmi ces criminels nous allons faire comparaître les plus coupables et les plus fameux, dresser brièvement l'acte d'accusation, et parfois aussi présenter la défense, heureux de plaider, s'il se peut, les circonstances atténuantes ou de réhabiliter un innocent.

Au premier rang, sur le banc des accusés, apparaît la Courtilière.

---

18. — La Courtilière

L'accusée est une singulière bête, tenant à la fois du grillon et de la taupe, ce qui lui a fait donner le sobriquet de *taupe-grillon*. Du grillon elle tient une tête énorme ; de la taupe, une main étrange et meurtrière. Qu'y a-t-il dans cette grosse tête ? de formidables instincts de destruction. Qu'y a-t-il au bout de cette main ? la ruine des potagers. Avec la large pelle dentée qui termine ses pattes antérieures, la *Courtilière* fouit, creuse, coupe, déracine, détruit tout ce qu'elle rencontre ; elle fait le désespoir des agriculteurs, elle est le fléau des jardins. Sa fécondité est désespérante ; elle ne pond pas moins de trois cents œufs, qu'elle dépose dans un nid très remarquable, au sein de la terre. Après la ponte, elle ferme l'entrée de sa retraite et s'éloigne, abandonnant le soin de ses œufs à cette merveilleuse couveuse : la nature. Au printemps suivant, les larves qui proviennent de ses œufs se transforment en insectes parfaits et parfaitement destructeurs.

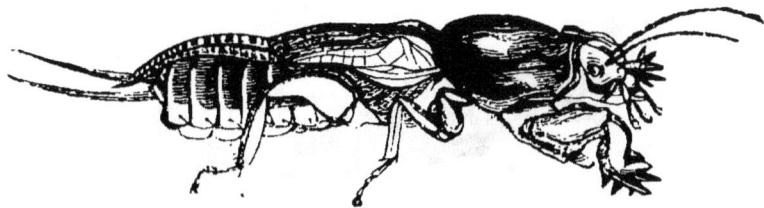

La Courtilière.   (Longueur 0ᵐ05.)

Rendons cette justice à la Courtilière, qu'elle est, comme la taupe, un architecte de premier ordre. Sa demeure, creusée en forme de four, à vingt centimètres sous le sol, joint l'élégance à la sécurité, l'originalité au confortable. Les parois de ce palais souterrain sont lissées avec un soin extrême ; de gracieuses galeries embellissent et fortifient cette citadelle ; sur l'un des côtés de l'édifice s'étend un chemin tortueux et discret qui aboutit à la surface du sol.

Depuis longtemps les jardiniers, les maraîchers, les agriculteurs, ont, d'une voix unanime, condamné à mort la Courtilière. A l'approche des froids, les jardiniers creusent des trous dans chaque carré du potager et remplissent ces trous de fumier bien chaud. Comme la Courtilière est très frileuse, elle s'y réfugie ; on la prend, on la tue dans cette souricière qui devient son tombeau.

19. — Les Chenilles

Le banc des accusés est littéralement couvert de cette innombrable et criminelle engeance. Les arbres, les légumes, les fleurs n'ont pas de plus terrible ennemi que les *Chenilles;* c'est la peste des jardins et des vergers ; elles attaquent sournoisement l'arbre dans sa sève, le

Chenille du papillon machaon.

fruit dans sa fleur. Jetons un coup d'œil sur ces grandes coupables : voici la *Chenille velue*, qui, grâce à sa belle fourrure, ne s'engourdit qu'une partie de l'hiver ; la *Chenille-poisson*, dont les dernières pattes figurent une nageoire caudale ; la *Chenille-cochon*, dont la tête s'allonge pointue comme un groin ; la *Chenille fourchue*, dont la queue se bifurque en deux pointes nerveuses ;

la *Chenille arpenteuse,* qui parcourt toujours des distances égales, semble mesurer le terrain et marche en se voûtant, de sorte que le milieu du corps forme un arc étrange ; la *limacode,* qui se traîne péniblement sur le ventre comme la limace abjecte ; la *léporine,* la plus alerte et la plus rapide des chenilles ; la *sauteuse,* qui bondit de branche en branche et part comme un ressort qui se détend ; la *rouleuse de feuilles,* qui parvient au moyen d'un fil à former un cornet de feuilles qui est à la fois son gîte et son garde-manger ; *la livrée,* qui se construit sur l'arbre une tente de feuilles et de soie, demeure étonnante, ingénieusement distribuée en appartements qui communiquent entre eux par un labyrinthe de corridors ; *la berceuse,* qui passe sa vie dans un hamac de soie

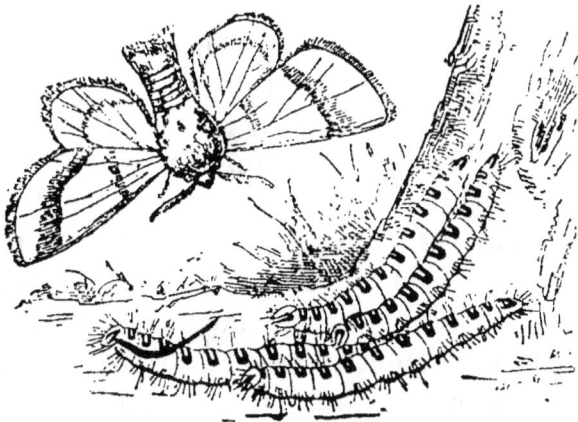

La Chenille processionnaire et son papillon.

gracieusement attaché aux branches qu'elle dépouille, mais, quand toutes les feuilles auront été dévorées, elle ira tendre son hamac sur d'autres arbres ; comme la livrée, la *berceuse,* en quête d'un bourgeon tendre, emporte un fil qui la guide à son retour. Enfin, terminons cette liste par la *Chenille processionnaire,* qui vit par familles de plusieurs centaines d'individus ; cette tribu grouillante et perpétuellement affamée se presse dans un sac de satin suspendu à un arbre ; cette bourse vivante n'a qu'une issue et sa couleur grisâtre se confond avec les teintes de l'arbre qui la porte.

Au coucher du soleil une chenille donne le signal du départ et sort la première ; elle est suivie aussitôt des autres chenilles, marchant d'abord deux par deux, puis trois par trois, quatre par quatre, cinq par cinq, et ainsi de suite, les rangs se pressant et augmentant toujours d'une façon régulière et mathématique On dirait un corps d'armée en marche ; quand le chef d'armée s'arrête, tout s'arrête ; quand il repart, tout le suit ; à mesure qu'elles avancent en bataillons serrés, les processionnaires couvrent le sol d'une bande soyeuse et ne marchent ainsi que sur un tapis de soie. Après avoir accompli d'effroyables ravages, les processionnaires rentrent avec le même ordre dans le sac qui les attend.

Les chenilles sont quelquefois élégamment vêtues ; leurs robes varient : le vert domine sur celles qui fréquentent le feuillage, le roux sur celles qui vivent sur les arbres, les plus vives couleurs sur celles qui fréquentent les fleurs ; de sorte que la coupable passe souvent inaperçue, grâce à cette robe qui se confond avec les teintes du milieu où elle a accompli ses ravages.

Parmi ces pillardes de nos jardins et de nos vergers, il y en a qui exécutent leurs méfaits solitairement, sans complices ; d'autres, au contraire, se réunissent par bandes terriblement constituées. Rien n'échappe à la voracité des chenilles ; elles ont des prédilections singulières et choisissent leurs victimes si bien que chaque plante est rongée par une chenille, son fléau. Le pommier, le poirier, le pêcher, l'abricotier, le chataîgnier, l'olivier, chacun de ces arbres est envahi par une chenille qui s'attaque particulièrement à lui, le dépouille, le tue même quelquefois. De même des légumes : le chou, la carotte, les navets, les salades, sont pillés, dévorés par des chenilles spéciales ; le blé, l'avoine, le seigle ont leur chenille, et l'on sait que la *pyrale des vignes* lie les feuilles, enlace les petites grappes de fils soyeux et ronge ces paquets ; des chenilles enfin attaquent les ruches et, bravant la piqûre des abeilles qu'elles empêtrent, furieuses mais impuissantes, dans leurs filets, se gavent et se barbouillent de cire.

Les jardiniers ont condamné la Chenille à un supplice qui nous débarrasse de ces bêtes malfaisantes : ils promènent à travers les branches des arbres des torches fumeuses attachées au bout d'une perche; asphyxiées par la fumée, les chenilles tombent et couvrent le sol de leurs cadavres, qui font le régal des oiseaux.

L'oiseau ! ici encore il convient de citer à l'ordre du jour ce précieux combattant qui dans une semaine ne dévore pas moins de trois mille chenilles.

J'allais continuer mon réquisitoire quand tout à coup un joli papillon aux ailes éclatantes vient voltiger autour de ma plume ; je songe alors à la métamorphose de la Chenille, et dans cette métamorphose surprenante je trouve sa réhabilitation.

20. — La Guêpe

La *Guêpe* n'est pas, comme la chenille, une criminelle sournoise et dissimulée; c'est une pillarde audacieuse, qui s'attaque hardiment, souille, ronge, dévore nos prunes et nos poires, nos pêches, nos abricots, nos raisins. C'est un ogre ailé et bourdonnant, un goinfre doublé d'un gourmet pour lequel il n'y a pas de fruit assez mûr assez fin, assez parfumé. Autour de notre table, elle voltige aussi importune qu'insatiable, affamée de friandises et de sucreries. La Guêpe n'est pas seulement avide de desserts, c'est une carnassière vorace qui pullule dans les boucheries, où elle se repaît du suc des viandes les plus appétissantes et les plus fraîches.

La Guêpe ne produit ni cire ni miel, dont elle est pourtant très gourmande ; aussi bien, elle attaque à tout propos l'industrieuse abeille et la tue pour savourer le miel que contient son estomac...

La Guêpe. (Longueur 0m018.)

Que dirais-je en faveur de la Guêpe ? très loin d'égaler le génie architectural de l'abeille, elle construit cependant des demeures étonnantes, dignes de notre admiration, et de merveilleux berceaux pour ses enfants.

Pour faire ce nid, la Guêpe emploie des fibres qu'elle enlève par petits fragments aux poutres et aux espaliers. Ces fibres légères, elle les presse avec ses mâchoires, les réduit en charpie, les réunit en petits paquets qu'elle emporte vers son nid ; au moment de les employer, elle mâchonne ses matériaux, les triture, les humecte de salive, les pétrit en une sorte de papier mâché. Puis, à l'aide de ses mandibules, de sa langue, elle aplatit ce papier, l'étale en plaques légères et minces, à une feuille ajoute une autre feuille, puis une autre, encore une autre jusqu'à quatorze ou quinze, si bien qu'elle forme un carton imperméable et solide qu'elle lisse, qu'elle polit, qu'elle vernit de sa langue.

Si l'abeille a un palais de cire, on peut dire que la Guêpe a une véritable maison de papier. Cette demeure originale est établie à vingt centimètres sous terre et communique à la surface du sol par des chemins stratégiques, en lignes tortueuses et brisées. Le nid de la Guêpe, une boule, se compose d'une enveloppe garnie de cellules où sont disposés soigneusement les œufs et les nymphes. Des colonnes de carton supportent d'espace en espace ce curieux édifice.

Un mot sur la *Guêpe-frelon*, le géant du genre. Sa piqûre est aussi redoutable que son bourdonnement est importun ; cette guêpe fait son nid dans le tronc des arbres et l'enveloppe d'un carton jaunâtre composé d'écorce.

Citons aussi une petite guêpe pleine de grâce et d'éclat, la *poliste française*, qui suspend son nid aux branches des arbustes. Ce nid, on peut le détacher et le transporter où

Le Frelon. (Longueur 0ᵐ 025.)

l'on veut, sans crainte d'être piqué, tant les Guêpes sont préoccupées de l'avenir de leur petite famille.

Architecte éminent et mère dévouée, voilà certes de quoi faire beaucoup pardonner à la Guêpe ; ajoutons qu'elle est charmante et vive dans son corsage éclatant, et qu'il serait superflu de vanter la délicatesse de sa taille ; mais je ne puis oublier que c'est une ennemie de nos jardins ; qu'elle ronge, qu'elle souille nos plus beaux fruits, et que sa robe d'or cache un dard empoisonné.

Après la Guêpe arrive ou plutôt se traîne un malfaiteur qui est loin d'avoir la légèreté aérienne d'un insecte ailé ; il est vrai qu'il porte sa maison sur son dos. J'ai nommé l'Escargot.

21. — L'Escargot

C'est un ravageur taciturne et sournois, il est gauche, il est lourd, il est défiant. Il est peut-être sourd ; mais quelle délicatesse, quel instinct, j'allais dire quelle intelligence dans le toucher ! Il s'allonge et se retire, il rentre et il sort à la moindre impression de plaisir ou de danger, de crainte ou de désir ; mais *l'Escargot* a beau enfoncer ses cornes dans sa tête, sa tête dans son cou, son cou dans son manteau, son manteau dans sa coquille, il ne saurait se dérober longtemps à la juste condamnation suspendue sur ses méfaits.

Malgré ses mœurs pacifiques et humbles, l'Escargot ou, si vous aimez mieux, le Colimaçon, est un malfaiteur de nos jardins. Au printemps il s'attaque aux jeunes pousses, à l'automne il s'attaque à nos fruits; il pullule à ce point qu'on peut le ramasser comme des pierres; c'est un gourmet convaincu et vorace qui choisit toujours les bourgeons les plus tendres, les fruits les plus savoureux. Il maraude de préférence la nuit, comme, du reste, la plupart des malfaiteurs.

Petit Escargot des arbres.

Les jardiniers nous débarrassent de ces déprédateurs sournois en répandant autour des plantes attaquées, de la cendre, du sable, de la paille hachée, des coquilles d'huîtres pilées; ces substances excitent au plus haut degré la sécrétion visqueuse de l'Escargot, et ne tardent pas à le faire mourir d'épuisement.

Le Colimaçon est une bête étrange en même temps que nuisible; mutilé, il reproduit avec une facilité étonnante les parties de son corps qui ont été coupées; sa tête même repousse; ce n'est pas le décapité parlant, mais le décapité ressuscitant. « J'ai coupé la tête à des colimaçons, écrivait Voltaire à M. d'Argenson, leur tête est revenue au bout de quinze jours. » Et dans une lettre à Mme du Deffant, Voltaire dit encore : « J'ai peine à en croire mes yeux, je viens de voir des colimaçons, à qui j'avais coupé le cou, manger au bout de trois semaines. »

Plaidons les circonstances atténuantes : l'Escargot est excellent à la maître d'hôtel; à Naples, il fait une noble concurrence au macaroni; en Suisse, on le cultive dans des escargotières; en Champagne et en Bourgogne on appelle les escargots les huîtres de Champagne; dans le traitement des maladies de poitrine, les pâtes et les sirops à base d'escargot jouissent d'une honorable réputation, et pour guérir les rhumes opiniâtres, on recommande le léger et délicat bouillon de colimaçons. Une bête qui depuis les Césars jusqu'aux gourmets de nos jours a fait les délices des connaisseurs, mérite notre indulgence, et nous pouvons bien lui pardonner quelques dégâts, un bourgeon, un fruit, en échange du soulagement qu'elle a procuré à de pauvres malades.

Laissons l'escargot à sa coquille et citons au courant de la plume la *Limace* rampante et nue, semant sa route d'une bave visqueuse, s'attaquant à la verdure la plus tendre, aux fruits les plus beaux. On la cherche, on l'écrase. Citons aussi la *gallinsecte*, si curieuse et si étrange, qui affaiblit nos arbres fruitiers et leur fait comme une maladie de la peau. N'oublions pas enfin ce bandit fameux, le *ver blanc*, larve du hanneton, que nous retrouverons bientôt sur son vaste domaine de destruction : les champs.

Le personnage qui va paraître devant nous est un bien petit criminel si on considère sa taille, un grand coupable si on le juge par l'étendue de ses méfaits. Il s'agit du Puceron.

—

22. — Le Puceron

On ne saurait être plus chétif, mais il s'appelle légion. Regardez cet arbuste ; ils sont là des milliers de *pucerons*, immobiles et serrés, formant comme une tache immense ; on dirait l'innocence en personne, mais avec leur bec avide et pointu, ces petits bandits pompent avec une effroyable avidité le suc des plantes, et se gavent de sève, ce sang de l'arbre. Sous leurs piqûres incessantes,

les feuilles se contournent, se crispent, s'inclinent, lan-
guissent et meurent. Le Puceron est, en même temps
que le fléau de nos arbustes, une curiosité vivante de la
création. Elle est bien étonnante cette petite bête, et bien
digne de notre admiration ; cet infime insecte, qui n'est
autre chose qu'une vessie verdâtre portée sur six jambes
microscopiques, offre une particularité des plus curieuses et des plus rares : pendant tout l'été, la mère pond
des petits vivants, mais, arrivée à l'automne, elle se met
à pondre des œufs. La nature, qui, à ce qu'il paraît,
s'intéresse beaucoup à la race des pucerons, a voulu
que cet insecte fût, selon la saison, ovipare ou vivipare.
Au printemps, les œufs, qui ont passé l'hiver collés aux
branches des plantes, éclosent comme des bourgeons,
et, séance tenante, produisent à leur tour, des petits
vivants. A l'extrémité de son abdomen le Puceron est
muni de deux tubes d'où découle une liqueur miellée
provenant du suc des arbres qu'a pompés l'insecte.

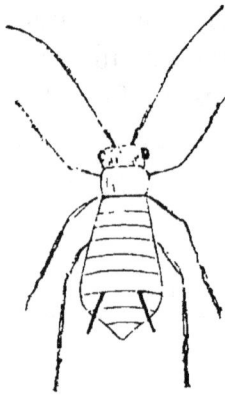
Le Puceron du rosier.
(Très grossi.)

On a cru longtemps que les fourmis
exterminaient le Puceron ; la fourmi est
trop intelligente : elle conserve, au contraire, elle entretient, elle caresse le
puceron, qui est son fournisseur et sa
vache à lait. En effet, les fourmis recherchent ces insectes, les prennent
dans leurs antennes et sucent la liqueur
qui suinte de leurs tubes. Au dire du naturaliste Pizzetta, les fourmis jaunes
font mieux encore : elles enlèvent les
Pucerons et les transportent dans le
voisinage de leur cité, où elles les par-
quent, comme nous faisons des troupeaux, en élevant une
enceinte autour d'eux. Ces Pucerons sont le bétail des
fourmis, qui les surveillent, les soignent et les traient,
pour ainsi dire, à différentes heures du jour. Linné, qui

avait déjà observé ce fait étrange, n'a-t-il pas nommé les Pucerons « les vaches des fourmis » ?

La fécondité du Puceron dépasse toutes les bornes; on a calculé que douze générations de Pucerons se succédaient chaque année, et qu'à la sixième génération dix milliards d'insectes étaient issus d'un seul Puceron. La surface de la terre, pourvue de plantes de toute espèce, se trouverait bientôt métamorphosée en un désert immense par ces infimes insectes, si la nature n'avait très sagement suscité au Puceron des ennemis terribles, des exterminateurs implacables.

L'un est une larve insatiable, qui naît, mange et meurt, qui s'installe au milieu des pucerons comme au sein d'une végétation vivante et les engloutit par centaines dans sa trompe avide. C'est le *ver à trois dards*.

L'autre ennemi acharné des pucerons, c'est l'insecte parfait du ver à trois dards, la gracieuse et sympathique *bête à bon Dieu*, que les savants appellent *coccinelle*. Ce qu'elle croque de pucerons est inimaginable ; les rosiers, les fleurs, les plantes au suc délicat et parfumé

La Coccinelle. (Longueur 0ᵐ 008.)

n'ont pas de protectrice plus puissante et plus dévouée que la coccinelle.

Charmante petite Bête à bon Dieu, je te prends amicalement dans ma main, et tournant quelques feuillets de ce livre, je te place au premier rang des bêtes utiles de nos jardins.

23. — Les Fleurs

Les *Fleurs* sont les sourires de la terre. C'est la parure vivante des champs et des jardins ; c'est le triple écrin du printemps, de l'été et de l'automne qui étincelle aux rayons du soleil.

Faisons ensemble le tour du jardin, le long des parterres, où tout embaume et brille ; où tout est pourpre, velours, satin, panaches roses et collerettes blanches, diadèmes rouges, colliers bleus, corsages éblouissants, tuniques merveilleuses, étoiles ou couronnes odorantes, clochettes d'argent et coupes d'or.

Voici d'abord la reine, la *Rose*, dont le nom seul est presque un parfum ; éclat, beauté, arome incomparable, la Rose a tout pour elle. Autant de variétés, autant de merveilles.

Comment les nommer toutes ? Ici, la *rose à cent feuilles*, majesté imposante ; et là, la *rose pompon*, une enfant. D'un côté, la *rose moussue* s'élance éclatante de son fourreau de velours, mêlant ses délicieux parfums aux délicates senteurs de la *rose-thé* ou de l'antique *rose blanche*, qui revêt à chaque printemps sa robe de fiancée. N'oublions pas la *rose de Bengale*, aux senteurs fugitives et douces, qui s'épanouit, se flétrit et meurt dans l'espace d'une journée.

La Rose, c'est la fleur miraculeuse qui remplit tout à coup le panier royal de sainte Élisabeth de Hongrie ; c'est aussi la fleur que les femmes de Marseille jettent sous les pas de Belsunce. Une rose flétrie pend au corsage de Marie-Antoinette, et la *rose pourpre de Judée* se détache comme une goutte de sang au pied de la croix ; enfin la bergère de Vaucouleurs attache à son épée une rose des champs qui se change en rose d'or dans le bûcher de Jeanne d'Arc.

Voici l'*œillet de poète*, aux fleurs abondantes et pressées comme les pensées d'un cerveau fécond ; on l'a justement appelé « bouquet tout fait » ; n'est-ce pas, en
effet, plusieurs fleurs en une seule ? Les *mignardises*
éblouissantes serpentent le long des allées en guirlandes
de neige. On dirait aussi un ruban de satin blanc qui se
déroule le long des allées. Voici l'*œillet rouge* et ses
variétés innombrables, fleur charmante que le grand
Condé arrosait lui-même de cette main qui gagnait des
batailles.

L'Œillet mignardise.   La Tulipe.

La *tulipe* de pourpre et d'or porte un blason sur sa
robe éclatante ; son calice est fait comme un vase de
Chine ; mais dans ce vase merveilleux la nature a
oublié de laisser tomber une seule goutte de parfum. On
se rappelle qu'aux derniers siècles cette fleur fut, en
Hollande et en Belgique, l'objet d'un enthousiasme quelquefois extravagant. Les Hollandais jouaient sur la
Tulipe comme aujourd'hui on joue à la Bourse, et un
oignon de cette fleur se payait souvent aussi cher qu'un
diamant. Tout le monde connaît l'histoire de cette servante hollandaise qui, prenant pour des oignons ordinaires de précieux oignons de tulipe, en fit une soupe

probablement exécrable, mais qui ne revenait pas à
moins de quinze à vingt mille francs.

Devant nous, le *narcisse* incline sa tige de roseau
comme s'il cherchait à mirer sa tête orgueilleuse dans
une onde imaginaire. Tout le monde sait qu'en revenant
de la chasse le beau Narcisse s'approcha d'une fontaine
pour s'y désaltérer ; tout à coup il aperçut son image
réfléchie par les eaux et s'éprit tellement de sa beauté
qu'il resta comme pétrifié dans sa contemplation. Vénus
l'aperçut, et, voulant éterniser sa grâce, le métamorphosa
en une fleur qui garda le nom du beau chasseur.

Arrêtons-nous devant cette corbeille de *pensées* qui
attire et retient nos regards. Il y en a de toutes les
couleurs, des plus étranges et des plus curieux dessins.
La pensée est la plus expressive des fleurs. A vrai dire,
ce n'est pas une fleur, c'est un visage ; on dirait qu'avec
ses yeux de velours si profonds et si doux elle vous
regarde, vous observe ; on dirait qu'elle pense, qu'elle
se souvient.

Le Narcisse.   La Giroflée.

Rendons en passant un salut de sympathie à ces
belles *giroflées* qui nous envoient leur robuste parfum.
La giroflée d'or est un des premiers sourires du printemps, un des premiers parfums d'avril ; on dirait que

cette fleur n'a pas assez de ses pétales embaumés et qu'elle demande des ailes. Elle escalade les chaumières, grimpe sur les murs et borde les toits de ses rameaux parfumés.

Voici le *lis* majestueux ; il semble dominer le parterre du haut de sa tige superbe et fière. On dit « blanc comme un lis » : c'est l'emblème de la pureté. On raconte que le jour même où il remporta la victoire de Tolbiac et résolut de se faire chrétien, Clovis reçut un lis que lui apporta un ange.

Le lis était la fleur de nos rois. Il se dresse sur les vieilles armoiries et les anciennes bannières; il fleurit notre histoire de France. Le lis est la fleur de Dieu, on le rencontre à chaque page de l'Écriture, il parfume la Bible de ses douces senteurs. Le lis de Nazareth incline sa tête majestueuse sur le lac de Tibériade, et le lis de Josaphat se balance avec mélancolie au milieu des tombeaux des rois.

> Des fleurs je suis la plus petite,
> L'azur du ciel est ma couleur ;
> Du parfum je n'ai le mérite,
> Mais je sais le chemin du cœur.

Le Myosotis.

Qui parle ainsi? c'est le *myosotis*, le *Vergissmein-nicht* des Allemands, le *forget me not* des Anglais. Rien de plus gracieux, de plus délicat, de plus mignon, que sa corolle bleu de ciel, dont les lobes arrondis semblent un feston d'azur autour d'une auréole d'or. Au moindre bruit, au moindre vent le petit « Ne m'oubliez pas » s'agite, et, comme le dit le poète, sa coupe d'or est si mignonne qu'une larme de roitelet la remplirait.

Vous rappelez-vous la légende du myosotis? Deux jeunes fiancés qui devaient être mariés le lendemain se promenaient au coucher du soleil sur les bords du Danube. La jeune fille aperçoit une touffe de myosotis; elle désire l'avoir pour fixer, en la conservant, le souvenir de cette belle soirée; en voulant la cueillir, le fiancé tombe dans le fleuve, et sentant ses forces l'abandonner, oppressé, étouffé par l'eau, il rejette sur le rivage la touffe de fleurs qu'il vient d'arracher, en s'écriant : *Ne m'oubliez pas !* Et il disparaît sous les flots pour toujours.

Le temps nous oblige à interrompre cette promenade à peine commencée; nous ne pouvons même, comme l'abeille, nous arrêter un seul instant à chacune des fleurs qui parent et qui embaument le jardin; mais il me reste le temps de vous dire que ce n'est pas dans ces parterres choisis et cultivés, mais dans les champs, que se trouvent les fleurs que j'aime : la *pervenche* des blés et la *pâquerette* des prairies, le *muguet* des bois dont la perle odorante étincelle au soleil, le *bleuet* rustique et la *violette* de Pâques qui s'épanouit au pied des aubépines, se flétrit et meurt dans la mousse où elle est née.

----

24. — Les Fleurs pauvres

Il en est des fleurs comme des hommes : il se rencontre des familles où les uns ont reçu en partage la beauté, la vigueur, la richesse, la renommée, tandis que les autres, humbles et dédaignés, semblent les victimes de la nature.

Tels sont, dans le monde des plantes, le *mouron* et le *chiendent*, l'*ortie*, le *coquelicot*, la triste *morelle*, la *renouée*, affublée du nom pittoresque de « queue de renard », enfin le *pissenlit* et le *bouton d'or* des prairies; nommons encore le modeste *cerfeuil*. Ce sont là, j'imagine, des plantes assez pauvres et qui n'ont pas fait grand bruit dans le monde ; on les chasse des parterres, on les arrache des jardins comme des plantes grossières qui ne sauraient être reçues dans le monde où sont admirées et choyées leurs fortunées parentes. Comparons ces déshéritées avec les privilégiées de la fortune : le mouron est très proche parent de l'*œillet*, qui est bien certainement une des plus belles et des plus renommées de nos fleurs. Ne jetez point la pierre à l'ortie, elle serait en droit de vous répondre : « J'ai donné mon nom à la famille du *chanvre* précieux, ainsi qu'au *houblon* qui désaltère les peuples du Nord. » Quant au chiendent, il est tout simplement frère du *froment*, qui nourrit les hommes.

L'humble renouée est la sœur ignorée du *sarrasin*, ce blé des contrées stériles. Parmi ses nobles parents, le pissenlit compte les *marguerites*, les *dahlias*, les *immortelles* et les *soleils*. Et le Cerfeuil, tapi modestement dans un coin du jardin, se rattache à la famille aristocratique de l'*anis* et de l'*angélique*.

Le rustique bouton d'or est tout bonnement un petit cousin de la poétique *anémone*, de la blonde *clématite* et de l'éblouissante *pivoine*.

Le Bouton d'or.

Le vulgaire coquelicot est frère du *pavot*, qui ne saurait le renier. Enfin, la morelle aux fleurs ternes, aux baies noirâtres, à l'aspect misérable, est sœur de la *pomme de terre*, cette reine des champs et des jardins.

Fleurs déchues et méprisées, vous rappelez les parents pauvres qu'on rencontre dans les plus opulentes familles, et dont la misère apparaît plus triste encore en face de l'éclatante fortune de leurs fiers alliés.

25. — Les bonnes Plantes

La nature, dit un naturaliste distingué, M. Pizzetta, a prodigué dans notre heureuse patrie une aussi riche moisson de plantes *médicamenteuses* que partout ailleurs, et il est peu de remèdes étrangers que l'on ne puisse remplacer convenablement par les plantes indigènes. Les *simples*, qui poussent partout autour de nous, guérissaient nos pères. Est-ce qu'aujourd'hui elles auraient perdu leur vertu ? Est-ce que nos constitutions seraient devenues plus récalcitrantes ou plus débiles ?

Jetons un regard sur ces richesses naturelles, sur ces bonnes plantes qui sortent du sein de la terre, sous un rayon de soleil, pour notre soulagement, pour notre guérison : voici la *sauge* aromatique dont les vertus toniques fortifient les estomacs délabrés et calment les affections nerveuses ; voilà les pâles *véroniques* aux fleurs bleues, employées contre les irritations de poitrine ; la *valériane*, souveraine contre les maladies nerveuses et les fièvres intermittentes ; l'*épine-vinette*, aux grappes pendantes et dorées, dont le fruit de corail calme les fièvres inflammatoires et combat l'angine ; le *lierre terrestre*, si efficace contre les affections de poitrine.

Nommons aussi la *potentille* printanière, si justement recommandée contre les fièvres intermittentes et l'anémie ; la *pensée* sauvage, dont la racine est un précieux émétique ; et la *coquelourde,* qu'on emploie avec succès contre les maladies dartreuses.

La *moutarde des champs* est un antiscorbutique bien connu, et la *moutarde noire* au sinapisme énergique produit de salutaires effets dans l'hydropisie, l'apoplexie et la paralysie. N'oublions pas le *thym*, la *lavande,* dont les noms seuls répandent comme un parfum délicieux ; tout le monde connaît l'eau de *menthe* et surtout l'eau de *mélisse,* si bienfaisantes dans une foule de cas ; le *sureau* est un sudorifique sans rival ;

La Valériane.

les propriétés de l'*armoise* sont antispasmodiques et toniques ; l'*alléluia* se distingue par ses vertus rafraîchissantes et tempérantes ; les feuilles de la *belladone* réduites en poudre guérissent la coqueluche de l'enfant.

La *violette* donne une tisane adoucissante aux poitrines fatiguées ; tout le monde connaît les vertus de la racine de *guimauve* et la tisane bienfaisante des *quatre fleurs* (1) ; la *verveine* aux jolies fleurs d'un violet pâle est encore aujourd'hui employée soit fraîche , soit bouillie, dans la guérison des douleurs. La *bourrache,* qui porte aussi le nom expressif de *pulmonaire,* la bourrache aux belles fleurs bleues lavées de rose, calme les toux opiniâtres et fatigantes des malheureux poitrinaires.

(1) Ces *quatre fleurs* sont la mauve, le pied-de-chat, le pas-d'âne et le coquelicot.

Dans les maladies des yeux on emploie le *plantain* aux larges feuilles étalées en rosettes, et l'infusion bienfaisante du *bleuet* des champs, qui, en échange de ses services, a reçu le nom vulgaire mais expressif de *casse-lunettes*. Son compagnon des champs, l'éclatant *coquelicot*, doit à la présence d'une petite quantité d'opium qui réside dans sa fleur, d'incontestables qualités pectorales. Terminons cette brillante liste par la *mauve* bienfaisante, qui étale ses fleurs lilas dans le coin de tous les jardins, où elle a sa place marquée et comme sacrée.

C'est ainsi que l'homme se trouve entouré de bonnes et utiles plantes qui semblent lui dire : « Tu n'as qu'à te baisser pour goûter le soulagement que nous t'offrons ; pour cueillir la feuille, la fleur ou la racine qui répond à chaque affection douloureuse dont ton malheureux corps est affligé. » La bonne plante, en effet, n'est-elle pas le remède simple et vrai qui pousse librement à côté du mal, en plein air et en plein soleil ?

26. — Les mauvaises Plantes

Mauvaises plantes, mauvaises herbes se rencontrent partout, envahissent tout, grandissent et poussent à vue d'œil. Des mauvaises plantes qui croissent çà et là, au pied des arbres, autour des légumes, au milieu des fleurs, dans les allées, on remplirait un grenier à foin. Les unes sont des parasites, les autres des inutiles, d'autres de véritables empoisonneuses. La mauvaise plante accapare le sol comme s'il n'appartenait qu'à elle. On dirait que l'air et le soleil n'ont d'autre but que de la faire vivre et prospérer. La mauvaise plante est aussi opiniâtre qu'égoïste et présomptueuse ; on l'arrache, elle revient ; on la coupe, elle repousse.

Voyez-vous cette plante verte et dentelée à la tige conique et creuse? c'est la *ciguë*, empoisonneuse qui se déguise en persil pour tromper son monde; c'est la ciguë qui a causé tant d'erreurs déplorables dans les ménages et qui devint immortelle en associant son nom à la mort de Socrate. La ciguë est la « Brinvilliers (1) » des jardins.

Mais voici une criminelle plus étonnante et plus terrible que la ciguë, c'est la *cuscute*. On dirait un fil de fer qui s'élève en spirale du sol et cherche une plante pour s'y attacher. Ce n'est pas, comme le liseron, le volubilis ou le lierre, un appui qu'elle cherche, un soutien qu'elle implore ; c'est une proie qu'elle enlace, qu'elle suce, qu'elle épuise, qu'elle tue. La cuscute est toute semée de suçoirs avides et cruels qui boivent le suc, qui absorbent la sève de la plante qu'elle parvient à saisir. Trouvant sur cette victime la nourriture dont elle a besoin, la cuscute n'a que faire de ses racines et se détache du sol pour s'adonner tout entière à son œuvre de destruction. Quand la plante qui l'a nourrie succombe, la cuscute abandonne son cadavre et dirige ses crochets vers une nouvelle victime, qui, après avoir nourri de sa sève, j'allais dire de son sang, la plante assassine, périra à son tour; et c'est ainsi que la cuscute, passant de victimes à d'autres victimes, promène la mort autour de son berceau et fait de son voisinage un cimetière. La ciguë empoisonne, la cuscute étouffe.

Dans un coin du jardin, comme un malfaiteur qui se cache, se trouve l'*ortie* brûlante ; elle n'est pas aimable l'ortie, qui semble avoir pris pour devise : Qui s'y frotte, s'y pique. Sa piqûre produit des ampoules immédiates et fait l'effet d'une brûlure. Cueillons une ortie avec toutes les précautions que la prudence exige, et consi-

(1) La **marquise** de *Brinvilliers*, célèbre empoisonneuse, décapitée et brûlée en 1676.

dérons les épines dont ses feuilles sont armées. Une particularité bizarre frappe aussitôt notre regard : comme
les dents de la vipère, ces épines sont placées sur une
petite vésicule remplie d'une liqueur vénéneuse ; épines
et dents se trouvent percées dans toute la longueur d'un
canal délié par lequel le venin s'insinue dans la plaie,
lorsque la dent de la vipère ou l'aiguillon de l'ortie
appuie sur la vésicule par l'effet de la piqûre. L'ortie,
c'est le reptile des plantes.

Le *chiendent* a le grand défaut d'envahir tout le jardin, il n'y a de place que pour lui ; c'est plutôt un importun qu'un malfaiteur ; mais si on le laissait faire, il
transformerait le potager en prairie et s'étalerait à la
place des bonnes plantes qui nous nourrissent. Le chiendent n'empoisonne pas, il rafraîchit, et il jouit d'une
excellente réputation en médecine ; mais ce n'est point
une raison pour accaparer les jardins et pousser de
toutes parts comme si l'univers entier avait besoin d'être
inondé de tisane !

L'Aconit tue-chien.

N'oublions pas la *renoncule*,
qui entr'ouvre au soleil sa coupe
dorée. Qu'y a-t-il de plus brillant et de plus frais, de plus
éclatant, de plus riant que le
bouton d'or ? La famille de ces
renoncules est nombreuse, mais
peu estimée ; n'ont-elles pas
reçu du peuple des noms infa-
mants qui attestent, malgré leur
fraîcheur et leur éclat, leur propriété funeste ? On les appelle :
*renoncule âcre, renoncule brû-
lante, renoncule scélérate, tue-
chien.* — Les plantes exigent peut-être encore plus que
les animaux que nous les jugions avec prudence et discré-
tion ; les connaissons-nous assez bien pour les louer, les

absoudre ou les condamner ? Combien de plantes son
à la fois utiles et nuisibles, et peuvent être considérées
sous une face comme herbe de mal, et sous l'autre
comme herbe de bien !

LES ARBRES DU JARDIN

27. — Le Poirier

Le *Poirier* est un arbre très souple, accessible à l'éducation.

Il se déploie en éventail, s'arrondit en corbeille, se
dresse en girandole, s'allonge en guirlande, se penche
en saule pleureur, se relève en panache, se creuse en
vase merveilleux. L'horticulteur en fait ce qu'il veut.

Étranges et patients dans leurs travaux, les jardiniers
chinois, par un tour de force qui plaît à leur génie, rapetis-
sent pendant des années des poiriers nains à la hauteur
d'une fleur, et ils sont très fiers d'amoindrir ainsi la
nature, qu'ils mettent à la fois sous globe et dans un
pot !

Le Poirier est par excellence un arbre de jardin, de
maison, un peu plus j'allais dire un arbre de famille.

Il y a quelques années, un instituteur des Ardennes,
M. Guérin, eut l'idée d'établir autour de son école des
jardinets dont la culture est répartie entre les élèves
comme récompense de leurs travaux.

Ils plantent des poiriers et des pommiers qu'ils gref-
fent sous la direction du maître et qui leur sont distri-
bués ensuite en guise de prix.

Ce prix d'un nouveau genre, transplanté dans le jardin paternel, sera soigné avec amour et grandira avec l'enfant ; ce sera, pour ainsi dire, un compagnon et un ami, un souvenir toujours vivant, toujours présent de sa jeunesse studieuse. Homme, il le montrera un jour à ses enfants, et son émotion se renouvellera toute la vie avec les fruits de chaque automne et les fleurs de chaque printemps.

La *poire* est peut-être le premier de nos fruits. Elle est la souveraine de nos vergers par la variété de ses espèces, par la finesse et la diversité de son parfum, par sa beauté, par sa durée, par la délicatesse de sa chair.

Si l'on demande aux habitants des zones lointaines quel est le roi de nos fruits, ils répondent : La poire.

Figues, pêches, abricots, cerises et prunes, framboises, groseilles, tout passe et vit, non pas comme la rose, l'espace d'un matin, mais l'espace d'une saison.

La poire dure et se conserve ; elle passe les hivers et les printemps, elle atteint les étés, elle est, avec la pomme, toujours verte et fraîche, le dessert des saisons qui n'en ont plus.

Les *duchesses* et les *bergamotes*, les *beurrés d'Apremont*, *de Rance* et *de Bretonneau*, les *délices de Lœwenjoul*, les *Laurence*, les *Wurtemberg*, les *beurrés Benoît*, les *beurrés d'Angleterre* et les *beurrés d'automne*, les *Dum* ou *Dumortier*, les *Saint-Germain*, les *Grand-Soleil*, les *doyennés de juillet* et les *doyennés Goubault*, les *Colmar de Mons*, les *Sylvange*, sont le dessus du panier, l'élite et l'aristocratie des poires, la fine fleur des vergers.

Mais combien la variété des poires s'étend au delà de ces maîtresses espèces !

Dans le Périgord et l'Agenais, on greffe sur les tiges des haies d'humbles poiriers portant de petites poires qui sont des naines, comme la *poire de Catillac* est une géante. Cuite, cette poire, vermeille comme le sang, est un dessert exquis.

On ne peut pas assigner à la Poire une contrée de prédilection comme au chasselas, à la prune, à la figue, à la pêche, aux cerises. Pour être belle et savoureuse, elle ne demande qu'un mur pour s'abriter, un rayon de soleil pour se dorer.

———

28. – Le Prunier

Cet arbre est un peu revêche et capricieux ; il a l'écorce brune, le feuillage sombre, les rameaux indépendants, je ne sais quoi de poétiquement sauvage et d'agréablement rebelle.

Le *Prunier* est un type et un caractère. On fait du pommier une boule, du poirier un cul-de-lampe, du pêcher un éventail, du cerisier une coupole, de la vigne ce que l'on veut : une voûte, une guirlande, un abri. Le cyprès s'élève en pain de sucre, se creuse en cuvette, s'arrondit en sphère, se sculpte et se contourne en rosace. Le Prunier, lui, n'est pas de ces plantes dociles et complaisantes. Il n'a jamais sacrifié ses fantaisies à la scie et aux ciseaux du jardinier. Le Prunier est entêté ; qu'il vous arrive de couper une branche réfractaire, aussitôt il poussera une branche folle Mais cette branche, un jour, se parera librement de mirabelles ou de reines-Claude ambrées.

Du bois de prunier on ne fait guère, je crois, que des bâtons de voyage et du feu.

Mais la *Prune !* la Prune est le vrai fruit de l'été ; elle arrive quand la fraise se fane et quand la framboise desséchée s'enviolette comme un visage mourant.

La Prune est italienne. Elle serait née, dit-on, sur les

7.

pentes ensoleillées des Apennins. En Italie, le Prunier fraternise avec la vigne, se fait gaiement une ceinture de pampres et un diadème de raisins. Mais les meilleures prunes sont celles de France, et César ne leur ménagea pas ses louanges quand il vint de sa main conquérante secouer les Pruniers de notre vieille Gaule.

La *reine-Claude*, aux rousseurs appétissantes, au parfum délicieux ; la *mirabelle*, globe d'or ; la *prune de Monsieur*, brune piquante, à la peau veloutée, sont les plus renommées, les plus estimées de nos Prunes.

La mirabelle abonde dans la Corrèze et le Quercy, d'où elle nous arrive dans de gigantesques paniers. La prune de Monsieur se récolte dans le Bourbonnais, dans le Berry, surtout dans le Lot-et-Garonne. La reine-Claude, la plus délicate et la plus parfumée des prunes, fait ployer les rameaux de la Touraine et de l'Anjou.

La reine-Claude a les honneurs du bocal. Le bocal, c'est sa statue.

La mirabelle est sans rivale pour les confitures. C'est à cette Prune que nous devons ces tartines onctueuses et dorées qui s'étendent comme un rayon de soleil sur notre pain d'hiver, et nous rappellent juillet en décembre. La mirabelle est un velours pour le palais et de l'or pour les yeux.

Marmande, Agen, Nérac, sont par excellence des pays à prunes. C'est la prune de Monsieur qui domine dans ces plaines incomparables, verger immense qu'arrose la Garonne et qu'illumine le soleil du Midi. Après la cueillette, les toits des villages disparaissent sous des claies allongées qui ressemblent à des berceaux. C'est là que sèchent en plein air les pruneaux d'Agen.

Dans le Midi, on confectionne de charmants et délicieux gâteaux aux prunes, où l'or foncé des reines-Claude se détache en cascades parfumées sur l'or clair du maïs.

C'est de l'Agenais, de la Touraine et du Languedoc

qu'arrivent à pleins sacs, à pleins barils, dans les épice-
ries parisiennes, ces Prunes sèches, si rafraîchissantes,
si saines, si précieuses en hiver, régal économique des
petits ménages et dessert classique des convalescents.

---

29. — L'Amandier

D'où nous vient cet arbre délicat ? quelle est la patrie
de la verte *amande* ? Au dire des uns, la Perse ; selon
les autres, la Grèce ou la Sicile.

Qu'importe son berceau pourvu que de ses rameaux
légers elle tombe dans notre assiette, qu'elle étale sur
la nappe blanche sa robe de velours vert entre l'or des
pêches et la pourpre des framboises?

L'Amande est la sensitive des fruits. Sa fleur est la
plus fragile des fleurs. Le moindre vent la fait tomber,
le moindre froid la fait mourir. Sur les bords de la
Seine, il lui faut un petit coin ensoleillé, un toit comme
ombrelle, un mur comme paravent.

Juillet est le mois des amandes comme juin est le
mois des roses : elles nous arrivent de la Touraine et de
l'Anjou, ces vergers de la France.

La Provence et l'Agenais nous envoient aussi beaucoup
d'amandes, les unes énormes, mais un peu fades ; les
autres petites et parfumées : dans les petites coquilles
les bonnes amandes !

Mais c'est surtout dans les tièdes vallées du Roussillon
que fleurit l'amandier. Au printemps, l'air en est parfumé, les chemins en sont tout blancs. Quand le vent
souffle dans les Pyrénées, les fleurs se détachent et
voltigent dans l'air comme des nuées de papillons
blancs, teintés de rose..... Ce sont, hélas! des amandes
qui s'envolent.....

Chaque fruit a, comme chaque fleur, une physionomie, un aspect, qui lui est propre.

Ronde et trapue, la pomme me fait songer à la robuste taille d'un fermière normande. La cerise aux vives couleurs est comme une riante villageoise au teint vermeil. La châtaigne et la noix sont de bonnes paysannes un peu revêches ; la poire est une bourgeoise qui trône sur son espalier avec des airs de duchesse, et la petite fraise des bois me rappelle les bergères de Florian ; avec sa robe de bure, la nèfle me représente la femme des champs en robe de droguet ; la noisette est une fillette rustique, mais coquette, brodant son habit marron de festons verts… L'Amande, elle, est une fille de famille, une élégante demoiselle cachant sa peau de satin sous une tunique vert pâle.

L'Amande n'est pas seulement un fruit des plus fins, un dessert des plus délicats ; de sa pâte savoureuse on fait des gâteaux exquis, de son lait un breuvage délicieux. Son huile est la plus douce des huiles.

Enfin quand l'automne a rejoint le printemps dans la nuit des saisons, l'Amande desséchée, mais toujours bonne, apparaît sur la table entre la figue de Marseille, le raisin de Corinthe et la noisette des bois.

Parfois on trouve deux amandes dans la même coquille pointillée, couleur d'ambre. La découverte de ces jumelles donne lieu à un jeu que connaissent tous les enfants.

Si la personne à laquelle vous aurez donné l'une de ces deux amandes vous dit la première : *Philippina*, en vous rencontrant le lendemain, vous lui devez un cadeau ; et, dans le cas contraire, c'est à vous que le cadeau est dû.

Philippina ! A ce nom un terrible souvenir d'enfance vient encore aujourd'hui attrister mon âme.

C'était un soir d'automne, nous dînions en famille ; on nous servit des amandes, de belles amandes vertes, dont ma grande sœur Helène, depuis longtemps malade, était très friande.

Dans la même coquille elle trouva deux amandes, deux sœurs si étroitement unies qu'elles ne faisaient qu'*un* comme deux cœurs qui s'aiment. *Philippina !* s'écria-t-elle avec un pâle sourire, et elle me passa l'une des amandes, que je croquai.

Le lendemain, je croyais bien la surprendre et gagner le cadeau d'usage..... D'un pas furtif j'entrai dans sa chambre et je m'écriai joyeusement : *Philippina !*

Un sanglot me répondit. Auprès de ma pauvre Hélène, morte à vingt ans, notre mère pleurait.

30. — Le Figuier

Le *Figuier* est un arbre de l'Orient, un bel arbre, au feuillage étrange, largement découpé, ressemblant à quelque main de géant.

Si, au grand Figuier de l'Inde, on compare notre Figuier de la Provence ou du Languedoc, ce dernier n'est qu'un arbuste de serre, un nain.

Il produit pourtant des fruits délicieux : parlons d'abord de la Figue.

La Touraine et l'Agenais ont leurs prunes incomparables, Montmorency a ses cerises, Fontainebleau ses chasselas, le Berry ses noisettes, l'Anjou ses poires, le Roussillon ses abricots, la Provence a ses figues.

La figue de Marseille est aussi célèbre et meilleure peut-être que la figue de Smyrne.

Le nord de la France est fier des figues d'Argenteuil : elles sont bonnes et prodigieusement belles quand elles parviennent à bien mûrir. C'est une espèce à part, très grosse et d'un beau violet foncé.

Cultivée sur une grande échelle, on la cueille en abondance; la chair en est sanguine, d'une saveur un peu douceâtre; il ne faut la manger que très mûre, quand elle se crevasse, laissant suinter des gouttes roses et sucrées.

A cause de sa grosseur et de son admirable couleur, c'est de toutes les figues celle qui fait le plus d'effet dans une corbeille. On dirait un fruit peint par Jordaens.

Depuis quelques années, la culture du Figuier prend d'énormes proportions dans les environs d'Argenteuil. Le sol lui convient à merveille, mais le soleil des bords de la Seine n'est plus celui de la Garonne et de l'Adour. La figue du Languedoc et des Pyrénées a un parfum énergique et un goût suave que la belle figue d'Argenteuil ne connaîtra jamais.

La figue blanche de la Touraine et de l'Anjou est longue et flasque, d'une saveur légèrement écœurante.

La Dordogne et l'Agenais, si riches en fruits délicieux, possèdent une petite figue ronde et trapue, pas plus grosse qu'un marron : c'est la *figue muscat;* elle a tout à fait le goût du raisin de ce nom. Les abeilles l'apprécient beaucoup, les gens aussi. Rien de plus exquis et de plus fin que cette miniature de figue, c'est une dragée dans la bouche, un fondant, un parfum.

Je ne veux point médire des figues de Provence : fraîches, elles sont trop sucrées ; sèches, c'est une perfection.

Je noterai en passant que les figues les plus délicates et aussi les plus chères, les figues de Smyrne, si fameuses et si recherchées, nous viennent le plus souvent de Marseille; je crois même que Marseille envoie des figues à Smyrne. Est-ce que Grasse, Orange, n'expédient pas leurs parfums en Orient? Est-ce que les soieries de Lyon n'habillent pas les monarques indiens et les mandarins chinois? Est-ce que les lames de Châtellerault n'encombrent pas les bazars de Damas? Qu'il est vieilli, ce pauvre Orient! arts, sciences, poésie, religions, tout nous vient de lui ; aujourd'hui, nous lui apportons à notre tour la civilisation, il nous envoie la peste!

Le Figuier.

Je reviens à mes figues.

Le Figuier est l'arbre de la Bible ; toutes les saintes Écritures sont bordées de figuiers : c'est aux branches d'un figuier que s'accroche la chevelure d'Absalon, et c'est avec le lait des feuilles de figuier que Jérémie guérit les lépreux. C'est encore à l'ombre d'un figuier que se repose la mère de Jésus fuyant la colère d'Hérode.

Quand la fille des Pharaons tient dans ses mains la corbeille d'osier, berceau fragile de Moïse sauvé des eaux, elle le dépose à l'ombre d'un figuier.

Un figuier énorme ombrage de ses rameaux la citerne où Joseph est jeté par ses frères.

Le Figuier, est dit-on, un emblème de malédiction, et je citerai ces vers injustes que ma mémoire d'enfant n'a point oubliés :

> Un matin, peu de jours avant son agonie,
> Jésus, suivi des siens, sortait de Béthanie,
> Et la faim le pressant, il chercha de la main
> Aux branches d'un figuier planté sur son chemin ;
> Aucun fruit ne parut ; alors la voix divine
> Maudit l'arbre trompeur jusque dans sa racine ;
> Et Simon, au retour, s'en étant approché,
> Vit qu'au courroux du Maître il s'était desséché.

Ah! ne parlez pas du courroux de Jésus! est-ce que celui qui était tout pardon et tout amour, qui disait : « Aimez votre prochain comme vous-même, et ne faites pas aux autres ce que vous ne voudriez pas qu'il vous fût fait, » aurait pu maudire un pauvre arbre, un malheureux figuier, dont les fruits, peut-être, venaient d'être cueillis ?

Ne préférez-vous pas cette légende :

Agar, chassée dans le désert, errante, exténuée, arrive au pied d'un Figuier et s'assied à son ombre, son petit Ismaël dans les bras. La mère a soif, l'enfant a faim ; mais le sein d'Agar est tari ; alors la fugitive, saisissant un rameau pour cueillir une figue, casse une feuille de l'arbre, et il en coule aussitôt des gouttes de lait qui désaltèrent son enfant. Et c'est depuis cette époque que la feuille du Figuier recèle des gouttes de lait.

31. — Le Buis

Malgré son feuillage sombre et ses senteurs amères, le *Buis* est original et sympathique.

Dans les jardins, il s'allonge en bordures gracieuses et toujours vertes, dessinant de capricieuses arabesques dans les corbeilles, formant des rosaces et des couronnes, ou décrivant les lettres de l'alphabet au milieu des narcisses et des giroflées.

On le tond comme un gazon ; on lui donne la forme d'un pain de sucre, d'une boule ou d'un chapeau ; il se dresse en pyramide, se creuse en plat à barbe et se recourbe en berceau.

Quand tout est gris, terne, jauni, il brille par son feuillage éternellement printanier. Quand tout semble mort, il est vivant.

Dans les forêts, le Buis n'est plus une plante docile et naine, c'est un arbuste aux branches capricieuses semées de petites feuilles brillantes et vernissées.

Le Buis est un des bois les plus durs de la forêt ; il brave les intempéries les plus meurtrières, et son rameau léger résiste aux froids du Nord. Ce n'est pas à dire que le Buis ne soit pas aussi une plante du Midi : en Corse, en Sardaigne et surtout dans les Baléares, il forme des forêts aux âcres senteurs.

Du bois de cet arbuste on fait des ustensiles de cuisine, des peignes, des toupies, des fifres, des bilboquets.

Le Buis est un arbrisseau très chrétien, le rameau de buis est la palme des pays d'Occident. Quand Jésus, huit jours avant la Pâque, entre triomphalement dans Jérusalem, on jette sous ses pas des rameaux de buis et des branches de palmier.

Et quand le Galiléen expire sur la croix, son dernier

souffle vient s'éteindre sur les buis du Calvaire. Au
même instant, le feuillage de l'arbrisseau, frémissant
d'horreur, devient à la fois sombre et luisant comme
s'il était mouillé de larmes, et depuis ce temps- là, le
Buis, ami des lieux incultes et solitaires, incline sur les
tombes ses rameaux toujours verts, triple symbole de
douleur, d'espérance et d'immortalité!

Mais le Buis est aussi un symbole de triomphe et d'allégresse. Quand vient Pâques fleuries, ce sont des avalanches de rameaux dans les églises et dans les villes,
autour des autels et devant la porte des sanctuaires. On
dirait des forêts ambulantes dont les fidèles emportent
des brassées à la maison.

A la campagne, les chaumières, les granges et les
bergeries ont une croix de buis clouée au-dessus des
portes ; on verdoie les christs et les alcôves après avoir
jeté pieusement dans l'âtre les rameaux de l'an passé,
qui pétillent dans la flamme et se changent en rameaux
d'or !

Dans la poétique Bretagne, l'aïeule garde dans un coin
de son armoire en chêne ces reliques des bois, qui pré-
servent de la grêle et du tonnerre ; et elle compte les
années de sa vie par ces rameaux desséchés de Pâques
fleuries qu'une main hésitante d'enfant mettra, au jour
de sa mort, dans son cercueil. Et la légende ajoute,
qu'une fois l'an, le jour des Rameaux, la branche flétrie
redevient aussi verte que l'herbe des prés.

32. — L'If

S'il y a dans la nature un arbre obéissant, vraiment docile et souple, c'est bien l'If.

Il se tond comme une pelouse, se taille comme une chevelure, prend sous la main souveraine de l'homme les formes les plus variées, les plus gracieuses, les plus compliquées, les plus étranges.

C'est l'arbre Protée. Mais il ne change que de forme ; sa couleur est toujours verte.

Tout le monde connaît les aspects bizarres et variés que l'If prend si docilement sous les ciseaux du jardinier.

A vrai dire, je goûte peu ces mutilations, quelque ingénieuses qu'elles puissent être ; cet If n'est plus un arbre, c'est un phénomène et un jouet, un défi, un tour de force.

Je me souviens d'un if très curieux qui, certes, était bien le plus bel édifice et la plus grande curiosité de mon village. Cet arbuste appartenait à un vieux sergent de la Grande Armée, qui le taillait avec amour, je pourrais dire avec patriotisme, car cet if représentait la tête de l'empereur coiffé du chapeau légendaire. De face, c'était presque cela ; mais de profil le chapeau impérial ressemblait à une casserole, ce qui humiliait cruellement le vieux soldat.

Quand venait le printemps, sans le moindre respect pour le vainqueur des Pyramides, les enfants du village s'en allaient dénicher les merles et les fauvettes dans le petit chapeau, que dis-je ? dans la tête même du héros d'Austerlitz.

L'If est le symbole de la tristesse ; ce n'est pas, en effet, un arbre très gai. Il en est de même des autres arbres toujours verts.

Quand j'observe un grand sapin sur la montagne, il me fait l'effet d'un vieillard oublié par la mort et condamné à un semblant de vie à perpétuité.

Cette sombre verdure porte comme un crêpe ; cet ombrage est glacé comme celui des tombeaux.

Pour l'arbre toujours vert, il n'y a ni réveil ni printemps ; vous me dites qu'il est toujours vivant sous sa verdure éternelle : il me semble toujours mort. Comme le saule est plus expressif ! A chaque printemps il reverdit, il frémit, il vit, il pleure avec ses grandes branches qui tombent comme des larmes.

L'If est sec et froid. C'est une douleur revêche, un deuil de commande.

Ne vous figurez pas que l'If soit toujours un arbuste de jardin, rapetissé à plaisir par l'inspiration du jardinier, qui croit peut-être embellir la nature en la contrariant et faire grand en faisant petit. Il y a dans l'If l'étoffe d'un colosse. Chez certaines espèces cet arbre devient un géant qui peut se mesurer avec les chênes et les ormeaux.

Dans le cimetière de la Haye-de-Routot, dans l'Eure, existaient encore, en 1830, deux ifs énormes qui ombrageaient le champ des morts et une partie de l'église. Une violente tempête brisa leurs branches plusieurs fois séculaires. Malgré cette mutilation, les deux vieillards continuent à verdir. Leurs troncs entièrement creusés mesurent l'un et l'autre neuf mètres de circonférence. Leur âge est estimé à quatorze cents ans.

III

LA FERME

A la Maison et au Jardin correspondent la Ferme et les Champs.

La *Ferme* est une maison rustique et agrandie. C'est un foyer doublé d'une sorte d'atelier campagnard, d'une usine en plein vent.

La Ferme est tout un monde : étables, écuries, greniers, bergeries, colombiers, basses-cours. Ici, un musée champêtre et vraiment souverain de machines et d'outils agricoles : faux, socs, charrues, moissonneuses, faucheuses et vanneuses ; là, les infatigables et dévoués auxiliaires de l'homme : le bœuf, ce roi des travailleurs, le premier des garçons de ferme ; la vache, cette mère féconde plus utile et plus précieuse encore que le bœuf ; le taureau, maître et parfois tyran des herbages ; l'âne, ce grand patient, ce résigné, ce portefaix admirable, fait de sobriété et de vigueur ; la chèvre, qui est tout le bétail des pauvres gens ; le cochon, cette ressource alimentaire de premier ordre.

Des étables passons dans la basse-cour. Ici, tout s'agite et tout crie, tout roucoule, tout glousse, tout nasille, tout cancane, tout gémit, tout chante. C'est un concert rustique et joyeux qui retentit comme un hymne à la vie et au travail. Oies, canards, pintades, dindons, tout ce monde entonne son refrain ou raconte ses impressions à la fois, tandis que, veillant sur la poule, reine de la Ferme, le coq, fièrement campé sur son fumier, agite sa crête vermeille en faisant retentir les échos du bruit de son clairon.

A la ferme comme à la maison, nous retrouvons le chien intelligent et fidèle ; mais ici son domaine est plus étendu, son rôle plus élevé ; ce n'est plus un simple concierge. A ses fonctions de gardien incorruptible il ajoute la charge délicate de garde champêtre.

A la ferme comme à la maison, il se glisse sournoisement des malfaiteurs et des bandits : c'est le renard, la fouine, la belette, carnassiers insatiables et hardis qui viennent, à la faveur des ténèbres, ensanglanter les étables et les semer de cadavres.

Les portes de la Ferme nous sont ouvertes, entrons.

1. — La Vache

La *Vache* est comme une terre vivante et féconde, toujours en train de produire.

C'est l'*Alma parens* (1) des campagnes. Par son lait, ses fromages, la chair exquise de son veau, la Vache est encore plus précieuse et plus utile que le bœuf lui-même.

On pourrait symboliser la Vache par une corne d'abondance versant des ruisseaux de lait, des cascades de beurre et des avalanches de fromages.

La Vache.

Faire l'histoire de la Vache serait faire l'histoire des fromages innombrables qui défilent sur nos tables , l'histoire du beurre, l'histoire du lait. Il faudrait écrire un volume.

(1 *Alma parens*, mère bienfaisante.

C'est une simple page que nous consacrons à cette bonne mère des étables, comme autrefois en Normandie, au jour de la Saint-Jean, le fermier attachait à la corne de sa vache un bouquet de fleurs des prés.

La Vache est souvent la ressource unique et toute la fortune des petites gens ; c'est le lait qui nourrit les enfants, c'est le beurre qui assaisonne les légumes du jardinet, c'est le veau qu'on n'immolera pas dans un repas de famille, car il n'y a pas d'enfant prodigue aux champs, mais qu'on vendra un jour pour payer le maître.

C'est, en effet, par le prolétaire des champs et non pour lui que jaunissent les moissons, que grandit, engraisse, que multiplie le bétail; n'y a-t-il pas dans ce monde comme une dîme éternelle que ceux-ci prélèvent sur ceux-là ?

Bien qu'elle ne soit pas aussi forte que le bœuf, la Vache le remplace souvent à la charrue. Mais lorsqu'on l'emploie à cet usage, il faut avoir soin de l'assortir avec une autre vache ou bien avec un bœuf de sa force et de sa taille, afin de conserver l'égalité du trait et l'équilibre du soc entre ces deux puissances. Moins elles sont inégales, moins la bête fatigue, et plus le labour de la terre est régulier.

La Vache est une mère aussi tendre que féconde, et de ses mamelles bénies il coule assez de lait pour ses petits et pour nos enfants.

C'est un curieux spectacle que de voir dans les herbages une vache se faire joyeuse et fringante pour jouer avec son veau. Elle redevient jeune, elle redevient enfant, court, bondit, cabriole, et dans une caresse maternelle enveloppe de sa langue le museau de son petit. Et le petit veau qui, avec sa tête étonnée et naïve, a l'air de sortir d'une boîte à surprise, provoque avec une grâce câline son excellente mère à de nouveaux jeux.

Au pied des Andes, dans l'Amérique du Sud, la Vache et son petit ont souvent à lutter contre un ennemi terrible, le grand condor des Cordillères ; ces gigantesques vautours descendent des pics glacés et s'abattent comme un seul oiseau de proie dans l'immense prairie.

Aussitôt ils forment autour de la Vache et de son veau un cercle pressé et menaçant : agitant leurs grandes ailes comme des manteaux, tordant leur cou de reptile et balançant leur tête chauve, ils s'avancent, ailes contre ailes, tête contre tête, l'œil brillant, le bec ouvert. Et le cercle infernal va toujours se rétrécissant. Si la Vache tremble, c'est surtout pour son petit, que convoitent les bandits de l'air.

Soudain, faisant appel à tout son courage, à tout son dévouement, la tête baissée et la corne en avant, elle s'élance sur les vautours, faisant une brèche, frayant à son veau la route du salut. Puis, affolée, elle court dans les vastes prairies, s'arrête, se retourne, regarde.

Elle se trouve seule ; où est son enfant ? aussitôt elle reprend sa course et retourne au lieu du combat.

Ce qu'elle voit, ce n'est pas son veau, c'est une colline de plumes, une pyramide d'oiseaux aux griffes ensanglantées, aux becs sordides et crochus se disputant des lambeaux de chair. Son petit n'est même plus un cadavre, c'est un squelette.

Souvent il arrive qu'on met à la charrue ou au charroi la vache qui doit être mère. Sa place doit être au milieu des plus gras pâturages. Ce n'est pas le joug et l'aiguillon qui conviennent à cette nourrice de demain, ce sont des soins que demande cette bonne mère de famille, qui comble de fricandeaux l'humanité et l'arrose de torrents de lait.

2. — Le Taureau

Par sa vigueur et sa majesté, le *Taureau* est à la fois l'ornement et la terreur des prairies. La nature a fait cet animal indocile et fier ; son attitude superbe et farouche n'est qu'une menace ou un défi.

Le Taureau est la mauvaise tête des étables ; il a, comme on dit, la corne près du bonnet. Il devient souvent indomptable, et c'est alors un furieux doublé d'un hercule. Un troupeau de taureaux serait une troupe effrénée que l'homme ne pourrait ni dompter ni conduire.

Avec de la patience et des soins, on peut soumettre le Taureau au travail, mais on n'est jamais sûr de son obéissance, et toujours il faut se tenir en garde contre ses caprices sauvages et les écarts de sa force prodigieuse. C'est un animal hardi qu'un rien excite, que rien n'arrête ; dans le Bengale, il s'attaque aux tigres ; dans le Paraguay, il tient tête aux jaguars, qu'il bouscule de sa corne puissante, qu'il foule sous son pied d'airain.

Le Taureau ne règne pas seulement dans les prairies, ce n'est pas seulement le roi des herbages, c'est aussi un vaillant athlète qui lutte dans les cirques.

Ce n'est même pas dans les calmes pâturages de la Touraine ou de la Normandie que le Taureau déploie toute sa majesté sauvage, sa beauté farouche et souveraine, c'est dans l'arène. De tout temps, le Taureau puissant et furieux a été l'animal acclamé des cirques ; quelques pays encore, l'Espagne, l'Italie, l'Amérique du Sud, se pressent avec une volupté barbare aux courses de taureaux, et quand le superbe animal, l'œil en feu le corps chargé de sueur et d'écume, la peau hérissée de flèches, tombe mourant au milieu de l'arène, ce sont des applaudissements frénétiques, des transports de joie, une rage d'enthousiasme.

Peu à peu la civilisation, arrêtant ces jeux cruels, a fermé d'une main humaine ces cirques où le sang de l'homme se mêlait à celui de la bête.

Jadis, à la naissance du christianisme, ce n'étaient pas seulement des fauves qui combattaient dans l'arène pour le plaisir des peuples en décadence criant avec fureur : *Panem et circences*, Du pain et des jeux ! au tigre cruel, au taureau furieux, on jetait des chrétiens, des martyrs. Et du haut des gradins, la foule frémissante applaudissait comme à une victoire lorsqu'un apôtre ou un saint tombait déchiré par les lions, ou broyé sous les pieds d'un taureau sauvage.

Mais au milieu de ces carnages de fête, sur ces débris de chair fumante et d'os sanglants, s'élevait la croix lumineuse et triomphante de Jésus, guidant les martyrs qui passaient par le cirque pour s'acheminer vers le ciel.

3. — Le Bœuf

Le *Bœuf* est le roi des champs ; c'est l'hercule et le géant des étables, enfin c'est l'idéal du travailleur.

Le Bœuf est la base de la richesse et de l'alimentation publique, c'est le pivot vivant autour duquel tournent tous les travaux des campagnes.

Le Bœuf est un grand civilisateur, et le sillon que trace sa charrue est comme une longue traînée d'opulence et de progrès.

Supprimez du monde le Bœuf et sa charrue, les fauves et les reptiles, les ronces et les buissons couvriront nos champs arides, et la maladie, la barbarie, la misère envahiront nos campagnes désolées.

A sa force prodigieuse le Bœuf joint la patience et la soumission ; c'est un hercule résigné, un ouvrier infatigable, dont la devise se résume en ce seul mot : travail.

Le Bœuf est né laboureur ; son front robuste est fait pour le joug, sa jambe courte et son pas lent pour le sillon, la masse de son corps pour la charrue.

Je sais bien que dans beaucoup de pays on emploie le cheval à tirer la charrue ; mais pour ce travail ses jambes sont trop hautes, ses mouvements trop brusques et trop grands ; le cheval s'impatiente, se rebute ; ce n'est plus la patience éternelle du Bœuf, la régularité mathématique de son pas.

L'espèce de nos bœufs semble originaire de nos climats tempérés ; la grande chaleur les incommode autant que le froid excessif ; d'ailleurs, ils ne se trouvent que rarement dans les pays méridionaux.

Les bœufs qu'on rencontre au cap de Bonne-Espérance et dans plusieurs contrées de l'Amérique y furent transportés d'Europe par les Hollandais et les Espagnols.

Pour accoutumer le Bœuf à porter le joug, il faut s'y prendre de bonne heure en employant la patience, la douceur, les caresses ; la force et les mauvais traitements ne serviraient qu'à le rebuter pour toujours.

Bœufs traçant leur sillon.

Je ne connais guère de plus beau spectacle que celui d'une paire de bœufs traçant leur sillon par une belle journée d'automne. Debout, son aiguillon à la main, le laboureur entonne un air rustique et lent, tandis que la charrue fend le sol, que les bœufs avancent, le mufle chargé d'écume et les naseaux fumants. Les petits oiseaux du ciel, mésanges et bergeronnettes, volant autour de la charrue, font à la grosse tête des bœufs comme une auréole mobile et gazouillante.

Les anciens faisaient leurs délices de l'agriculture et mettaient leur gloire à labourer eux-mêmes. Que de grands hommes, que d'illustres citoyens les honneurs sont venus surprendre au milieu des travaux des champs ! J'estime que la charrue de Cincinnatus vaut bien la toge de Cicéron ou l'épée de César.

Aujourd'hui les champs sont délaissés pour l'arène politique et le péristyle de la Bourse.

Ce n'est plus à la vénérable et féconde agriculture qu'on demande la célébrité ou l'aisance, c'est de la politique et de l'agiotage qu'on exige la fortune.

Le Bœuf est une carrière de chair ; avec un bœuf, on régalerait une tribu, on ferait dîner un village. Tout est bon, substantiel, abondant dans ce colosse. Le Bœuf est la baleine des animaux de boucherie.

Lorsqu'après toute une vie de labeur, d'aiguillon et de joug, il arrive au bout de son dernier sillon, on l'engraisse et on l'assomme ; au joug succède la massue ; aux herbages, l'abattoir ; à l'étable, la mort.

Le Bœuf tombe pour ne plus se relever.

Regardez ce cadavre, mesurez cette masse ; pour vous peut-être ce ne sont que des entrecôtes et des aloyaux ; non ! c'est le Bœuf, l'honneur et la richesse des champs ; c'est le Bœuf, le roi du bétail, la force de l'agriculture, la base de l'opulence des étables ; c'est le Bœuf, enfin, ce grand symbole de la patience et du travail.

4. — Le Buffle domestique

Le *Buffle domestique*, un des animaux les plus utiles de la création, traîne la charrue sur quatre continents : l'Europe, l'Afrique, l'Amérique, l'Asie.

Plus sobre que l'âne, plus fort que le cheval, docile et patient comme le bœuf, il s'est fait monture, portefaix et laboureur.

Notre climat est devenu le sien, et il n'a conservé de son origine qu'un regard farouche et des cornes terribles qui plient sous le joug.

Un enfant le garde, une femme le conduit, un vieillard l'attelle. Sur les bords du Gange et du Nil, on rencontre des troupeaux de buffles qui traversent le fleuve, portant en croupe de jeunes bergers.

Le Buffle domestique descend du Buffle sauvage de l'Asie. Comme le bœuf, le yack et le zébu, il a pour patrie l'Orient.

A une époque indécise, mais lointaine, il fut domestiqué dans l'Hindoustan, dans la Perse, la Syrie, la Palestine et l'Egypte.

Puis il passa sur les bords de la mer Noire, de la mer Caspienne en Hongrie, et des rives du Danube en Italie.

Dans tous ces pays il rend de précieux services à l'agriculture, sans compter le produit de sa chair, de son cuir, de ses nerfs, de ses os.

Mais arrivé au pied des Alpes depuis 595, il n'a pas fait un pas de plus, semblable à ces talents secondaires à qui les emplois supérieurs et les premiers rôles restent inaccessibles.

Un jour cependant n'est pas loin, peut-être, où le Buffle passera les Alpes en conquérant et viendra s'établir dans la Bresse, la Camargue et les Landes. Il ne saurait usurper le rang qui appartient au bœuf, mais il pourrait prendre une place utile à ses côtés.

En attendant il reste depuis plus de douze siècles en arrêt au pied des Alpes, comme si la nature elle-même lui avait fixé cette limite en lui disant :

« Tu n'iras pas plus loin, tu ne monteras pas plus haut ; ces Alpes, ce sont tes Colonnes d'Hercule. »

Pour l'Amérique du Sud, le Buffle est ce que le renne est pour le pôle nord, ce que le bœuf est pour nos climats, ce que le yack au long poil est pour l'extrême Orient, la Chine et le Thibet.

Par sa chair substantielle et saine, par ses nerfs indestructibles et sa peau renommée, le Buffle est la grande ressource, la providence et la richesse des vastes prairies américaines.

Disons un mot du *Buffle sauvage*, qui de l'Inde à la Cafrerie promène la terreur dans les steppes et les déserts. Ni l'eau, ni le fer, ni le feu, ni les grands fleuves qu'il traverse à la nage, ni les forêts vierges où il passe comme une trombe vivante ne sauraient arrêter le Buffle sauvage.

Sa fureur est sans repos ; il vous voit et il s'élance, fond avec colère sur tout ce qu'il rencontre, s'acharne après sa victime et revient sur ses pas pour broyer un cadavre.

Le front sombre et bombé, le regard farouche, le poil noir, le garrot en bosse, la corne menaçante et tourmentée, la bouche écumeuse et les naseaux frémissants, il apparaît sur la lisière des bois plus redouté que le lion lui-même, que le tigre royal qu'il jette en l'air de ses cornes terribles et qu'il foule à ses pieds, palpitant, les os fracassés.

Dans la Cafrerie, le Kordofan et les forêts qui bordent le Nil bleu, ce géant farouche inspire tant de frayeur que les indigènes n'osent même pas le chasser.

Mais un jour, l'homme étendit sa main souveraine sur la croupe du Buffle sauvage et nous eûmes le Buffle domestique.

5. — L'Ane

Je ne ferai point l'histoire de l'*Ane*, il faudrait un volume. Je ne ferai pas son éloge, il faudrait un poème. Je ne défendrai pas sa cause, elle est gagnée par quarante siècles de travail, de patience et de dévouement.

L'Ane est connu depuis cinq mille ans et il ne disparaîtra, j'en suis convaincu, qu'avec le monde ; car il est éternel comme le travail, la douleur et la pauvreté.

C'est une brave bête et un grand calomnié.

Que lui voulez-vous ?

Vous dites qu'il est égoïste. — Mais il vous sert, et vous le frappez ; il se dévoue, et vous lui donnez en échange quelques chardons, des coups de trique, une poignée de paille.

C'est un superstitieux, un dévot ! — Mais cette croix mystérieuse qu'il porte tracée sur son dos ne serait-elle pas le symbole de ses souffrances, de ses longs jeûnes et de sa charité ?

C'est un pelé, un galeux ! — Ah ! donnez- lui de bon foin, de l'herbe tendre : à sa croupe miroitante et lisse, vous verrez si, lui aussi, ne sait pas engraisser.

Il est très mal mis, vêtu de bure en hiver et de droguet en été ! — Que voulez-vous ! c'est un paysan qui laisse au cheval les faveurs de satin et les harnais éclatants, au mulet les panaches et les grelots.

Il est entêté, borné ! — Ah ! je vous souhaiterais tout l'esprit que notre bon La Fontaine a restitué à l'âne.

Sa voix est horrible ! — Allons donc ! ce n'est pas un chanteur de salon assurément, mais un ténor campagnard ayant pour conservatoire les bois et les vallons, où sa voix éclate comme un tonnerre, se répercute au loin comme le cuivre des cors de chasse.

C'est un poltron ! — Le loup n'est point de cet avis.

Au désert, l'Ane repousse hardiment l'hyène et le chacal par d'impétueuses ruades, et reprend à travers les sables son petit trot infatigable et vainqueur. Enfin, quand il est mort, c'est sur sa peau sonore qu'on bat le rappel! c'est le tambour du régiment.

L'Ane.

De toutes ces calomnies l'Ane fait litière ; il se roule, se relève, se secoue et reprend, en vrai philosophe qu'il est, la route qu'il poursuit depuis six mille ans.

L'Ane est le cheval du pauvre. Monture humble, mais pittoresque et sûre, bête de somme et bête de trait, ce portefaix incomparable rend les plus grands services à l'homme, qui s'est empressé d'en faire un symbole d'entêtement, de bêtise et d'ignorance.

La France possède des Anes de premier ordre : c'est le *baudet du Poitou*, un mulet pour la taille, un hercule pour la vigueur, un anachorète pour la sobriété, un nègre pour la couleur et pour le travail ; c'est l'*Ane du Béarn*, vif, léger, pimpant, le premier coursier de Henri IV, et le rival en grâce, en force, de l'Ane blanc d'Égypte, monté par les Pharaons.......

Au dire de Buffon, l'Ane est fort propre, se roule volontiers sur l'herbe, mais ne se vautre jamais dans la boue comme le cheval. Il craint même de se mouiller les pieds et se détourne pour éviter la fange.

En dépit de ses sobriquets injurieux : *roussin, grison, coursier aux longues oreilles, chantre d'écurie, baudet, maître aliboron*, l'Ane, dit Jacques de Biez, n'est jamais méchant ni bête, et seul entre tous les êtres créés, ne commet jamais d'âneries.

Qu'il soit le compagnon de Balaam, d'Apulée (1), de Buridan (2) ou de Victor Hugo, il est toujours philanthrope, et pour souligner sa simple sagesse, l'Ane s'est fait philosophe.

Les illustres saucissons d'Arles proclament dans le monde entier la chair exquise de l'Ane, et Brillat-Savarin, dans sa *Physiologie du goût*, a célébré l'excellence des quartiers d'ânon.

Si l'on ouvre la Bible, on rencontre l'Ane à chaque pas :

Job était propriétaire de cent cinquante ânesses, et c'est par le nombre de leurs ânes que se chiffrait la fortune des fils d'Abraham.

C'est avec une mâchoire d'âne que Samson tua mille Philistins.

C'est au pied de la crèche d'un âne que naquit le Sauveur du monde.

C'est sur un âne qu'il arriva dans la cité sainte, jonchée de rameaux verts.

C'est sur un âne que la Vierge Marie, fuyant la persécution d'Hérode, quitta la Judée.

L'Ane, c'est la fuite en Egypte, c'est l'étable divine de Bethléem, c'est l'entrée triomphale de Jésus dans Jérusalem.

---

(1) *Apulée*, écrivain latin, auteur de *L'Ane d'or*, conte.
(2) *Buridan*, docteur scolastique, connu par le fameux argument d'un âne qui, également pressé par la soif et par la faim et se trouvant placé entre un seau d'eau et un picotin d'avoine, ne sait par où commencer.

6. — Les Anes exotiques.

J'ai parlé de l'Ane de nos climats. Passons, s'il vous plaît, aux étrangers de la race, aux *Anes exotiques*.

Voici d'abord le vieil *Ane d'Arcadie*, si célèbre, si robuste et si beau, vanté par Varron, élevé avec tant de soins intelligents par les Romains.

Lui aussi fut plaisanté cruellement et ne s'en émut guère. L'Arcadie passe à la postérité à califourchon sur son âne ! Comme tous les Grecs, cet âne, si fameux jadis, nous apparaît dégénéré.

C'est l'éternelle loi des peuples et des ânes. Le roussin d'Arcadie garde encore je ne sais quelle beauté de race et quelle grâce héréditaire. Il est oublié ; mais il porte avec fierté sa grosse tête tachée de blanc comme s'il se souvenait de ses aïeux. Encore aujourd'hui c'est le plus bel âne de la Grèce et des environs.

L'*Ane d'Arabie* est une merveille de vigueur et d'agilité, un prodige de sobriété et de patience. C'est sur l'Ane arabe que s'accomplit le pèlerinage de la Mecque. Célébré par la Bible, l'Ane est loué par le Coran, et les fils de Mahomet lui sont aussi doux que les fils de Jacob. Chez les musulmans, l'Ane est le symbole de la vaillance, et l'on se rappelle peut-être que Mervan, le vingt et unième kalife, fut surnommé l'*Ane* pour sa valeur.

Si nous passons en Égypte, nous trouvons l'*Ane blanc*, ou plutôt *café-au-lait*, des Pharaons. Il fut presque dieu dans cette étrange civilisation où tant de bêtes eurent leur autel.

Mais l'Égypte redoutait son Ane-dieu chez lequel elle croyait voir l'incarnation de Typhon, le dieu du mal.

L'Ane, dieu du mal ! on ne peut s'empêcher de sourire.

C'est à peine si je m'arrête devant les ânes blancs et

vénérés de l'Inde, de Siam, de la Birmanie, pour arriver au plus gracieux, au plus charmant, au plus petit, au plus curieux et au plus sympathique de tous les Anes : l'*Ane de Jérusalem*.

C'est une miniature, un phénomène, un âne-poupée.

Ses quatre jambes délicates et minces rappellent le roseau de l'Écriture. Je déclare qu'avec sa mâchoire on ne tuerait pas deux Philistins. Sa tête entrerait dans un panier à ouvrage, tandis que ses grandes oreilles hébraïques se balancent comme un éventail ou se courbent comme deux branches de palmier.

Sa petitesse est étonnante. Il ne monterait pas aux genoux de Goliath, et il vous semble qu'une noisette le ferait buter.

Son pied tient dans la main ; mais son pied est d'airain. Il franchirait le Cédron et gravirait le Sinaï. Son grand œil, noir et doux, est triste comme les paysages de la Judée, et il est tout noir comme s'il portait le deuil éternel de sa patrie.

Qu'on le mène au pâturage, à l'abreuvoir, il semble qu'on le traîne en captivité, et sa queue nonchalante a toujours l'air de chasser les mouches d'Égypte. Sa figure est si intelligente, son regard velouté si expressif, qu'on croirait qu'au lieu de braire il va parler comme... l'Anesse de Balaam.

Dans nos jardins zoologiques, le petit Ane de Jérusalem n'est qu'un exilé, un captif. J'aperçois des entraves à son pied timide et comme de la cendre sur sa tête baissée.

Il le faut voir impétueux et libre, se désaltérant aux bords du Jourdain, ou bien, la crinière flottante et le poil relevé, se carrant comme s'il portait le monde, sous une belle fille de Nazareth.

Il faut le voir pensif et solitaire, broutant les chardons qui tapissent le mont des Oliviers, ou l'herbe flétrie qui se penche sur le tombeau des rois.

Il faut l'entendre, lui qui semble avoir dans le gosier tous les cuivres de Jéricho, troubler soudainement le silence de ces ruines et faire retentir sa voix d'airain dans Josaphat, comme la trompette du jugement...

7. — Moutons et Brebis

Le *Mouton* a pour berceau l'Asie. Qu'on remonte vers les temps les plus reculés, on le rencontre dans tout l'Orient, depuis les bords du Nil jusqu'aux rives de l'Indus, jusqu'en Chine.

Le Mouton.

Je ne connais pas dans l'histoire de monarque ou de conquérant dont le nom soit cité plus souvent que celui du Mouton. Il se trouve répété dans la *Genèse*, dans le *Zend-Avesta*, dans les *Védas*, dans le *Chou-King* et autres ouvrages aussi antiques que respectables.

En outre, le Mouton figure sur les vieux monuments d'Égypte en compagnie d'une foule d'animaux qui forment pour la postérité comme une vaste ménagerie gravée sur la pierre.

Cela prouve suffisamment que les anciens patriarches ne devaient pas se nourrir exclusivement de lentilles. Sans nul doute, Esaü connaissait les charmes appétissants du gigot de mouton et Jacob mangeait bourgeoisement sa côtelette.

On se rappelle que le bélier signifiait la résistance dans le langage hiéroglyphique, et que ses cornes en spirales surmontaient les étendards mongols.

Le Mouton n'est pas un novateur ; il suit les chemins battus, il suit la tradition.

L'égoïste lui fait comme un crime de se laisser tondre. Mais que voulez-vous qu'il fasse de sa laine précieuse qui réchauffera tant de braves gens ?

La Brebis est tout à fait femme, c'est la plus soumise des épouses et la plus tendre des mères. Elle n'a qu'une volonté : le bélier ; qu'un amour : son agneau ; qu'une crainte : le loup. C'est l'emblème de la douceur et de la soumission.

Quand elle allaite son petit, elle lui fait comme un dais de sa toison ; et quand elle appelle son cher Agneau, elle met tout son cœur dans sa voix.

Quant à l'Agneau, c'est le symbole d'abnégation et de dévouement qu'a choisi le Rédempteur. Il couche au pied de la croix et il efface les péchés du monde.

Le bœuf, le veau et le mouton, voilà la grande trinité de l'étable et de la boucherie, la base un peu étroite, mais précieuse, de l'alimentation publique.

Depuis le gigot traditionnel des fêtes de famille jusqu'à la côtelette du convalescent, il n'y a pas de chair plus savoureuse et plus saine que la chair de mouton.

Les plus célèbres de nos moutons sont ceux de la Champagne et du Berry, du Quercy, de la Bretagne et du Morvan (1).

Les moutons des plages de la Manche fournissent ces

(1) Le *Morvan*, petit pays de l'ancienne France, compris aujourd'hui dans les départements de la Nièvre et de l'Yonne.

incomparables gigots de *pré-salé* qui font les délices des gourmets.

Le premier des moutons est le *Mérinos*. Son origine est africaine ; mais il y a des siècles que, passant dans la péninsule Ibérique, il s'est fait naturaliser espagnol.

Pendant longtemps on ne le rencontre que dans sa patrie d'adoption. Il y prospère et s'y implante si bien qu'il devient aussi espagnol que la guitare, les castagnettes et le boléro.

C'est le plus utile et le plus précieux des moutons. Il serait superflu de vanter la richesse de sa toison, la finesse et la beauté de sa laine abondante, soyeuse et lustrée.

Comme la chèvre de Cachemire il a donné son nom à une étoffe. Si l'on voulait peser l'importance du riche châle des Indes et de l'humble robe de mérinos, n'est-ce pas du côté de ce tissu populaire et modeste que pencherait la balance ?

Le Mérinos ne tire aucune vanité de son importance. C'est un vrai mouton débonnaire et crépu, ne demandant qu'à être tondu et ne songeant qu'à produire beaucoup de robes.

On se rappelle peut-être que Colbert essaya vainement d'introduire cette race précieuse en France. Cette gloire était réservée à Daubenton. Il fit venir d'Espagne un troupeau de deux cents moutons qui réussirent à merveille. Le Mérinos était acclimaté en France, et le grand naturaliste put dire comme le grand roi : « Il n'y a plus de Pyrénées. »

8. — Moutons et Béliers exotiques

De tous les *béliers* connus, le plus excentrique est certainement le *Bélier chinois*. Une étrange particularité le caractérise : il n'a pas de cornes !

Étrange pays que la Chine, où l'on trouve des bœufs à queue de cheval, des canards qui portent un éventail sur le dos et des béliers sans cornes ! Que dis-je ? des béliers sans cornes et sans oreilles !

Rien de bizarre et d'imprévu comme ces têtes de béliers chinois, qui représentent je ne sais quoi de nu, de ras, de pelé, d'indigent et de neutre. Est-ce un mouton, une brebis, un gigantesque agneau ?

Figurez-vous aussi un œil bridé et le regard éteint d'un fumeur d'opium, puis un nez fortement busqué qui fait ressortir encore ce front découronné sur lequel semble écrit : « Je suis fait pour être tondu. »

En revanche, le Bélier chinois possède une queue magnifique, longue et flottante, qui se balance comme la tresse d'un mandarin.

Le plus beau, le plus fort, le plus imposant des béliers est, sans contredit, le *Bélier hongrois*.

Regardez-le : il s'avance avec le majesté du lion et la gravité d'un vieux châtelain qui sort de son manoir. Tout à coup il s'arrête, fièrement campé sur ses pieds d'airain comme une statue équestre, la tête haute, le front altier, l'aspect abrupt, les cornes immenses, droites et minces : deux lances tournées vers le ciel !

Ajoutez un pied rapide et impatient, un front de granit, une toison épaisse et tombante qui fait comme un large manteau au Bélier hongrois.

C'est un animal superbe, un adversaire redoutable. Sa toison rustique n'a pas la finesse du mérinos ; mais le Bélier hongrois ne s'habille pas pour les autres, et

c'est avec une majesté royale qu'il porte son manteau
de bure qui doit braver les neiges et les vents.

Voici maintenant le *Bélier d'Afrique*, moins imposant que le bélier hongrois, mais aussi vigoureux, aussi
hardi, avec la fougue en plus.

A la moindre excitation il s'avance, frappant le
sol d'un pied rageur et souverain, baisse sa tête superbe ; et, comme un lutteur dans l'arène, va, vient,
tourne, s'élance, prenant des poses athlétiques et des
airs menaçants.

Ses magnifiques cornes arrondies forment une sorte
de rosace de chaque côté. C'est moins une arme qu'une
parure, mais son front est un maillet. Il pare, il riposte,
il frappe, il assomme ; c'est un bouclier et une massue.

La grande originalité de ce bel animal, c'est sa toison : on dirait un vêtement fait sur mesure, une pelisse
jetée sur l'épaule et agrafée au menton. Il semble
qu'elle flotte et qu'elle penche, qu'elle va tomber. Il
semble qu'on peut la prendre, l'ôter, la suspendre à
une patère.

Le *Romanoff* est russe, comme le mérinos est espagnol.
Ce bélier magnifique ne se distingue pas seulement
par la beauté de sa précieuse laine, mais par les dessins étranges qui marbrent sa toison. C'est un curieux
mélange de taches de lait et d'encre, affectant les formes
les plus bizarres et les plus imprévues. Parmi les ro-
manoffs, celui-ci est coiffé d'un toquet noir ou d'un
bonnet gris, cravaté, guêtré, encapuchonné très singulièrement ; celui-là porte des moustaches jaunes, une
barbiche chocolat ou des favoris bruns. Un autre a une
étoile blanche au milieu du front, des épaulettes ou un
croissant sur la joue.

Enfin, je vous présente le *Mouton d'Astrakan*, à la
taille élégante et déliée. Malgré tout son mérite, il se
trouve distancé par le plus jeune de la famille. Ce qu'il
y a de plus intéressant, de plus remarquable et de plus

précieux chez le Mouton d'Astrakan, c'est, en effet, l'agneau. On sait qu'il vient au monde couvert d'une laine ondée, serrée, frisée, qui n'est autre chose que la précieuse fourrure d'astrakan. Rien de plus charmant que ce nouveau-né. Malheureusement il n'est beau qu'un jour. Il naît et il meurt. A peine a-t-il respiré qu'on l'immole, qu'on le dépouille.

Aujourd'hui c'est la gentillesse et la grâce incarnées. Demain ce ne sera plus qu'un bonnet ou un manchon...

---

9. — Le Chien de berger

Toutes mes préférences sont acquises au *Chien de berger*, à l'allure rustique et vaillante, au regard étincelant de finesse campagnarde.

Il est tout crotté et comme vêtu de bure ; le poil est en broussaille, et l'oreille velue en point d'interrogation. Il n'a pas la majesté du terre-neuve ni la grâce des grands lévriers ; mais qui dira la prudence, la bravoure et l'étonnante sagacité qui se cache dans ce paysan du Danube? S'il ne chasse pas le gibier royal et s'il ne monte pas en carrosse comme le chien de luxe, il va à pied comme un honnête homme et fait consciencieusement son métier de garde champêtre. Le Chien de berger ne pose pas comme le chien de montagne, il observe ; il aboie peu, il veille ; on ne l'entend pas, mais on sent qu'il est là, ce rural honnête, ce conservateur intrépide, ce gardien immuable, prêt à donner l'éveil et prêt à combattre.

Le Chien de berger est la providence des étables et la la sécurité des troupeaux. Sans lui, plus de discipline, plus d'ordre, plus de prospérité, plus de côtelettes, plus.

de gigots. Sans lui, le loup, cet aventurier, ce déclassé, cet éternel bandit des bois passerait de la forêt à la bergerie, et de la bergerie au foyer; mais alors il n'y aurait plus de foyer...

Le Chien de berger est autoritaire, mais juste, joignant la bienveillance à la fermeté, faisant aimer autant que respecter le pouvoir et popularisant le commandement sans jamais l'affaiblir.

Ses principes sont l'ordre et l'équité. Avec lui il n'y a pas à craindre de révolutions dans les étables et les bergeries; il sait prévenir, il sait frapper; il semble dire : « Que les méchants tremblent, que les bons se rassurent. »

C'est un chien de gouvernement.

Rien n'échappe à la vigilance de son regard, et ses infatigables jambes d'acier lui permettent d'être partout.

Assis, l'oreille droite et le museau au vent, le regard attentif, la poitrine effacée et fière comme celle d'un maître, il surveille, il protège, il dirige, il commande, il règne et il gouverne.

A une intelligence de premier ordre il joint l'autorité d'un croc formidable.

D'un coup de croc, en effet, il sépare les combattants, met les querelleurs en fuite, protège les brebis et les agneaux, impose silence aux béliers, court après les vagabonds, ramène les égarés, active la marche des traînards et fait rentrer dans les rangs le mouton capricieux ou la chèvre récalcitrante.

Tout se tait, tout marche en ordre et rentre à la ferme.

Quand son devoir est rempli ; quand les troupeaux reposent et dorment, le Chien de berger se promène gravement en sentinelle vigilante le long des étables, ou se couche l'œil entr'ouvert et l'oreille toujours aux écoutes : l'ordre règne.

Ce chien admirable est tout à la fois le berger, le sergent de ville, le juge de paix et le protecteur des étables.

Sous son œil vigilant, à l'expression presque humaine, son peuple contenu, défendu, aimé, prospère, est heureux.

Le Chien de berger est peut-être le plus intelligent de tous les chiens ; il ne comprend pas, il devine ; il n'obéit pas, il commande, il exécute ; il est partout et il voit tout.

Mais en échange de tout ce dévouement, de tout cet esprit, de tous ces services, que demande-t-il ? Un regard du maître, un mot d'amitié, une caresse, une écuelle de soupe ou une bouchée de pain.

10. — Le Bouc

Mauvais caractère, mauvaise odeur et mauvaise réputation ; emblème de luxure et de brutalité ; l'air hautain et dédaigneux, marchant d'un pied d'airain à la tête de son troupeau, le front large, les cornes hautes et menaçantes, la barbe flottante et touffue, les yeux étincelants comme deux boutons d'or ; faisant sonner sa clochette d'un air vainqueur, enveloppant les chèvres, ses esclaves, d'un regard autoritaire et farouche ; vindicatif et sournois, tyrannique et butor, affamé de ronces et de vengeance, n'oubliant rien et bravant tout, assouvissant un beau jour dans le sang de son maître une haine de deux ans : tel est le *Bouc*.

On ne saurait d'ailleurs lui contester son superbe courage, sa grandeur sauvage, sa majesté satanique, je ne sais quel prestige de réprobation et de fatalité. Cynique et fier, il secoue sa grosse tête de satyre comme s'il voulait jeter au vent toutes les légendes diaboliques dont la superstition enroula ses cornes, et il s'avance à travers les buissons et les ravins avec une résignation hautaine comme s'il était chargé encore des iniquités d'Israël.

De toutes les espèces de boucs, le plus grand, le plus fort, le plus majestueux, c'est le *Bouc de Judée*, qui dresse au milieu des ruines sa tête souveraine, couronnée de deux épées.

Quand il passe taciturne et sombre à la tête de son troupeau errant, on dirait qu'il mène ses chèvres en captivité.

Dépaysé autour même de son berceau, il apparaît comme un maudit, comme un étranger sur ce sol deshérité qu'il foule depuis trois mille ans.

Agenouillé dans la poussière, il semble, avec son grand œil jaune, suivre à l'horizon l'image flottante de Moïse ou de Mahomet ; puis il s'en va, suivi de cinq ou six esclaves, brouter les buissons nains du Sinaï, ou l'herbe desséchée qui penche sur le tombeau des rois.

Relevant tout à coup sa tête farouche comme s'il voulait secouer l'antique malédiction et le soleil de feu qui pèsent sur son front, il frappe les cailloux de son pied nerveux, espérant peut-être, dans cette terre de prodiges, faire jaillir une source des rochers.

Quand vient le printemps, les boucs de Judée se livrent des combats terribles. Le vieux sol d'Israël résonne sourdement sous les pieds des rivaux, et l'on entend au loin comme un cliquetis d'épées, un bruit de cornes retentissantes qui épouvantent les vautours du Sinaï.

Voici les adversaires aux prises, tête contre tête, cornes contre cornes, pied contre pied ; immobiles, attentifs, comme pétrifiés, ils paraissent soudés l'un à l'autre ; tout à coup ils se lâchent, s'éloignent à pas lents et graves, se retournent, se regardent, se défient du pied qui frappe, de la corne qui s'incline, du regard qui brille, et s'élancent avec furie.

Ce sont des attaques impétueuses et des bonds effroyables, des coups de tête à ébranler les murs de Béthulie, des coups de cornes à briser les portes de Jéricho.

Tantôt le vaincu reste gisant sur le sol ensanglanté au milieu des bruyères et des myrtes sauvages : ce n'est plus qu'un cadavre. Tantôt un coup de corne, décidant de la victoire, l'envoie dans un ravin où le chacal du désert, sanglotant dans les ténèbres, viendra, à pas timides, dévorer ses os.

11. — Le Cochon

Avec son groin sordide, affamé d'ordure ; avec ses crocs envahissants, ses petits yeux enchâssés dans la graisse, son oreille tombante et comme cassée, sa peau rugueuse, son poil rude, sa queue ridicule, frétillante comme un ver et tordue en tire-bouchon, le *Cochon* n'est pas, à vrai dire, l'Apollon des étables.

Il est laid. Son aspect est repoussant, sa saleté légendaire, sa brutalité proverbiale. Ses habitudes sont grossières, ses goûts immondes, ses sens obtus.

Il se vautre dans la fange comme on se roule sur l'herbe. Son idéal, c'est la pourriture ; son régal, la charogne.

La chair corrompue est son aliment de prédilection, et, aussi, la chair vivante. Combien de fois de malheureux enfants abandonnés dans les villages ont été dévorés par des porcs !

Retournons la médaille : depuis sa hure jusqu'à sa queue, tout est bon, tout est délicieux dans le cochon.

Cette bête-là est un puits de voluptés gourmandes, tout un monde de gastronomie.

Des pays et des villes doivent leur célébrité au Cochon : Nancy proclame ses *boudins* et Troyes vante ses *andouillettes.* Sainte-Menehould étale ses *pieds* avec orgueil ; Strasbourg et Francfort sont fiers des *sau-cisses* que parfume la choucroute ; Tours envoie ses *rillettes* jusqu'à Saint-Pétersbourg ; Périgueux se glorifie de ses *auchauds* que l'ail embaume ; la Creuse et le Limousin excellent dans les *pâtés de porc* ; la Sarthe embroche avec orgueil ces délicieux *cochons de lait*, qui sur les nappes blanches ont l'air de petits cochons d'or. Enfin, Bayonne, York, Mayence se disputent la palme, je devrais dire le laurier du *jambon*.

Le Cochon est le bétail du pauvre comme il est la grande ressource des fermes.

Dans le Périgord, le pauvre lui-même a son cochon, sa ressource unique, son espoir, son régal, sa fortune. Le cochon suit son maître, le mendiant, de porte en porte, l'un demandant un morceau de pain, l'autre une poignée de glands.

Voilà pour les qualités physiques du Cochon.

Passons aux qualités morales : le Cochon est dévoué à son semblable, à un degré qui approche de l'héroïsme et que ne connaît aucun autre animal.

Qu'un cochon fasse entendre un cri de détresse, tous les autres courent aussitôt à son secours : on a vu des porcs se réunir autour d'un chien qui harcelait un de leurs compagnons et le tuer sur place.

Au Sénégal, raconte un naturaliste, on nourrissait dans un enclos une vingtaine de cochons. Une panthère, atti-rée par la faim, rôde autour de l'enclos et d'un bond prodigieux franchit les palissades et tombe au milieu de l'enceinte : un éclair. Un seul Porc s'y trouve ; les autres sont dans leurs bauges. A ses cris, tous les porcs accourent comme un seul cochon, se rangent en cercle, offrant à l'ennemi leurs groins menaçants. Effrayée, la panthère se sauve en franchissant les palissades d'un nouveau bond.

Et aussitôt les cochons se pressent les uns contre les autres en faisant entendre un grognement de joie et de victoire comme s'ils se félicitaient d'avoir sauvé leur compagnon.

Le Cochon, au dire des paysans, est un baromètre vivant : quand doit éclater un orage, il prend de la paille dans sa gueule et la porte dans l'étable pour se mettre à l'abri du mauvais temps qu'il annonce sans jamais se tromper.

La Truie porte l'amour de ses petits jusqu'à la rage, la folie. Dans ce cas c'est un animal intraitable, très dangereux. Du reste le Cochon domestique ne fait qu'une seule et même espèce avec le Sanglier, qui est le cochon sauvage.

Par suite de l'épaisse couche de graisse qui recouvre son corps, le toucher du Cochon est des moins sensibles. On a vu, dit-on, des souris se loger sur le dos des Porcs et leur ronger le lard sans que cela parût les incommoder. En revanche, l'odorat du Cochon est d'une merveilleuse délicatesse.

Avec sa brutalité cynique et ses goûts immondes, le Cochon est le Diogène des étables. Mais ce n'est pas un homme qu'il cherche ; c'est la truffe ! Sans autre salaire qu'un coup de bâton sur le nez, il cherche la truffe odorante, et il la trouve sans lanterne.

_____

12. — L'Oie domestique.

L'*Oie* manque de grâce : le pied large et plat, la jambe écartée, raide et courte ; la démarche titubante et heurtée ; des ailes qu'elle secoue comme de grands bras ; le corps lourd, mal assis ; un cou immense qu'elle tend comme une perche, un bec ouvert à tout propos ; lente et brusque, indolente et effarée, bruyante et loquace : telle est l'Oie.

Ajoutez qu'elle parle du nez.....

L'Oie paraît fort sotte, et l'injustice humaine a fait de cette bête incomprise je ne sais quel emblème de stupidité. C'est, au contraire, une bête prudente et réfléchie, très avisée, familière, affectueuse. De Humboldt parle d'une Oie qui, tous les dimanches, conduisait une vieille aveugle à la messe et la ramenait à la ferme.

Le philosophe Mulsacher avait une Oie qui était en même temps sa compagne, son édredon et son réveille-matin. Elle l'accompagnait à la promenade, couchait à ses pieds, et quand sonnait l'*Angelus* le réveillait par un battement d'ailes.

Si l'Oie n'est pas gracieuse, elle a pour elle, outre ses qualités du cœur, une chair exquise, une graisse succulente, un duvet fin, un beau plumage, une bonne et vieille renommée, de glorieux états de service enregistrés par Homère et Charlemagne.

Après avoir fait les délices des Grecs et des Romains, l'Oie fut longtemps en France un plat choisi, un morceau de roi, et les *Capitulaires* en font un éloge si pompeux qu'après tant de siècles l'eau en vient encore à la bouche.

Enfin la dinde vint; le sceptre des festins passa entre ses pattes, et l'Oie descendit sur les tables subalternes.

Qu'importe? Ne lui reste-t-il pas le plus beau fleuron de sa couronne, ce joyau incomparable qui se nomme le *foie gras*?

C'est là son mérite et sa gloire, une gloire, il est vrai, qui lui coûte cher, une gloire de supplice et de graisse que la malheureuse bête paye de mille privations et des plus cruels tourments.

Détrônée par la dinde, calomniée, incomprise, torturée pour nos plaisirs, plumée à outrance, engraissée à mort, notre Oie domestique a toujours excité ma sympathie.

Farcie aux marrons, c'est la dinde truffée du prolétaire, et ses *confits gascons* s'en vont porter jusqu'en Russie la gloire de la gastronomie française. Nos oies les plus célèbres sont celles de Strasbourg, d'Alençon, de Toulouse. Son Capitole et ses oies : Toulouse est là tout entière.

Dans les pays du Nord, l'Oie s'appelle aussi la *poule de Noël*, et se trouve ainsi associée à la plus belle fête de l'année. C'est le plat du grand jour : tandis que les cloches sonnent à toute volée, l'Oie de Noël valse joyeusement autour de la broche étincelante, se dore, se gonfle, et verse dans la lèchefrite des torrents de graisse odorante. Débrochée avec respect, intronisée sur une nappe aux applaudissements de la famille, elle fume comme un volcan et reluit comme un lingot d'or.

C'est un plat presque sacré.

13. — Les Oies exotiques

Au premier rang des *Oies exotiques*, des espèces étrangères, apparaît la *Bernache armée* ou l'*Oie d'Égypte*.

Au pli de son aile elle porte une pointe saillante et cornée d'où lui vient son nom. Ses formes élégantes et ses brillantes couleurs en font un oiseau d'ornement, un des plus beaux palmipèdes connus. Son bec est rose, son plumage marron. Le noir et le blanc alternent sur

Oie Bernache.

ses ailes, qu'ils découpent avec une régularité géométrique et charmante ; la taille est dégagée, l'allure un peu hautaine, l'humeur capricieuse et changeante.

Très bonne pour les siens, la Bernache armée est sévère aux autres et dédaigneuse des races étrangères.

Elle n'a point sauvé le Capitole, mais elle figure sur les hiéroglyphes de la vieille Égypte. Son blason d'oie est gravé sur les ruines de Memphis et sur le tombeau des Pharaons.

Après la Bernache armée, je citerai l'*Oie de Gambie*, robuste et haute, perchée sur de grandes jambes qui semblent à peine ébauchées. Ce n'est pas l'élégance en personne, mais un beau brin de fille vigoureuse et rustique, portant sans apprêt sa robe verte et blanche, fière de sa prestance et de son double éperon, comme si cette amazone ailée allait monter à cheval.

L'*Oie du Canada* est un charmant oiseau, aux formes élégantes, au port gracieux et solennel. Sa tête est noire comme le jais, et sur son cou d'ébène se détache une splendide cravate blanche qui le rend plus noir encore.

C'est une oie bien mise et bien apprise, tendre à ses petits, douce à ses voisins, parlant peu et tout bas.

Sa chair est parfaite, son duvet des plus fins. Elle a deux passions : il faut qu'elle broute ou qu'elle nage. L'Amérique du Nord est sa patrie, l'étang son parc, la prairie son Éden.

L'*Oie du Danube* est une conquête de la guerre de Crimée, elle nous vient de Sébastopol. C'est une miniature d'oie, charmante et gracieuse, ornée de plumes frisées en spirales qui touchent le sol. On pourrait dire que l'Oie du Danube est le *havanais* des palmipèdes.

Un ornement imprévu et d'une excentricité toute chinoise distingue l'*Oie du Céleste Empire* : c'est un tubercule raide et droit qui surmonte la base de son bec et lui fait comme une petite tête de rhinocéros.

Son aspect est aussi élégant qu'étrange, son humeur familière et douce. Sa chair, si appréciée des riches mandarins, est succulente, mais sa voix est intolérable.

De toutes les oies de la création, c'est celle qui parle le plus fortement du nez.

Nous devons à l'Australie une récente et précieuse conquête : l'*Oie céréopse*. C'est un palmipède à part, aux formes typiques, aux mœurs particulières.

Sans être absolument hydrophobe, elle n'aime et ne recherche que très peu les douceurs du bain, ce qui ne laisse pas d'être assez original pour une oie !

Cette gentille oie a des jambes violettes, comme si elle portait des bas d'évêque, et de belles ailes gris-perle.

Ces mêmes ailes ornées de taches noires sont comme soutachées de velours. Mais son magnifique et curieux ornement, c'est une cire brillante et jaune comme le safran qui recouvre son bec délicat. On dirait qu'elle est tombée là, par hasard, en cachetant une lettre.

––––

14. — Le Canard

Toulouse, Alençon, Strasbourg ont leurs oies incomparables. Le Périgord est fier de ses opulentes et fines poulardes, que la truffe parfume ; et le Mans, Saumur, Angers engraissent les plus beaux chapons de France. La Bresse, bon et doux pays, s'enorgueillit de sa poule sans rivale dans l'arène gastronomique.

A Sarlat ses grives grassouillettes et bourrées de genièvre ; à Toulouse ses perdrix rouges ; à Montpellier ses ortolans ; à la Vendée ses grands lièvres du Bocage ; au Nivernais ses grands bœufs, rois des prés ; aux plages de la Manche les moutons de *pré-salé* ; enfin, à la Normandie, si riche en toutes choses, le plus gras, le plus fin, le plus délicat, le plus savoureux, le plus opulent, le plus estimé de tous les *Canards* de France et de Navarre.

A côté du Canard normand, le Canard de Gascogne ne serait qu'une fanfaronnade s'il n'avait pour lui son délicieux foie gras, pur diamant de la cuisine française.

Quant au Canard si vanté d'Amiens, vaincu sur toutes les broches par le Canard normand, il a pris le parti de se réfugier dans une terrine illustre. De palmipède il s'est fait pâté.

Les Canards du Languedoc envoient leurs confits, savamment épicés, aux quatre coins de l'Europe, et les échos de la Loire répètent le cancanement nazillard des canards délicieux qui barbotent dans la Touraine et le Blaisois.

Le Canard.

Le Canard a pour berceau l'extrême Orient. Il est aussi bien ancien dans l'Amérique du Nord, où sa silhouette grossièrement coloriée se détache sur les plus vieilles céramiques du Nouveau-Monde.

Si le Canard n'est pas le roi des étables, il est un des princes de la ferme, car il occupe une des premières places de la basse-cour.

Pour les fermiers, sa chair, ses plumes sont une richesse, et les connaisseurs prétendent que l'œuf de cane est plus délicat que l'œuf de poule.

L'allure du Canard est dépourvue de distinction ; sa démarche est sans grâce, son ramage manque absolument de charme et d'harmonie ; mais il trouve dans l'eau, son élément de prédilection, je ne sais quelle vivacité et quelle élégance aquatique, et, dans les races étrangères surtout, son plumage se distingue par l'éclat et le dessin. Avant d'être le régal de la table, le Canard est l'ornement des lacs et des rivières.

Revenons au Canard normand, que je prends ici pour type du Canard français. Il excelle à la broche et triomphe dans ces daubes savoureuses qu'adorait le vieux Corneille.

Certes le canard normand n'a pas lieu de se carrer dans un splendide uniforme comme les canards exotiques ; c'est un Canard pratique, une race utile, une bête de ressource.

Bien qu'il se moque des beaux habits, des panaches, des colliers, des bracelets, des éventails, il est mis très correctement ; il a de bonnes plumes sur ses ailes, de la bonne chair sous ses plumes, du bon duvet, de la bonne graisse dont les petits fermiers de Normandie se font des tartines sans pareilles. Il est très gros, très gras, et plantureux, le Canard normand. Massif et lourd comme un riche fermier de la Vallée d'Auge, il marche en titubant comme s'il avait bu six pintes de cidre, et se balance fièrement comme s'il voulait faire sonner ses écus.

Il est orgueilleux de ses herbages, de ses vastes cours plantées de pommiers, de ses marais, de ses étangs.

Il traîne en chantant comme un bourgeois de Lisieux ou de Pont-l'Évêque, et prend toujours à droite pour aller à gauche.

Il veille au grain à sa manière, et je vous assure que les poulets et les dindons seraient bien fins s'ils trouvaient à glaner où a passé le Canard normand.

Quand on dînait chez Gustave Flaubert, il était rare

qu'on ne servît pas comme rôti national un grand plat
de vieux Rouen, à fleurs bleues, tout tapissé d'aiguillettes fumantes et roses.

L'auteur de *Salammbô* vivait très familièrement avec
les poules et les canards magnifiques de sa basse-cour.
Il les nourrissait de sa main et leur prêtait une sagacité
extraordinaire.

« Quand je veux, disait-il en riant à l'un de ses amis,
me débarrasser de la compagnie un peu trop bruyante
de mes canards, je n'ai qu'à m'écrier :

« Allons, Jeannette, ne serait-il pas temps d'éplucher les *navets* ? »

A ce mot de « navets », les canards de Gustave
Flaubert s'élançaient dans la mare comme un seul pal·
mipède.

15. — Les Canards exotiques

Voici d'abord le *Tadorne* des mers du Nord, aux guêtres
roses, au bec relevé, à la démarche légère, gracieuse et
vive. Il porte sur sa
poitrine comme un
scapulaire marqueté
de noir. Un beau
plumage vert couvre
sa tête élégante et
enveloppe son cou
parfaitement crava-
té.

Le Tadorne aime
les grands rivages
et les falaises. Il

Le Tadorne.

niche dans le creux des rochers, dans le sable de la mer.

Il est intelligent, familier et doux comme un habitant du Nord.

A vrai dire, le Tadorne n'est qu'un oiseau d'ornement. Sa chair est aussi mauvaise que son plumage est beau. Il est fait pour le plaisir des yeux et non pour celui de la table ; il est vierge de la broche et n'a jamais entendu parler d'olives ni de navets. Son duvet égale presque en finesse et en moelleux celui de l'eider.

Si des plages de la mer du Nord nous passons sur les rives du Nil, nous nous trouvons en face de l'étrange *Casarca d'Égypte*, canard bizarre et charmant, au bec épais et court, à la démarche grave et lente. Il porte une robe chocolat.

Quand il pleut il bat des ailes et nasille à pleines narines, comme si le Nil de sa vieille Égypte allait déborder. Sa chair est exquise et son bel habit cannelle fait merveille sur la pelouse d'un parc.

Le *Casarca d'Australie* a la tête et le cou entièrement enveloppés d'un magnifique voile blanc. On dirait une jeune mariée, et ma comparaison est d'autant plus juste que la femelle seule porte ce voile virginal.

Un Canard très distingué, c'est le *Bahama des Antilles*. Sa tête et sa gorge sont d'un beau blanc mat, tandis qu'une capuche de soie noire encadre son visage avec grâce pour descendre mollement jusque sur ses épaules. Sa queue est longue et mince, effilée, légère.

Il y a de la nonne et de l'hirondelle chez le Bahama.

Le *Canard du Brésil* me produit l'effet d'un nègre masqué. La tête et le cou sont d'ébène. La face est d'un blanc éclatant. On dirait un *loup* de satin derrière lequel s'abrite un visage noir. Sa tournure est élégante et vive.

Le canard du Brésil est doux, familier, caressant, vous connaît, vous suit, vous appelle, trottine à vos côtés, monte sur votre épaule, mange dans votre main comme dans une assiette.

Son ramage est des plus curieux ; des observateurs ont surpris dans son dialecte de palmipède des mots italiens, espagnols, hollandais ; c'est un polyglotte qui parle au moins trois langues, mais qui les parle toutes du nez.

N'oublions pas le *Canard pingouin* à l'attitude si excentrique : il marche en se dandinant, le corps tout droit comme un caniche qui fait la quête, le cou relevé, le bec ouvert. Il a toujours l'air de vouloir monter à l'échelle.

Par la grâce, la délicatesse et la vivacité, le *Canard mignon* est une bergeronnette. Il est si petit,

Le Pingouin.

si délicat, qu'il nagerait dans une cuvette et que pour le mettre à la broche il suffirait d'une aiguille à tricoter.

Un des plus beaux canards étrangers est, sans contredit, l'illustre *Canard de la Caroline*. Le noir, le jaune, le blanc, le vert et le violet alternent sur sa robe éblouissante.

Sa jolie coiffure consiste en une tresse délicate qui, partant de sa tête éveillée et fine, descend sur son cou marbré. Sa plus belle parure est une sorte de tatouage aussi délicat que pittoresque, une foule de lignes droites et blanches semées comme une poignée d'aiguilles sur sa tête et sur son cou.

Enfin, je vous présente le *Mandarin*, le fameux Canard chinois à éventail. On le croirait détaché d'un paravent ou descendu d'une cheminée entre deux potiches.

Son plumage est un rêve oriental, un prodige, une merveille. Les poètes du Céleste Empire prétendent qu'un rayon de soleil ternirait son éclat, que ses couleurs éblouiraient un aveugle.....

Sa grande originalité, c'est une plume de son aile qui se dresse en éventail. Il a l'air de porter sur chaque flanc

9.

un papillon. Il est trop riche, il est trop beau, il est trop travaillé. Il semble écrasé sous ses couleurs, il semble alourdi par tant d'ornements et confit dans sa magnificence. Je lui trouve je ne sais quoi de pâteux, d'artificiel et de cartonné qui ferait croire qu'on peut le démonter plume par plume et le décolorer à l'eau seconde.

Projetant sa poitrine chamarrée, les pattes écartées, la tête immobile et le cou enfoncé dans ses pierreries, le mandarin a toujours l'air de marcher sous un dais ou de poser dans une pagode.

16. — Le Dindon

Le *Dindon* est originaire de l'Amérique septentrionale. Encore aujourd'hui on le trouve en troupes immenses dans les plaines de l'Ohio et du Mississipi, où il se nourrit de graines et de baies ramassées dans les bois.

Le Dindon n'est point, comme la pintade, rebelle aux douceurs de l'étable et de la civilisation. Ce doux sauvage ne demande qu'à être apprivoisé, qu'à venir picorer et faire la roue dans nos basses-cours.

Le Dindon.

En Amérique, le Dindon des forêts vierges se domestique si facilement qu'il suit volontiers dans les fermes les dindons privés qu'il a rencontrés dans ses promenades.

En face des auges bien garnies, il promène un regard familier autour des étables et semble dire dans un glous-glou de satisfaction : « On est vraiment bien ici ; restons-y. » Et il reste !

Le voilà conquis à la civilisation et à la broche. ..,

C'est au temps de la Renaissance que les Portugais introduisirent la pintade en France. C'est au commencement du XVI° siècle que les Espagnols importèrent le dindon en Europe.

Combien de gens ignorent jusqu'aux noms immortels de Cervantes et du Camoëns, qui savourent avec délices la chair de la pintade et du Dindon !

Le Dindon, nous apprend Belin, était déjà connu sous Louis XII. La première fois qu'il fit son entrée au Louvre, ce fut pour être découpé sur la table royale de Charles IX, où il fit une « douce sensation ».

Si l'oie fut détrônée par le Dindon, la poule conserva sa royauté immuable ; à elle la palme des étables, la couronne des basses-cours. Je me souviens d'un dessin allégorique et charmant qui représentait une poule trônant sur son fumier, portant une couronne de poussins, aux têtes pressées comme des perles et tenant dans sa patte, fièrement relevée, un globe, un œuf !

La poule est reine. Mais le Dindon est, à coup sûr, un des premiers personnages de la ferme.

Picorant dans les champs, sur la lisière des bois, il demande peu de soins, peu de grains. On l'élève avec profit, on le nourrit sans peine.

Le Dindon coûte peu, pèse lourd, se vend cher.

Nos meilleurs dindons viennent de la Touraine, de la Sarthe et de l'Anjou. Le Blaisois est encore très riche en dindons. Le Berry nous en envoie d'énormes quantités. Mais le Dindon si renommé du Berry est plus petit, plus maigre et beaucoup moins fin que le Dindon du Maine.

Le Dindon est un bel oiseau. Sa robe est tantôt noire avec des reflets verts, tantôt blanche ou café-au-lait.

Cette dernière couleur est habituellement celle du Dindon sauvage de l'Amérique, souche vénérable de notre excellent dindon domestique.

La tête du Dindon est très originalement parée. On dirait qu'il porte à son cou tout un assortiment de corail, et sur son bec serpente une chenille bleuâtre et mobile d'un effet assez élégant. Ses caroncules écarlates sont celles d'un personnage qui n'a pas froid aux oreilles, et de fait, le Dindon est aussi brave que familier.

J'aime son glouglou joyeux, qui se marie si bien aux gloussements des poules et aux fanfares des coqs : tantôt ce glouglou éclate et monte comme une fusée ; tantôt il s'épanche sonore et précipité comme une cascade.

J'oubliais une chose : le Dindon fait la roue ; il souffle, tourne, relève, arrondit sa queue, veuve, hélas! de pierreries, et, se tournant vers les hôtes de la basse-cour, il semble dire avec orgueil : « Admirez comme je fais bien la roue! ne dirait-on pas que je suis le paon ? »

Ce n'est qu'un Dindon.

17. — La Pintade

La *Pintade* occupe dans nos basses-cours une place indépendante et très originale. Par sa chair exquise, au fumet sauvage, la Pintade est le gibier des fermes et des étables.

La Pintade.

Par sa nature farouche et libre, sa précieuse domestication est encore imparfaite. Elle semble être en visite dans les cours et regarde les dindons et les canards comme des étrangers.

Le grain abondant et choisi des auges l'a conquise à peine à la civilisation. Il y a plus de vingt siècles que son caractère sauvage et capricieux résiste à nos prévenances, à nos soins. On dirait que derrière nos attentions la défiante et rusée Pintade a vu briller un bout de la broche à rôtir...

Il y a deux espèces de pintades : l'une, originaire des côtes occidentales de l'Afrique ; l'autre des côtes orientales du même continent.

La première se distingue par des caroncules d'un bleu charmant. On dirait qu'elle porte autour de sa tête éveillée et délicate une parure de turquoises.

La seconde a des caroncules d'un rouge magnifique. C'est une parure de corail.

Avec son allure dégagée, sa démarche gracieuse et vive, la Pintade, fort élégamment vêtue d'une robe à petits points symétriques et coquets, est aussi un oiseau d'ornement. Le parc la réclame pour sa beauté comme la basse-cour pour l'excellence de sa chair.

La Pintade est une bête de distinction. Mais il ne faut pas qu'elle parle..... Son cri, bien que sonore, n'a jamais charmé l'oreille. Cette voix assourdissante et champêtre l'a reléguée pour toujours dans la basse-cour des fermes, où elle se trouve couverte par le glouglou des dindons, e cancanement des oies et la fanfare des coqs.

L'histoire de la Pintade est assez curieuse : il est souvent plus difficile de conquérir un oiseau qu'un empire. La Pintade en est un exemple.

En deux mille ans elle est importée deux fois dans notre pays, et encore aujourd'hui elle hésite à se faire une place définitive dans le domaine agricole.

Les Grecs étaient friands de la chair de cet oiseau ; la Pintade rôtie parfumait de son fumet délicieux la table aristocratique de Périclès et les festins d'Alcibiade ; et Aristote raconte que de son temps on entretenait des groupes de pintades auprès du temple de Minerve dans l'île de Leros.

Mais c'est surtout sur les tables somptueuses des Romains de la décadence que la Pintade de Numidie était en honneur. Chantée par les poètes, savourée par les Césars, la pintade était le rôti classique de cette Rome repue de victoires et de festins, qui faisait marcher de front la cuisine et les conquêtes.

Avec les Romains, la Pintade d'Afrique pénétra dans les Gaules, où elle fit les délices de nos ancêtres jusqu'au commencement du moyen âge.

Au moyen âge la Pintade disparaît, et l'on oublie jusqu'à son nom.

A l'appétit plus robuste et moins raffiné du moyen âge, il faut des quartiers de venaison, des moutons et des chevreaux entiers ; il faut des oies énormes, chargées de graisse.

Le moyen âge est le règne de l'oie, et elle ne partage sa royauté avec personne.

Avec la renaissance reparaît la Pintade. Elle est rapportée d'Afrique par les Portugais et domestiquée de nouveau, autant que le permet sa sauvage humeur.

Après deux mille ans de vagabondage et de rébellion, il n'y a pas à espérer que la Pintade accepte complètement la vie sédentaire et régulière des basses-cours.

Du fond des fermes civilisées, elle semble se souvenir du pays natal, de sa lointaine Afrique, regretter le temps où elle errait en paix sous les buissons de mimosas et faisait retentir de son cri sonore les champs de la Numidie.

L'amour de la liberté est passé dans son sang.

18. — Le Pigeon

Au-dessus des chaumes moussus ou des tuiles roses de la ferme se dresse le pigeonnier éclatant de blancheur, tel qu'un minaret villageois.

Le pigeonnier complète la basse-cour. Aux glousse-ments des poules, aux cancanements des oies et des canards, aux gémissements des pintades, aux fanfares des coqs, le *Pigeon* vient mêler ses tendres roucoulements.

Le Pigeon est la ressource et l'ornement des fermes. C'est le luxe des paysans, c'est la volière du campagnard.

Le Pigeon voyageur.

D'où vient le Pigeon ? L'Égypte et la Grèce l'ont tiré de la Perse. Mais dès les temps les plus reculés, il vit en domesticité en Europe, en Asie, dans le nord de l'Afri-que. Comme la patrie d'Homère, son berceau est encore incertain, et l'on ne peut dire de quelle contrée est parti le premier roucoulement du Pigeon.

Les anciens connaissaient déjà son prodigieux talent de

facteur et mettaient à profit ses étonnantes qualités postales. Au cirque, les patriciens de Rome avaient coutume de lâcher des pigeons voyageurs pour annoncer à leur famille le résultat des jeux ou pour commander le dîner.

Les mœurs familières du Pigeon, sa grâce, sa beauté, son joli plumage en ont fait depuis des siècles le plus lapprécié des oiseaux d'ornement. A l'excellence de sa chair il doit sa renommée gastronomique. C'est un époux fidèle et courtois, mais irascible et sachant fort bien faire respecter sa huppe et son jabot.

A Rome, le pigeon de luxe était aussi recherché, il y a deux mille ans, qu'il l'est aujourd'hui à Londres et à Bruxelles. Il se vendait jusqu'à cinq cents francs la paire, à la grande indignation des philosophes et des moralistes, qui ne pouvaient comprendre un tel engouement.

Les Égyptiens, qui connaissaient si bien les mœurs des animaux, ne jugeaient pas le Pigeon comme nous. Dans le langage hiéroglyphique, l'épervier signifie l'âme, l'ibis le cœur, la grenouille l'imprudence, la fourmi le savoir. Quant au Pigeon, il indique la violence et l'emportement.

Je ne sais rien de varié, d'original et de charmant comme les nombreuses espèces de pigeons d'ornement.

Ici le *Polonais*, dont le bec imperceptible est comme perdu dans la plume ; là le *Bagadais* au bec énorme, sorte de faux-nez constellé à sa base d'excroissances bizarres.

Voici le *Boulant* et le *Souffleur*, qui projettent leur poitrine gonflée comme le ventre d'un bourgmestre et se dandinent, les jambes écartées, debout comme un pingouin.

Le *Pigeon-hirondelle* semble traîner une paire de guêtres au bout de sa patte emplumée, et le *Pigeon de soie*, au fin plumage, brillant et frisé, semble dire en se carrant : « Regardez-moi, je suis la miniature des pigeons. »

Le *cravaté* étale fièrement son jabot et se rengorge dans les plumes de son cou comme dans un faux-col. Enfin le *Pigeon-nonnain* s'avance délicatement d'un pas léger, presque aérien, en baissant sa petite tête encapu-

chonnée de plumes. On n'aperçoit que le bout rose de
son bec et deux yeux très vifs. On dirait une nonne se
rendant au parloir ou à la chapelle.

Saluons, en terminant, le *Pigeon voyageur*, qu'un instinct merveilleux pousse irrésistiblement vers le colombier d'où il partit. Ce colombier lointain, j'allais dire
ce foyer chéri, il le retrouve toujours, sans boussole et
sans guide, au delà des fleuves et des monts.

Le siège de Paris est la page à jamais touchante et
glorieuse du Pigeon voyageur. Ils partirent trois cent
soixante-trois de l'Hôtel de ville, emportés en ballon.
Ils revinrent cinquante-sept.

Ils ne rapportèrent, ces chers et vaillants oiseaux, ni
le salut, ni la victoire, mais encore et toujours l'espérance, revenant un à un, à travers une route inconnue,
ayant au-dessus de leur tête les nuages, à leurs pieds les
Prussiens, devant eux Paris.....

Combien de ces braves oiseaux payèrent bravement
de leurs petites personnes! Combien de ces messagers
de la France envahie tombèrent victimes de leur dévouement, atteints par une balle allemande! Qu'ils re-
çoivent ici le tribut de ces lignes et l'hommage de ce
souvenir, car ils ont bien mérité de la patrie!

---

19. — Les Pigeons exotiques

Malgré leur grâce et leur beauté, nos pigeons d'Europe
sont bien humbles, bien ternes à côté des races éblouissantes du Brésil, de l'Inde, de la Chine.

A tout seigneur tout honneur. Le roi des *Pigeons exotiques* est le fameux *Nicobar* de Cochinchine, au bec
d'ébène, à la queue de neige, aux longues plumes vertes,
effilées et soyeuses qui recouvrent ses épaules d'un camail
éclatant.

L'Australie nous présente son *Pigeon bronzé*, oiseau magnifique, trottinant sur ses pattes roses, faisant miroiter dans ses poses coquettes ses merveilleuses couleurs, et dressant fièrement sa tête, qu'entoure un diadème de plumes blanches.

En parcourant les forêts profondes des îles océaniennes, nous rencontrons le *Colombard*, ce parent des perroquets splendidement vêtu de gris, de jaune, de vert, orné d'un bec robuste et crochu, affamé de muscade.

Si le Nicobar est le plus beau des pigeons exotiques, le *Goura* des Moluques est à la fois le plus gros et le plus distingué de toutes les espèces.

Sa taille est celle du dindon ; son plumage est des plus délicats et des plus rares. Figurez-vous une robe simple, unie, foncée, mais d'une nuance et d'un goût exquis, une belle couleur ardoisée à reflets bleus.

Le Goura.

Toutes les dorures des toucans et des perroquets, toutes les robes de bal des perruches habillées de velours et de satin ne valent pas cette teinte uniforme et douce, azurée comme un ciel de Venise.

Les ailes sont traversées de jolies bandes blanches, et les yeux sont rouges comme les baies du sorbier. La tête est coiffée d'une huppe étrange, sans pareille dans la nature, verticale et ardoisée, faisant à ce bel et gigantesque oiseau un profil bizarre en lame de couteau.

Les plumes de cette huppe sont si fines qu'on dirait un flocon, un duvet, une brume fantastique, une vapeur bleuâtre, une auréole, je ne sais quoi d'impalpable et de nuageux.

Le Pigeon des Moluques est un rêveur. Immobile sous les voûtes ombreuses des forêts vierges, il passe ses jours entiers à soupirer auprès d'une compagne qui est seule à l'admirer et à l'aimer.

La grande originalité du Goura, c'est son ramage. Il ne roucoule pas, il soupire. Sa voix est une sorte de gémissement aérien.

Quand les matelots de Bougainville débarquèrent dans les Moluques, ils demeurèrent frappés de terreur, croyant entendre de longs gémissements sortir des arbres, comme dans la forêt enchantée du Tasse.

C'étaient des gouras qui soupiraient dans les forêts du voisinage.

20. — La légende du Goura

Je viens de vous présenter le plus grand et le plus beau des pigeons connus : le *Goura des Moluques*. Vous savez que cet étrange et magnifique habitant des forêts, au lieu de roucouler comme c'est l'usage et le devoir d'un pigeon, soupire éternellement sous les voûtes ombreuses des bois ; vous savez que sa voix douce et triste est une sorte de plainte sépulcrale ou de gémissement aérien. Écoutez maintenant la légende du Goura.

Maïko, roi des Moluques et grand guerrier, épousait la belle Thersoë, qu'il aimait tendrement. La cérémonie allait se célébrer sous un palmier immense, qui était comme le temple, la salle de bal et la mairie du royaume.

Tout à coup la foule applaudit et les tambourins se mettent à grincer comme des damnés : c'est le jeune roi qui s'avance, revêtu de ses plus beaux coquillages et suivi de douze guerriers portant chacun au bout de sa lance cinquante chevelures humaines destinées, sans doute, à la corbeille de mariage.

De son côté la princesse apparaît, droite comme un lis et plus jaune qu'une immortelle.

Au moment où l'union des époux va être consacrée, une panthère gigantesque s'élance sous le palmier, terrasse la jeune fille et l'emporte avec l'aisance d'une grande chatte qui enlève une souris.

Maïko jette un cri et vole à la poursuite du monstre en criant : « Thersoë ! ma pauvre Thersoë ! »

Mais la journée s'écoule et le soleil se couche sans que le roi désolé ait rencontré la moindre trace de la panthère.

Enfin, une plume blanche qui ornait la tête de Thersoë frappe son regard terrifié. Cette plume gît dans une flaque de sang...

Et, plus loin, couchée dans l'herbe parfumée, la panthère lèche délicatement ses pattes ensanglantées, en fermant à demi ses grands yeux d'or.

Elle digère l'infortunée princesse. Au même instant, une flèche part en sifflant dans les airs, et le monstre roule sur le sol en se tordant comme un reptile.

La panthère est morte. Mais Thersoë n'est plus, et le désespoir du roi qui l'aimait ne connaît plus de bornes.

Seul, désolé, presque fou, il erre des jours entiers au fond des bois, comme s'il espérait encore retrouver sa malheureuse fiancée.

Maïko ne parle plus; mais il remplit les forêts de ses plaintes touchantes, de ses éternels soupirs.

Sa voix puissante, qui jadis excitait si bien les guerriers et entonnait l'hymne sonore des combats, n'est plus qu'un gémissement lamentable.

Touché d'une si grande douleur, le dieu Papou changea le pauvre roi des Moluques en Goura, qui depuis est, comme notre tourterelle, l'emblème de la fidélité conjugale.

Mais le désespoir de Maïko survécut à sa métamorphose. Oiseau comme guerrier, il erre toujours dans les forêts

profondes, remplit les vallées sauvages de ses gémissements éternels, et si vous prêtez une oreille attentive à
ses plaintes, vous trouverez qu'elles disent : « Thersoë !
Thersoë ! »

Voilà pourquoi, au lieu de roucouler, le Goura soupire.

---

21. — Le Paon

Le *Paon* est peut-être le plus bel oiseau du monde :
son seul tort est de n'avoir pas su rester rare. On le voit
partout ; il se donne, il se prodigue. On dirait un parvenu.
C'est un déchu, c'est un déclassé.

C'est un nabab de l'Inde qui s'est fait bourgeois par
amour de la popularité.

Couvert de rubis et de diamants, il faut qu'il étale sa
splendeur à tous les yeux. Il veut être admiré, applaudi.

Sa beauté royale mais sans témoin lui était à charge :
trop bien paré pour les solitudes, il a quitté les herbes
parfumées des forêts vierges pour la volière et le perchoir ;
il est descendu des grands arbres de l'Inde pour grimper
sur une échelle qu'ont souillée les poules des basses-
cours.

Il est tombé de l'Olympe sur un fumier ! Abandonnant
les bois mystérieux où il brillait comme un rayon, il est
venu, oiseau sacré, traîner sa robe éclatante dans la basse-
cour et faire la roue au milieu des oies et des dindons.

On est blasé sur son plumage incomparable. C'est le
Paon qu'on connaît, qu'on voit partout. A quoi bon s'arrêter quand il fait la roue ?

Oui ! c'est le Paon, un monarque d'Asie qui étale au
soleil son manteau royal et qui porte sur ses épaules
toutes les pierreries de l'Orient.

C'est le Paon, qu'Alexandre a rapporté des bords de
l'Indus et que les prêtres nourrissaient dans les temples.

C'est le Paon, que les flottes de Salomon apportaient tous les trois ans avec de riches cargaisons et qu'admirait la reine de Saba.

C'est le Paon, qui, un jour, vint des pays barbares donner une représentation de beauté à Athènes, et fit courir toute la ville : Socrate, Alcibiade, Périclès, Aspasie!

C'est le Paon, qui fit son apparition sur la table d'Hortensius, quand le grand orateur romain voulut, par un festin magnifique, célébrer sa réception au collège des pontifes.

Enfin, c'est le Paon vénéré de l'Inde et de Java, un demi-dieu !

Il a pu déchoir, mais il n'a pu abdiquer sa noblesse et sa beauté ; toujours noble et toujours beau, il dresse fièrement sa tête couronnée au milieu des pieds plats des basses-cours.

Il y est déplacé, mais il y est toujours roi.

On parle de son orgueil. Est-ce qu'on va chercher la modestie chez un monarque d'Orient ? Est-ce que le Paon saurait ignorer cet éclat qui l'éblouit lui-même ? Est-ce qu'il pourrait se dérober à cette beauté qui l'enveloppe tout entier, et dont il est pour ainsi dire vêtu ?

Il ne chante pas : qu'a-t-il besoin de chanter ? Il brille. Ce n'est pas un gosier, c'est un rayon.

Le Paon est originaire de l'Asie, et c'est Alexandre le Grand qui enrichit la Grèce de ce magnifique oiseau.

D'Athènes il passe à Rome, où on le consacre à Junon. Plus tard, des temples sacrés le Paon descend dans les fourneaux des Césars et dans les basses-cours somptueuses d'Aufidius Latro, qui se fait soixante mille sesterces de rentes en engraissant ces oiseaux.

Le Paon vit à l'état sauvage et en très grand nombre dans l'Inde et à Java. Son vol est pénible et lent, sa course vive et rapide. Il niche dans les jungles, où il forme des groupes éclatants de trente à quarante oiseaux. Les herbes en sont éblouissantes et comme diamantées.

Au moindre bruit, les paons prennent la fuite, rendus
très défiants par les attaques incessantes des jeunes
tigres et des chats sauvages.

Le Paon.

Vitellius et Caligula, ces goinfres couronnés qui auraient
fait tenir toute l'histoire naturelle dans un plat, ont rendu
fameux les ragoûts de langues et de cervelles de Paon.

Le Paon est, d'ailleurs, un excellent gibier que les
Hindous chassent avec passion. Il se fait aussi un grand
commerce des belles plumes œillées de ce magnifique
oiseau.

Les savants de l'Inde racontent que lorsque le premier
Paon fit son apparition en Asie, il excita tant d'enthousiasme, une attention si vive et si profonde, que « sa
queue conserva l'empreinte des yeux qui le regardaient ».

---

22. — La Fouine

Des volailles égorgées, des œufs brisés, des coquilles
vides, le poulailler est en sang : la *Fouine !* c'est l'œuvre
ténébreuse de la Fouine.

La ferme est en émoi. Hommes, femmes, enfants,
armés de fourches, de pieux, de bâtons, s'élancent dans
les granges et les étables, remuant la paille, le foin,
sondant les greniers, auscultant les caves, excitant les
chiens, criant, gémissant, menaçant. Voici la Fouine !
Elle passe. On l'a vue. Les cris redoublent. Elle reparaît
et disparaît encore. On se précipite, on se bouscule, on
se lamente. On dirait que le feu est dans les granges.
C'est un autre fléau ; c'est la Fouine, la terreur, la ruine
des étables et des basses-cours ; c'est la Fouine audacieuse et sanguinaire qui fait vingt victimes en une nuit.
C'est la Fouine avide de carnage, rapide et souple, insaisissable, irrésistible, dont la finesse égale la gloutonnerie, et la gloutonnerie la cruauté.

Traquée de tous côtés, haletante, affolée, elle reparaît tout à coup à travers les gerbes, le long des solives,
le corps frémissant, le museau allongé, l'œil en feu, son
beau panache immobile et sa cravate blanche barbouil-
lée de sang ; elle passe et repasse, glisse, ondule, bondit ; c'est un vertige et un éblouissement. C'est un vacarme horrible. Les chiens aboient, les femmes crient,
les hommes s'apprêtent à frapper. Et la Fouine, continuant sa voltige aérienne, échappe aux fourches, aux
bâtons, aux haches, aux crocs des chiens. Que dis-je ?
elle échappe même aux regards.

Enfin, acculée dans un coin, au pied d'un mur, elle reçoit le coup fatal, suivi de vingt coups furieux. Femmes, vieillards, enfants, tout le monde veut frapper et frappe, et la bête est morte qu'on frappe encore, toujours.

La voici maintenant étendue sur le dos, immobile, inanimée, la bouche ouverte, la tête broyée, une patte brisée, sa queue toujours magnifique baignant dans le sang qui coule de ses blessures. Les poules et les dindons sont vengés.

Malgré sa nature prudente et rusée, la Fouine se laisse prendre au piège que tend le fermier sur le théâtre de ses exploits.

Poussée par son instinct glouton, séduite par un appât trompeur, la carnassière des étables et des colombiers se trouve prise tout à coup dans un étau de fer, le corps entouré de pointes acérées qui font à sa tête de captive comme une couronne d'épines.

La voyez-vous, les yeux hagards, le cou serré, la bouche ouverte, le corps palpitant, frappant le sol de son long panache, frémissante de terreur et de colère ?

Dans cet état, la Fouine a l'air d'une bête qui s'étrangle, et il semble qu'on veuille lui faire rendre tout le sang dont elle s'est gorgée.

Les paysans accourent, entourent la prisonnière et lui reprochent ses crimes avant de lui donner le coup suprême : l'injure avant la mort. Ce raffinement touche fort peu la Fouine, dont l'œil toujours rusé semble dire à ses bourreaux : « Otez d'abord ce vilain collier qui me gêne, vous me sermonnerez ensuite. »

On la tue. Quand la bête est morte, on fait sa toilette. On lave, on parfume son cadavre, on attache des rubans à son panache ; et les enfants de la ferme s'en vont promener de village en village, de porte en porte, la défunte ainsi parée, en quêtant des œufs qu'on ne refuse jamais et qui s'entassent par douzaines dans un vaste panier.

Chaque offrande est accompagnée d'une invective à l'adresse de la bête puante, qui pourtant répare après sa mort les méfaits de sa vie.

Après la quête, qui dure deux à trois jours, on compte les œufs récoltés de porte en porte, on en casse une douzaine, on décroche la plus grande poêle, et le grand drame villageois finit par une omelette.

23. — La Belette

La *Belette* au fin corsage.....

Oui, la Belette est une gentille demoiselle, souple et gracieuse, pleine de coquetterie et de grâce ; son petit œil brille comme un diamant ; sa bouche est rose ; son cou délié et charmant porte une guimpe blanche; c'est à peine si sa patte légère et veloutée effleure le sol ; sa queue est magnifique, c'est un panache toujours mouvant, toujours flottant.

La Belette est une réduction charmante de la fouine ; rien n'égale son agilité et sa souplesse. Quand elle file, c'est un trait : quand elle glisse, une anguille ; quand elle bondit, un chat.

Cauteleuse et fine, prudente et rusée, la plupart de ses méfaits restent impunis. On tue dix fouines pour une Belette.

On entre au poulailler, pavé de cadavres, inondé de sang. Quel est l'assassin ? C'est la gentille Belette ; mais comment a-t-elle pu entrer? La Belette entre partout, elle passerait à travers un bracelet d'enfant.

De tous les buveurs de sang, les égorgeurs d'étable et

de basse-cour, le plus cruel comme le plus charmant, c'est la Belette.

Elle aime le sang comme une chatte aime le lait, et cette jolie carnassière a des raffinements de cruauté incroyables.

On assure qu'elle pénètre dans le corps de sa victime, qu'elle s'y vautre, qu'elle s'y gorge, qu'elle s'y grise, qu'elle y vit, qu'elle y dort : elle est là, au milieu d'entrailles putréfiées, comme le rat de la fable dans un fromage de Hollande, trouvant du même coup dans ce cadavre le toit et le couvert.

La Belette n'est pas seulement le fléau des basses-cours et des étables, où elle égorge avec un art incomparable qui laisse bien loin derrière lui la façon brutale et violente de la fouine ; elle promène aussi ses ravages à l'ombre de l'arbre des forêts. C'est une petite bête aussi sentimentale que féroce, ravageant avec délices les nids des petits oiseaux, s'improvisant une omelette avec les œufs des fauvettes, et croquant comme une dragée les nouveau-nés du rossignol.

La coquetterie de la Belette est à la hauteur de ses instincts féroces et gloutons.

Elle paraît sans cesse préoccupée de sa robe et de son panache ; quel que soit le danger qui la presse, elle marche toujours d'un petit pas compassé et délicat, comme si elle craignait de se salir ; lorsqu'elle guette une proie au bord d'un ruisseau ou d'une fontaine, je ne serais pas surpris qu'elle ne jette un regard coquet dans le miroir des eaux.

Comme l'hermine, elle a horreur des taches, hormis les taches de sang. On raconte que l'hermine, poursuivie par les chasseurs, se laisse plutôt tuer que de salir sa robe blanche dans le marais fangeux où elle trouverait le salut. La Belette, quoique coquette, tient plus encore à sa vie qu'à sa robe ; aussi est-elle difficile à atteindre, à saisir, et non moins habile à se dérober qu'à prendre.

Telle est cette petite bête au pied mignon, au museau délicat, à la robe élégante, aussi charmante que cruelle, suçant jusqu'à la moelle le sang des petits oiseaux et faisant étinceler dans la nuit ses petits yeux brillants, avides de carnage.

IV

LES CHAMPS

Les *Champs* touchent à la ferme, dont ils sont la vaste dépendance et la mine inépuisable.

Nous avons visité la ferme ; parcourons les Champs. Ici nous retrouvons au travail les animaux : le bœuf trace son sillon ou traîne des charrettes, des coupoles de foin, des pyramides de gerbes, des tombereaux de légumes, des fumiers énormes — ce pain de la terre. Nous retrouvons la vache, le taureau souvent attelés comme le bœuf, car tout le monde travaille à la ferme. Le cheval lui-même, malgré la noblesse de sa race, s'est fait laboureur et porte une charrue sur son blason. Voici encore l'âne, l'admirable portefaix qui ne bronche jamais et ne s'écarte de sa route que pour cueillir du bout de sa langue le chardon qui fleurit le long des sentiers. Le chien même de la ferme est là, surveillant les fruits accumulés dans les sillons, comme il garde le foyer.

Devant nous se déroulent les moissons d'or, les luzernes, les jarosses, les trèfles au feuillage charmant qui balancent au moindre souffle leur panache de velours rose.

Le bluet se détache sur les épis comme une turquoise sur un fond d'or, et le coquelicot empourpre les blés de larges gouttes de sang. Fleurs ailées et vivantes, les papillons dans leur vol léger se rencontrent avec l'hirondelle qui, rasant le sol, s'élève soudain d'un coup d'aile dans la nue.

Au bord de son trou, le grillon des champs murmure son refrain rustique, tandis que la perdrix, que guette le chasseur, appelle ses petits d'un gloussement timide.

Les bergeronnettes voltigent en gazouillant autour des grands bœufs, et l'alouette, montant comme une fusée dans l'air, égrène du haut du ciel sa joyeuse chanson.

Ici des champs de pommes de terre étoilées de petites fleurs violettes; des betteraves au vert feuillage qui font rêver de pains de sucre. Là des forêts vaporeuses d'asperges; des maïs, à l'aigrette hardie, qui portent comme un écheveau de soie blanche sur leurs épis d'or.

Et pour compléter ce tableau, au milieu de ce monde de production, de travail et de vie, l'homme des champs, vigoureux et sobre, patient, résigné, infatigable, cultivant sans plainte et sans envie cette terre d'où tout sort, où tout rentre et qui nous nourrit tous.

Les Champs, c'est la terre même; c'est l'agriculture, qui alimente les peuples et les cités; c'est l'honneur, la richesse et la vie des nations.

1. — Le Blé

Les semences sont faites ; l'hiver arrive et fait aux grains ensevelis dans la terre comme un bouclier de givre, comme un manteau de neige. Sous cette neige bienfaisante dort l'espoir du laboureur, se prépare la vie des champs.

La campagne n'est qu'un grand cimetière, et le sillon s'étend comme une fosse commune où repose le grain de blé. Mais Dieu garde ce grain qui lui fut confié, qui semble mort. C'est lui qui le fait germer et grandir, et qui, au jour de résurrection, de ce petit grain fera jaillir un épi !

L'hiver est passé et les dernières neiges ont fondu aux premiers rayons ; le printemps ensoleille les plaines, qui ne sont plus que de vastes tapis verts où, de loin en loin, apparaissent des points noirs. Ces tapis verts, ce sont les *Blés*; ces points noirs, des hommes, des femmes, des enfants qui sarclent les blés.

La neige et le froid ont purifié le sol ; le *sarcloir* arrache les mauvaises herbes, parasites des blés ; puis, mêlant ses services aux travaux de l'homme, l'oiseau du ciel arrive en chantant pour détruire les larves et les insectes.

Les blés ont grandi. Ils jaunissent, ils mûrissent. Ils sont mûrs et le tapis d'émeraude devient un tapis d'or.

Quand souffle le vent, les champs murmurent, les épis se balancent, la plaine est une mer roulant de blondes vagues chargées de rayons ; les grands blés se courbent, se précipitent et se pressent comme emportés par le vent. On dirait que la moisson va disparaître ; et, carressée par la brise, la vaillante hirondelle sur cet océan d'épis passe et repasse, à la poursuite d'un insecte, rasant de ses ailes blanches et noires les'nielles et les bluets.

Mais, tout à coup le vent se tait, les nuages s'entassent dans le ciel et le tonnerre gronde à l'horizon. Les blés sont immobiles, et l'hirondelle vole si bas que son aile frôle le sol.

Le regard attaché sur le ciel, l'homme des champs suit avec anxiété le gros nuage gonflé de grêle qui passe lourdement au milieu des éclairs.

La récolte est à la merci des vents, à la grâce de Dieu. Un quart d'heure d'orage ne suffit-il pas pour anéantir le travail d'une année ? Enfin le tonnerre s'apaise, ne gronde plus qu'au loin ; les nuages se déchirent, et l'arc-en-ciel déploie son écharpe éclatante dans les airs. L'orage est dispersé et la récolte est sauvée.

L'heure de la *moisson* est venue.

L'épi est beau, le grain jaune et lourd. Les fermes et les granges sont dans la joie, la plus humble chaumière a des airs riants.

Les faucilles ont la fièvre, s'agitent, se dépêchent, amoncelant les gerbes, et de toutes parts dans les plaines dorées serpentent, enveloppés de rayons, des chapelets de moissonneurs.

Le Blé est la plante-mère. Dans presque tous les pays son épi charmant et vénéré se mêle aux plus gracieuses traditions, aux plus touchants usages.

Dans les villages de la Crimée, le jeune homme qui recherche la main d'une jeune fille attache un bouquet d'épis à la porte de sa maison. Le lendemain, si le bouquet a été détaché, c'est que le jeune homme est accepté pour époux.

Dans la riche Lombardie aux vastes champs de blé, on place une poignée d'épis dans le cercueil du laboureur en y ajoutant un peu de terre, qu'on détache de sa charrue.

Dans les pays du Nord, le jour de Noël, les enfants suspendent aux toits des maisons de petites gerbes de blé. Et aussitôt les oiseaux du ciel, se voyant servis, s'abattent comme une trombe sur les épis dorés.

La gerbe en est mouvante et toute grise. C'est plaisir de voir les oiselets secouer la neige de leurs petites têtes et se disputer à coups de bec les grains de blé. Il se trouve là des pinsons qui ont du salpêtre dans les pattes, des moineaux hardis comme des pages, des mésanges à collerette blanche, des rouge-gorges cravatés d'écarlate, des roitelets mignons, des chardonnerets vêtus de pourpre et d'or. Tous volent, trottinent, bec-quètent, en gazouillant autour de la gerbe les louanges du petit Noël.

Jadis sur les rives du Danube, comme sur les bords du Rhin, quand prenait fin une guerre meurtrière, les villageois célébraient la paix par de grands feux de paille et les jeunes filles se coiffaient d'épis.

En Normandie, quand un enfant naissait pendant la moisson, son père allait cueillir dans les champs un bel épi de blé qu'il suspendait à son berceau.

Le blé ! toujours le blé ! L'épi, c'est la richesse et le travail, c'est la paix, c'est la famille, c'est le foyer.

Revenons à nos gerbes, qui s'entassent dans les plaines et dans les granges.

La moisson est faite. Les faucilles, qui ont bien mérité de la ferme, sont appendues, un peu ébréchées, aux murs de la maison, formant la panoplie rustique du villageois. Il reste à dépiquer le blé.

Dans tous les villages, des tapis d'or s'allongent sur les aires nivelées et durcies.

Ici, les gens de la ferme, armés de gaules ou de fléaux, frappent en cadence les épis dont l'aire est matelassée.

Là, ce sont des chevaux qui, conduits par des femmes, détachent le grain en piétinant sur les épis.

Jadis le dépiquage du blé était une fête dans les campagnes. Le soir, on dansait sur l'aire miroitante et lisse comme le parquet d'un salon, et les crêpes de blé nouveau embaumaient les fermes.

Après le dépiquage, le vannage : armé d'une large pelle, le fermier jetait vers le ciel d'énormes pelletées de grains qui retombaient dans un drap, dégagés de la paille et des brins d'herbe qu'emportait le vent. A ce procédé primitif succéda le vannage au moyen du *van*, qui donnait des résultats plus satisfaisants.

Aujourd'hui, des machines, venant prêter main-forte au travailleur, labourent, moissonnent, dépiquent, vannent ; elles partagent ses travaux, diminuent ses fatigues, ménagent ses sueurs et ses efforts.

Que l'homme soit tranquille et qu'il ne regarde pas ces nouveaux auxiliaires d'un œil jaloux. La Providence n'entend pas qu'il reste les bras croisés, et elle lui mettra toujours du travail dans la main.

Le blé est dans les sacs empilés sous les toits ; maintenant, entendez-vous le long des chemins retentir les grelots des mules et claquer le fouet du meunier ?

Le blé vanné s'en va au moulin, qui tourne dans le vallon au bord du ruisseau, ou qui, là haut, sur la montagne, agite ses ailes comme de grands bras.

Il semble appeler le grain et dire au blé : « Viens, que je donne un dernier coup de main à ta toilette et que je te change en belle farine blanche. » Du moulin le grain revient farine.

On prépare, on nettoie, on chauffe les fours, et de pénétrantes senteurs embaument le village. On cuit le pain. Et, le soir, quand la famille a pris place autour de la vieille table en chêne, l'aïeul du bout de son couteau trace une croix sur ce pain qui résume son travail et sa vie.

2. — Le Pain

Le *Pain* est le premier des aliments.

Le Pain, c'est la vie. Et quand l'homme adresse une prière à la divinité, c'est son pain quotidien qu'il lui demande.

Le pain rompu est un gage d'alliance ; le pain offert, un symbole d'hospitalité. Dans les campagnes un morceau de pain ne se refuse jamais. Le pauvre le donne au pauvre. Et jamais on ne jette le pain gâté ; on le brûle avec respect, comme à Pâques fleuries on brûle les rameaux bénis de l'an passé.

Le pain ! L'homme passe sa vie à le gagner, et souvent il le trouve bien sec et bien dur, ce pain de chaque jour.

On compte bien des sortes de pain et plus de bouches encore pour leur faire honneur.

L'illustre *pain viennois*, que Marie-Antoinette mit à la mode au petit Trianon, se prépare avec la plus fine, la plus pure et la plus blanche des farines. C'est un pain de reine, qui devait se changer plus tard en pain de la captivité, arrosé de larmes.

Le *pain provençal* se fabrique avec du gruau très blanc d'où lui vient son autre nom de *pain de gruau*.

Le *pain de seigle*, aux appétissantes senteurs, est rafraîchissant, mais pauvre en gluten. Un de ses agréments est de rester frais plusieurs jours.

On dit : « Grossier comme du *pain d'orge* ». Je n'aime pas qu'on dise du mal du pain quel qu'il soit : il y a toujours un bras qui le gagne, une bouche humaine qui s'en contente, un corps qui s'en nourrit.

J'avouerai pourtant que le *pain d'orge* est bien loin d'avoir la délicatesse du pain viennois.

Indigeste aussi est le beau *pain de maïs*, si engageant avec son parfum rustique, ses tranches jaunes et sa croûte d'or.

Le plus lourd et le plus amer des pains, c'est le *pain noir d'avoine* ; il coûte pourtant bien des sueurs aux pauvres gens qui s'en nourrissent.

Il est bien des contrées où notre beau froment n'a jamais balancé ses épis. Dans certains pays, vierges de la charrue ou déshérités du soleil, il se trouve remplacé par de simples racines qui donnent des pains excentriques. C'est ainsi que le *pain islandais* se compose de racines de fougères et le *pain kalmouck* de nénuphar blanc : un pain qui doit endormir la faim.

Avec la pulpe levée et cuite du *manioc* les Indous préparent le pain de cassave.

Je reviens en Europe pour noter deux pains qui ne sont point de luxe, hélas ! : le *pain de sarrasin*, dont le paysan Breton ne se plaint pas, et le *pain de pommes de terre*, que la riche Angleterre marchande à la pauvre Irlande.

Quand la récolte est belle, les paysans disent avec joie qu'ils ont « du pain sur la planche ». Mais ce pain, il faut que nous le gagnions à la force de la plume ou du poignet, avec les bras ou la pensée, à la sueur de notre front ou de notre cerveau. Et puis, malgré les générosités du sol et la richesse des sillons, combien de bouches encore n'ont pas toujours leur bouchée de pain !

———

3. — La Pomme de terre

La *Pomme de terre*, c'est le roi des légumes ; il n'y en a pas de plus populaire et de plus précieux. Ce tubercule souverain nourrit le monde ; il trône sur toutes les tables, sur celle du riche comme sur celle du pauvre. Pour le pauvre, c'est une ressource incomparable ; pour le riche, un mets délicieux.

De même que la rose est en même temps la plus
commune et la plus belle des fleurs, la pomme de terre
est à la fois le plus vulgaire et le plus précieux des légumes : c'est la reine des champs. Et pourtant la pomme
de terre n'a rien de royal dans son aspect : son feuillage
est humble et sa fleur sans éclat ; elle ne parle pas aux
regards, mais son empire est immense, ses bienfaits incomparables ; là où il y a un champ, elle règne ; là où il
y a une table, elle apparaît ; là où il y a une famille, elle
nourrit.

Sa robe est brune, sa forme disgracieuse, son aspect
presque rebutant ; mais sous sa peau rustique, sous son
enveloppe rugueuse, sous sa robe terreuse, elle recèle
la vie.

Il y a en automne la récolte de la pomme de terre
comme il y a en été la récolte des blés.

C'est une seconde moisson, et quand la première est
insuffisante, on se rattrape sur la seconde ; de l'épi
noyé par les averses, brûlé par la sécheresse ou meur-
tri par l'orage, on se console avec l'opulente pomme de
terre.

On l'a dit, la pomme de terre est un excellent *petit
pain tout fait* qui pousse en terre. C'est Dieu qui l'a
pétri. En effet, la pomme de terre tire d'elle-même tout
son mérite. On a compté plus de deux cents manières
d'accommoder ce précieux végétal. La meilleure de ces
recettes est peut-être la plus simple : la pomme de terre
cuite sous la cendre.

Elle ne se contente pas d'être un mets excellent par
elle-même, elle apparaît aussi dans une foule de plats
dont elle est plutôt la base que l'accompagnement.

Combien de régions déshéritées n'ont d'autre ressource que la pomme de terre ! est-ce que sans la
pomme de terre la pauvre Irlande ne mourrait pas de
faim ?

Tout le monde sait que ce légume souverain nous

vient d'Amérique, et il n'est pas de petit enfant qui n'ait épelé le nom de Parmentier.

Chose étrange et bien digne des caprices humains, au lieu de s'implanter royalement dans nos campagnes, dont elle devait devenir la richesse et l'honneur, la pomme de terre ne fit qu'une entrée hésitante et timide dans nos champs. Ne raconte-t-on pas que, pour appeler l'attention publique sur elle, l'excellent Parmentier imagina de faire garder par des soldats le premier champ où il cultiva la précieuse plante ?

On réfléchit alors qu'un légume aussi bien gardé ne devait pas être sans mérite. On s'occupa de la pomme de terre, et s'occuper d'elle, c'était la connaître et l'estimer. Qui se douterait aujourd'hui de ces débuts pénibles entourés de l'indifférence publique ? Lorsque, attaquée par une mystérieuse épidémie, il y a quelques années, la pomme de terre tomba malade et menaça de disparaître, il y eut dans toute l'Europe comme un cri de commun effroi, et l'homme des champs, désolé, appuyé sur sa bêche, regarda autour de lui quel pourrait bien être le remplaçant de la pomme de terre. Il ne trouva rien.

La disparition de cette plante serait un deuil public, une catastrophe agricole, un cataclysme industriel et alimentaire. Faut-il noter en passant que de la pomme de terre on extrait de la fécule et de l'alcool ?

La pomme de terre a inscrit le nom de Parmentier au premier rang des bienfaiteurs de l'humanité. La gloire de Parmentier est si grande qu'il en est resté pour d'autres ; c'est ainsi que le baron de Rumfort, l'inventeur de la cheminée prussienne, s'est illustré en introduisant la pomme de terre dans tout le nord de l'Allemagne. Rumfort n'était qu'un disciple de Parmentier.

Je me souviens d'avoir visité dans l'Agenais une ferme dont les champs immenses étaient tout couverts de

pommesde terre; le fermier était un ancien poète qui avait
eu l'heureuse inspiration de laisser la lyre pour la charrue. Au milieu de son jardin très grand, mais très rustique, s'élevait au milieu des lavandes et des tournesols
le buste du bon Parmentier. Il avait pour piédestal une
marmite hors d'usage, et aux quatre coins de la statuette
s'élevait fièrement quatre plants de pommes de terre.
J'ai vu des statues de philosophes et de guerriers, de
conquérants et de rois, je n'ai jamais été ému peut-être
autant qu'en face de ce buste champêtre, qui n'était
pas plus haut qu'une table, mais qui me semblait, avec
ses quatre plants de pommes de terre et sa marmite
renversée, plus grand que les colosses de Versailles et du
Louvre.

4. — La Betterave

Parmi nos plantes industrielles, la *Betterave* occupe
une place incontestée de richesse et d'honneur.

Sa culture pour la fabrication du sucre a pris, surtout
dans les contrées du nord, un développement énorme,
et chaque année ce développement augmente, s'affer-
mit, s'étend.

Il s'est formé des Sociétés de « Betteraviers », qui ont
leurs statuts, leurs concours, leurs réunions, leurs
primes et leurs médailles, leur journal !

La Betterave ne donne pas seulement du sucre, elle
fournit un alcool estimé, et, il paraît que l'eau-de-vie que
l'on paye si cher sous le nom de cognac provient en
partie de la racine de la betterave.

Les principales espèces de cette importante racine
sont : la *betterave de Silésie*, qui est la plus estimée, et la
betterave rose, connue sous le nom de *disette* dans beaucoup de pays.

Sucre, alcool, nourriture précieuse pour le bétail : tel est le lot de la betterave.

Mais voici qu'un honneur aussi grand qu'imprévu est venu la trouver dans ses laboratoires et dans ses champs. Pendant qu'elle distillait de l'alcool ou qu'elle engraissait le bétail, il paraît qu'on est venu lui offrir l'héritage de la vigne, de notre chère et antique vigne qui, Dieu merci ! n'est point morte et abreuvera, je l'espère, de son jus vermeil les enfants de nos petits-enfants.

Oui ! en ces temps de phylloxéra, une voix plus sinistre qu'autorisée s'est écriée : « La vigne se meurt, la vigne est morte, et je vous présente une plante sans rivale, qui doit la remplacer avec une foule d'avantages. C'est la betterave rouge ! »

Cette betterave, a-t-on dit, est prodigieusement sucrée, et produit par la fermentation un vin qui ne le cède pas en vigueur et en arome aux meilleurs crûs. Voyez-vous le beaune, le volney et le chambertin, le médoc, le saint-Julien, le château-Lafitte, le haut Barsac remplacés par un jus de betterave !

La Betterave de Silésie.

Non ! chère et excellente betterave ! On dit que la plus belle fille du monde ne peut donner que ce qu'elle a ; tu as dans ta racine des flots d'alcool et des millions de pains de sucre. C'est admirable ! mais ne force point ton talent, tu ne ferais que de la piquette...

5. — Les Plantes textiles

Au premier rang des plantes *textiles* se dresse, dans sa frêle majesté, le *lin*. Sa filasse est la plus fine, sa toile la plus estimée. Le lin est exigeant et il a le droit de l'être ; il veut une terre excellente et profonde, parfaitement ameublie. Sa tige doit être grande, droite, simple, élancée. On sème cette plante dans le courant d'avril ; aussitôt qu'elle est levée on la sarcle avec un soin extrême sa réussite dépendant surtout de la propreté du sol.

Le lin se récolte en août. Quand ses feuilles jaunissent, il est mûr ; on l'arrache, on le lie par poignées, on le sèche au grand air et on recueille la graine. Quant aux tiges, on les rouit dans l'eau dormante et quelques jours après on les étend au soleil. De toutes les espèces de lin la plus importante et la plus estimée est le lin de Riga.

Le Lin.

On se rappelle que l'Égypte fut autrefois renommée pour la finesse et la beauté de ses lins ; les princes et les prêtres de l'Orient portaient des robes de lin teintes de riches couleurs.

Après le lin, le *chanvre*. On le sème en mai. Comme le lin, il exige un sol riche et profond, et plus ses tiges sont élancées et droites, plus elles valent. Dans nos pays, on récolte le chanvre en deux fois ; on commence par cueillir le chanvre mâle aussitôt que les feuilles jaunissent, et quinze jours après on arrache le chanvre femelle, qui porte la graine. Le chènevis, qu'on utilise pour la nourriture de la volaille, sert aussi à fabriquer de l'huile.

Quand le chanvre est arraché, on en forme des petits paquets dont on coupe les racines. Ces paquets sont ensuite fixés à de longues perches, et c'est ainsi que sèchent les graines et les feuilles. Quand tout est sec, on cueille les graines et l'on rouit les tiges, comme pour le lin.

Le chanvre et le lin sont des plantes charmantes, aux tiges gracieuses, ornées d'un feuillage élégant, aux parfums pénétrants et rustiques.

De ces tiges élancées et frêles sortent ces immenses pièces de toile qui serpentent dans les prairies en face des chènevières ; de ces tiges fragiles sortent encore les voiles et les cordages des navires, le linge qui couvre notre corps, la nappe blanche qui s'étend sur la table des princes, les draps éblouissants où l'on repose. De cette tige enfin, vient le premier comme le dernier vêtement de l'homme : le lange du nouveau-né et le linceul qu'on emporte dans la tombe.

Le *houblon* et les *orties* elles-mêmes fournissent de la filasse et se rouissent aisément; l'ortie peut se couper cinq ou six fois dans un été ; les tissus fabriqués avec son fil sont assez appréciés.

Pendant longtemps le *genêt d'Espagne*, si opiniâtre et si fécond, a été considéré comme un importun, un parasite. Mais voilà qu'on vient de découvrir au genêt des propriétés textiles, qui le rangent parmi les plantes les plus utiles à l'agriculture. Dans les fermes et les villages du bas Languedoc, il est peu de maisons où le linge de corps et de table ne soit en toile de genêt; toile d'abord roussâtre et grossière, mais forte, nerveuse, inusable, devenant avec le temps d'une blancheur éclatante.

6. — Les Plantes nuisibles

Dans les champs, en plein air et en plein soleil, les mauvaises herbes ne sont pas à l'étroit, sous une surveillance implacable, comme dans les jardins.

Elles s'en donnent à cœur joie et, narguant souvent la herse et le sarcloir, elles pullulent, poussent, s'étendent, envahissent.

Nous retrouvons aux champs l'*ortie*, la *ronce*, le *chiendent*, et nous sommes en présence du *chardon*, si cher aux ânes et aux chardonnerets, mais justement appelé la *peste des récoltes*.

Cette herbe est bien, en effet, la plaie de la terre. On échardonne dans les champs comme on échenille dans les vergers. On arrache le chardon avec un couteau, un sarcloir, un râteau ; à chaque printemps le chardon revient ; on l'extirpe, il reparaît : c'est la plus entêtée des mauvaises herbes.

Pour nommer toutes les mauvaises herbes qui infestent les champs, il faudrait se tenir derrière le sarcloir, les recueillir et les compter. Entassées les unes sur les autres, elles formeraient une pyramide végétale plus haute que la pyramide de Chéops. (1) Il vaut mieux en faire du fumier.

Le Bluet.

Disons-le franchement, au premier rang des mauvaises plantes, figurent les fleurs des champs : le *coquelicot*, au délicat feuillage, à la fleur éblouissante; le *bluet*,

(1) La *pyramide de Chéops* est la plus grande des pyramides d'Égypte : elle a 137 mètres de hauteur.

dont chaque fleur est un bouquet mignon ; la *nielle*, aux teintes lilas ; le *liseron*, aux clochettes roses. Fleurs rustiques et charmantes, douées de je ne sais quel attrait étranger aux fleurs cultivées de nos jardins. Mais ces jolies fleurs, qui ont pour guide leur fantaisie, pour arrosoir un nuage et pour jardinier le bon Dieu, ces jolies fleurs se multiplient, s'étendent comme si les champs étaient un parterre. Je n'ignore pas qu'en outre les bluets et les coquelicots ont de grandes prétentions médicinales et qu'ils ont leurs petites entrées chez les pharmaciens. Mais est-ce une raison pour étouffer les seigles et les blés ? Ajoutez au dossier de la nielle que sa graine est un poison pour la volaille. Avec les bluets, les nielles et les coquelicots on fait des bouquets délicieux, mais on ne fait pas du pain.

Le champ est un domaine grave où la plante veut avoir ses coudées franches ; où pour prospérer et mûrir elle a besoin d'air, de soleil et de liberté. Les fleurs la gênent et l'étouffent, mêlant par dessus le marché leurs graines détestables aux bons grains.

Le charmant liseron lui-même n'est-il pas dans beaucoup de pays une plante envahissante et importune, maudite des cultivateurs ? Toujours à la recherche d'une autre plante qui lui serve d'appui, le liseron l'enlace si bien qu'il l'ébranle, l'accable, l'étouffe et lui fait de ses jolies clochettes une couronne mortuaire.

---

7. — Les champs à vol d'oiseau

Nous n'avons pu, dans un cadre restreint, présenter que quelques plantes de premier ordre. Vous plaît-il maintenant de traverser les champs *à vol d'oiseau*, afin de les embrasser du regard et de donner un coup d'œil à la plante qui n'a pas eu sa page ?

A côté des blés, les *seigles* balancent avec éclat leur

épis magnifiques. La farine du seigle donne un pain savoureux et rafraîchissant. Sa tige élégante est un précieux
fourrage ; sa paille sert à couvrir l'habitation du pauvre ;
c'est le toit des chaumières, c'est le lambris des cabanes.

Si le Seigle avait un blason, je lui attribuerais volontiers cette devise :

Blé ne puis, Orge ne daigne, Seigle je suis.

Aux seigles succèdent les *orges* et les *houblons*, qui
versent aux peuples du Nord un breuvage tonique et rafraîchissant.

L'orge, c'est encore du pain, un pain rustique et hâlé
comme ceux qu'il nourrit. On sait que le grain d'orge fait
les délices des canards et des dindons ; c'est le régal des
basses-cours. Enfin, de l'orge et du houblon coulent des
fleuves de bière. Dans les peintures allemandes l'orge des
champs couronne de ses épis le front de Cambrinus (1)
comme le pampre des vignes ombrage la tête de Bacchus.

Puis, viennent les *avoines*, nourriture favorite et sans
rivale du cheval, qu'elle fortifie, qu'elle ranime, qu'elle
excite, qui est son pain, sa vie, son ardeur, son agilité sa
grâce, sa vaillance, sa beauté. Sans l'avoine, peut-on dire
ce que deviendrait « la plus belle conquête de l'homme » ?

Voici le *sarrasin*, qui semble avoir fait un pacte avec
la pauvreté, dont il est la ressource et la consolation.
C'est dans les terrains indigents, que le pauvre cultive
avec efforts, qu'il se trouve à sa place et à son aise. On
dirait une céréale philanthrope qui, peu riche elle-
même, fait la charité aux autres.

Quand il est en fleurs, on enterre le sarrasin dans le
sol, et sa racine engraisse les sillons.

Quand il est vert et tendre, on le fauche, et il alimente
le bétail.

(1) *Cambrinus* ou *Gambrinus*, roi légendaire, regardé comme l'inventeur de la bière

Quand sa graine est lourde et belle, on la récolte et on en fait du pain, un pain violet et rugueux qu'au milieu des océans regrette le matelot breton... Et c'est ainsi que dans les terres stériles où il fleurit le pauvre sarrasin trouve de quoi nourrir et les végétaux et les bêtes et les hommes.

Le Maïs géant.

Dans les plaines du Midi se déroulent les champs de maïs, qui font rêver des tropiques; dans cette plante

charmante, n'y a-t-il pas de la canne à sucre, du palmier
et du bambou? Pour beaucoup de pays la farine du
maïs est la base de la nourriture du paysan qui a bap-
tisé son pain odorant et jaune du nom poétique de
pain d'or.

La feuille et la tige du maïs nourrissent le bétail ou
engraissent la terre; les chatons de ses gracieux épis
alimentent le foyer des fermes; sur les feuilles de l'épi,
transformées en paillasse élastique et souple, dort
l'homme des champs.

Quand la cueillette du maïs est achevée, le cultivateur choisit les épis les plus lourds, les plus beaux, et les
suspend en bouquets aux solives de la maison. Ces guirlandes d'or, c'est la semence que réclameront les labours,
c'est l'espoir et la récolte du prochain automne.

Ici les LÉGUMES, là les RACINES
des champs : champs de *fèves*
et de *pois*, champs de *lentilles*
et de *haricots*, *raves* au vert
feuillage, *carottes* au panache
dentelé, *citrouilles* énormes,
navets de Suède et *panais* de
Bretagne, *potirons* à turban,
oignons à chapeau chinois, *artichauts* à plumet bleu, tout cela donne aux champs le riant
aspect d'un immense potager.

Vus de loin, ces carrés des
pois, ces bandes de haricots, ces
losanges de fèves, ces guirlandes
de lentilles, tous ces légumes
enfin, qui couvrent la colline,
se déroulent vers la plaine

Le Panais.

comme de gigantesques tapis aux teintes éclatantes et
variées.

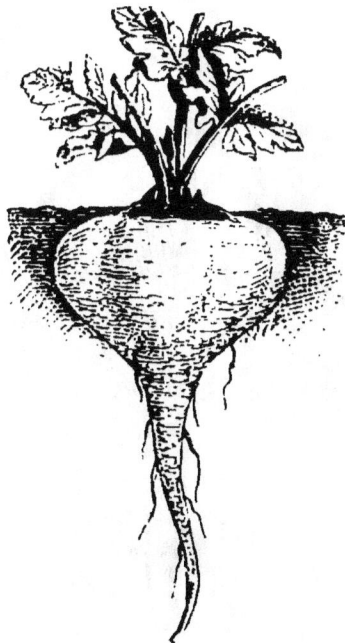

Là ce sont les PLANTES OLÉAGINEUSES : le *colza*, la *navette* la *cameline*, la *moutarde blanche*, le *pavot*, qui fait des champs un parterre ; plantes précieuses qui versent des torrents d'huile dans l'industrie et dont la culture augmente chaque année. Aussi bien, je comparerai volontiers le progrès de ces plantes oléagineuses à une immense tache d'huile gagnant peu à peu le sol, étendant sur les campagnes la richesse et la prospérité.

Plus loin, les PLANTES FOURRAGÈRES, qui alimentent les bestiaux, dociles et vaillants auxiliaires du cultivateur : le *trèfle*, au panache rose éclatant et velouté ; la *luzerne*, au gracieux feuillage, aux rustiques senteurs ; le *sainfoin*, au parfum suave et pénétrant, le roi des fourrages ; la *minette*, qui pousse et repousse avec tant de vitesse qu'elle s'impose plutôt qu'elle ne grandit ; les *vesces*, aux grandes tiges touffues chargées de cosses verdoyantes ; enfin, la *pimprenelle*, l'humble et gentille pimprenelle au coquet feuillage, au doux arome, la petite pimprenelle si chère aux moutons

Le Trèfle incarnat.

et qui, avec ses airs délicats, brave également les froids hivers et les brûlants étés.

Enfin, les PLANTES COLORANTES : la *gaude*, le *pastel*, la *garance*, le *carthame*, le *safran*, plantes jadis fameuses, régnant en souveraines sur les tissus, aujourd'hui déchues de leur grandeur et quasi détrônées par la chimie moderne.

Telles sont les richesses incomparables, incessantes et variées que, après bien des efforts, la main de l'homme arrive à faire sortir des champs.

LES ARBRES DES CHAMPS

8. — Le Pommier

Aucun arbre, j'imagine, n'aura la prétention de contester l'antique noblesse du *Pommier*. Cet arbre respectable remonte, en effet, au paradis terrestre et la pomme apparaît à la première page de l'histoire de l'humanité.

Eh bien, malgré ses parchemins, le pommier n'a rien d'aristocratique. Bien qu'il s'assouplisse dans nos plates-bandes en gracieuses guirlandes, ce n'est pas un arbre de jardin, j'allais dire un arbre du monde.

C'est un arbre des champs, un bon paysan d'Avranches ou de Honfleur qui porte des muids de cidre au bout de ses rameaux. Et, s'il est noble, c'est à la façon de ces vieilles familles de fermiers qui depuis des siècles cultivent, de père en fils, la même ferme, dont ils sont la richesse et l'honneur.

Le pommier est normand ou breton comme le prunier

est tourangeau, le châtaignier limousin, et le figuier marseillais. Il y a quelques années les Bretons et les Normands, habitant Paris, fondèrent une société amicale et patriotique ; cette société s'appelle : *La Pomme.*

Certes, je serais incapable de perdre l'humanité pour une pomme ; cependant je les apprécie toutes, depuis la grosse *reinette,* qui a un parfum de noisette, la grosse *calville blanche* ou *rouge* au délicat parfum, jusqu'à la *pomme d'api,* cette naine aux petites joues vermeilles, qui semble un fruit de porcelaine, teinté de rose.

La pomme est de de tous les fruits le plus populaire et le plus aimé, c'est le dessert classique du campagnard et le régal de l'enfant. Quand vient l'hiver, figues, raisins, prunes, amandes, noisettes, tout est sec ; toujours fraîche, la pomme apparaît sur la table comme un souvenir des beaux jours, une appétissante image de l'automne.

Ce que la Normandie et la Bretagne récoltent, expédient de pommes, est présque incroyable.

Mais la pomme ne brille pas seulement dans notre assiette, elle coule aussi dans nos verres en flots dorés.

Le *cidre* est la gloire du pommier, une des grandes richesses de la Normandie, la première ressource de la pauvre Bretagne. D'Avranches à Quimperlé, le cidre aux reflets d'or, mousse et rit dans le verre du campagnard.

N'oublions pas cette bonne eau-de-vie de cidre qui sent la reinette, comme la reinette elle-même sent la noisette des forêts.

En Normandie le pommier précède les fermes en longues allées majestueuses, ou bien se groupe en gracieux quinconces dans les cours où picorent les canards et les dindons.

Quand vient le printemps, les pommiers se poudrent de fleurs blanches et l'on dirait que chaque branche porte des flocons de neige. Les oiseaux arrivent faisant la guerre aux chenilles et la toilette aux pommiers ; leurs chants joyeux se mêlent aux parfums des fleurs, et c'est ainsi que chaque arbre porte un orchestre dans ses branches.

Dans la pieuse Bretagne nous trouvons un poétique usage: la première branche de pommier qui se couvre de fleurs est cueillie avec respect et placée au-dessus du Christ de la maison, à côté du buis béni des Rameaux. Ce bouquet précoce et fragile est comme un talisman rustique qui protège à la fois les récoltes et les foyers.

9. — Le Noyer

Le *Noyer* est un bel arbre, au dôme superbe, au tronc majestueux, aux branches immenses, aux froids ombrages où se cache la fièvre, au dire des paysans qui, tout en se régalant de ses fruits et s'enrichissant de son huile, le traitaient jadis comme une sorte de *mancenillier* villageois.

Avec le bois de noyer on façonne des meubles simples, mais charmants, que le temps brunit de teintes magnifiques.

C'est dans le noyer que le paysan du Périgord taille son lit de noces et la vaste armoire qu'il offre bondée de linge à sa fiancée, comme corbeille de mariage. C'est dans le vieux noyer qu'on rabote ces buffets ou celliers miroitants, brillants comme un écu, ou se profilent des silhouettes étranges, des dessins fantastiques qui font rêver les enfants.

Dans le Midi le commerce du bois de noyer est très important. Après avoir jonché le sol de ses fruits et versé dans les lampes des torrents d'huile, le noyer se fait meuble, chambre à coucher, salle à manger. Son bois sévère, mais élégant, est préférable à l'acajou criard.

Le noyer, injustement distancé par les bois du Nouveau-Monde, est un bois artistique et noble. Le moyen âge et la renaissance ont légué à nos musées des bahuts merveilleux, des lits somptueux, des tables admirables en bois de noyer que la vieille ébénisterie française recherchait, travaillait, embellissait, aimait presque à l'égal du chêne.

Parlons de la *noix* : quand l'amande s'en va et que la châtaigne va venir, la noix verte est arrivée.

Le Noyer.

Comme la cerise et la fraise, qu'on crie dans les rues, la noix est le dessert populaire et aimé du Parisien.

Au coin des rues, sous les portes cochères, à l'entrée des marchés, à la porte des théâtres, la petite marchande de noix vertes surgit comme une gracieuse et rustique image de l'automne, les manches retroussées, le tablier blanc, les joues roses et la main chocolat, la **voix** clairette et fière, son maillet au bout des doigts.

Il y a aussi du camelot chez la petite marchande de noix vertes : sur une table, sur une chaise, sur un banc, sur le parapet d'un pont elle étale entre des bâtons de sucre d'orge et des paires de jarretières, ses noix provocantes et nouvelles à moitié déshabillées d'un coup de marteau :

— *Qua-ran-te centimes le quar-te-ron, les bééllles noix, les bons cerrrneaux !*

A son cri de vente, j'allais dire son cri de guerre, jeté d'une voix fraîche aux échos du carrefour, on s'arrête, six ou huit sous dans la main ; les noix passent dans un sac, et la petite marchande vous tend les fruits d'automne, qu'elle accompagne d'un sourire de printemps.

La noix est un fruit appétissant et gai. « Il est exquis et il fait boire, » observe Brillat-Savarin ! Une « cuisse de noix verte » est aussi délicate que la plus fine amande, que la noisette la plus parfumée.

C'est comme un trésor que la noix cache sa chair appétissante et satinée sous une double enveloppe. La première verte comme l'émeraude, la seconde jaune comme du vieil or.....

Elle ne se donne pas, la noix : il faut l'écaler, la briser, l'éplucher.

Les plus belles et les plus fines noix sont celles du Périgord. Les meilleures noix du Périgord sont celles de Sarlat. Le Sarladais, qu'on appelle le *noir Périgord*, n'est qu'un bois de châtaigniers et un verger de noyers.

Dans ce coin pittoresque et touffu où naquit Fénelon et que Montaigne aimait, le *gaulage des noix* est une fête comme ailleurs les vendanges et la moisson.

L'hiver, les sacs de noix s'empilent dans les granges ; partout on apporte des bancs, on dresse des tables, on convoque les voisins.

Les *énoiseurs* arrivent, chacun muni de son verre et de son maillet. On prend place. La besogne commence et l'on entend aussitôt un bruit sonore et cadencé qu'accompagnent les chants villageois.

On casse les noix, et les noix brisées délicatement s'amoncellent en pyramides d'un bout des tables à l'autre.

Le matin, quand il ne reste plus une noix intacte, tables, chaises et bancs disparaissent ; des coquilles éparses on fait un feu de joie, et, tandis que la jeunesse du pays se livre à la danse, les mères, décrochant de longues poëles, font sauter des crêpes à l'huile nouvelle, qui embaument le voisinage.

La noix verte n'est pas seulement un fruit délicat et charmant. Confite dans l'eau-de-vie, la noix, à mon avis, est très supérieure à la prune et à la cerise. N'oublions pas encore cette antique et rustique liqueur : le *brou-de-noix*, si douce au palais, si chaude au cœur ; le brou-de-noix, délice invariable et classique de nos pères, qui, a toujours, malgré sa décadence imméritée, comme un parfum de village, un arome de foyer.

Enfin, c'est grâce à l'huile de noix que cette lampe m'éclaire et que j'écris cette page en l'honneur de ce précieux dessert du paysan et de l'ouvrier : la Noix !

10. — Le Cerisier

Pour Jean-Jacques Rousseau, cet amant passionné de la nature, il n'y avait pas de plus bel arbre au monde que le *Cerisier* ; qu'un beau cerisier à la peau luisante satinée, aux branches vagabondes, au feuillage vert étoilé de fruits roses.

Un bouquet de cerises est aussi gracieux qu'un bouquet de fleurs.

Dans le Midi, le cerisier est un arbre quelquefois gigantesque, au tronc énorme, aux cimes élevées. Mais je ne connais pas de pays où l'on s'entende à cultiver le cerisier comme les environs de Paris. Argenteuil, Sannois, Franconville, Épinay, Montmorency, Clamart, Sceaux, Meudon et Viroflay méritent une mention toute spéciale.

A l'époque de la floraison des cerisiers, le paysage en est tout blanc; plus tard, il est tout rouge.

On taille le cerisier comme un arbuste de jardin. Du haut de l'impériale des chemins de fer vous voyez se profiler dans les champs de longues rangées de cerisiers dont la tête ronde est chargée de fruits rouges.

Pour cueillir ces cerises il n'est pas besoin d'échelle comme dans le centre ou le midi de la France; d'une main on courbe les rameaux, de l'autre on remplit les paniers : la récolte est faite.

De tous les fruits du printemps la cerise est le plus populaire et le plus aimé. C'est le plus frais, le plus riant des desserts. C'est le régal de tout le monde. C'est le joyeux goûter de l'écolier, de l'apprenti, de la petite ouvrière, de l'homme des champs. La cerise est une bonne fille qui rayonne également dans la coupe élégante du riche et dans l'assiette ébréchée du pauvre.

Paris fait une consommation fabuleuse de cerises. Chaque printemps, s'il faut en croire la statistique, lui en apporte pour deux millions.

Comme toutes les primeurs, c'est du Midi, des plaines toulousaines et des vergers du Languedoc, qu'arrivent les premières cerises. Elles coûtent un franc la livre, rangées comme des perles dans des boîtes de sapin enjolivées de festons. On ne voit pas dans ce luxueux arrangement les queues, si pittoresques. Dans ces caisses étiquetées, les cerises ont l'air de s'ennuyer et ressemblent à ces

fruits artificiels que les dames portent sur leurs chapeaux.

Ce que j'aime, c'est la cerise qui passe en cascades de
pourpre, en pyramides roses, dans la voiture du marchand
des quatre-saisons. C'est la cerise joyeuse et libre qui
court les rues comme l'esprit et la gaîté.

Comme la pêche et l'amande, la cerise est, dit-on, originaire de la Perse.

La Touraine et l'Anjou récoltent d'excellentes cerises.
Les *bigarreaux*, à la chair ferme, rose et blanche, nous
viennent du Midi. La *guigne*, à la peau brune, abonde
dans le Bourbonnais et le Limousin. La petite cerise,
dite anglaise, d'une jolie couleur vermeille, mais aigre-
lette et piquante, est la plus commune aux environs de
Paris.

Sèche, la cerise est aussi saine et aussi délicate que le
pruneau. Confite dans l'eau-de-vie, elle est supérieure
même aux prunes de Marmande.

Vous savez que les moineaux sont le fléau des cerises.
Pour effrayer ces effrontés convives, on pose un mannequin dans les branches, on attache des grelots dans le
feuillage. Mais le rusé pierrot a bientôt découvert le pot
aux roses. Il ne tarde pas à se convaincre que ce terrible
garde champêtre n'est qu'un simple homme de paille et
que tous ces grelots ne sont qu'une innocente sonnerie.
Que dis-je! ces grelots deviennent pour cette bande de
gourmands comme la cloche du dîner. Aussitôt qu'un
moineau vient agiter le grelot en se posant sur une
branche, tous les autres moineaux accourent se mettre
à table.

Chaque fruit a sa physionomie. La cerise est un fruit
de bonne humeur, éclatant et ferme, riant. joyeux. C'est
le fruit cher aux enfants, pour qui elle est à la fois une
gourmandise et un bijou.

Quand j'évoque mes souvenirs d'enfance, j'aime à me
appeler les pendants de corail que je mêlais aux che-

veux blancs de ma grand'mère et qu'ensuite je venais
furtivement lui croquer sous l'oreille.

---

11. — La Nèfle.

Avec sa robe de bure, sa saveur rustique, sa taille
rondelette et trapue, la *Nèfle* est une vraie paysanne. Elle
porte un bouquet de poil sur sa joue bistrée, — quelque
chose comme un grain de beauté en broussaille, plein
d'un charme piquant. La nèfle est, durant l'hiver, avec
les sorbes, les pommes, les châtaignes et les noix, le
dessert du fermier et des campagnes.

Dure et coriace, amère quand on la cueille, elle mûrit
sur la paille où meurent les poètes.

Fille, elle ne vaut rien ; femme, elle est exquise. Jeune,
c'est du verjus ; vieille, c'est un régal. « *Il faut que la
nèfle soit faite* » est un proverbe des champs.

La nèfle est originaire de l'extrême Orient ; elle vient
de la Chine ou du Japon, peut-être de ces deux pays.

Le *néflier du Japon* est une plante magnifique qui
fait le plus bel ornement de nos serres. On admire ses
tiges follement élancées, son large et luisant feuillage,
aux élégants contours.

La nèfle n'est guère un fruit des villes. Sans doute, son
aspect rustique, son teint de brique, sa peau rugueuse
l'ont proscrite des tables aristocratiques et des desserts
somptueux. Toujours l'apparence ! Sous sa robe de
paysanne, la nèfle cache des charmes délicieux, une
chair un peu molle mais appétissante, un peu brune
mais exquise. Ce n'est plus de la chair, c'est du velours.

La nèfle nous vient un peu de partout. On dit : le pruneau de Tours, la pêche de Montreuil, la figue d'Argenteuil, la cerise de Montmorency, le raisin de Fontainebleau ; on dit simplement : la nèfle.

Fruit capricieux et libre, vagabond, errant, poussant
où tombe le noyau, mûrissant à travers les vignes, le
long des haies.

Les fruits que j'aime sont ces fruits bohêmes, hâlés
par le grand air et poussant à la grâce de Dieu, dorés
par de libres rayons.

— —

12. — LES ENNEMIS DES CHAMPS

Tout le monde a ses ennemis. Les champs, les récoltes
en ont de terribles et d'innombrables. Chaque plante,
que dis-je ? chaque âge de la plante compte un ennemi
implacable, souvent invisible. Celui-ci s'attaque à la semence, celui-là à la racine, un autre à la tige, un autre
aux feuilles, un autre à la fleur, un autre au grain ; et c'est
ainsi que depuis sa naissance jusqu'à sa maturité, depuis
le berceau jusqu'à la tombe, tout le long de sa courte
existence, la plante est rongée, épuisée par un ennemi
qui en fait son gîte et son garde-manger.

Si le blé est la reine des plantes, c'est aussi le blé qui
a le plus à souffrir. La *carie* le ronge, la *teigne* l'épuise ;
l'*acarus*, l'*iule*, insectes avides et terriblement armés,
attaquent, rongent, perforent la feuille et la racine du blé.

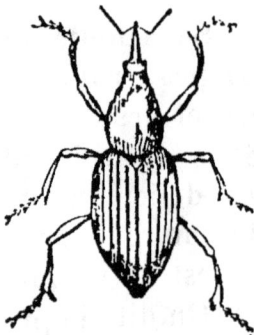

Le Charançon.
(Longueur 0ᵐ002.)

L'acarus ne se contente pas de per-
cer, de broyer ; il dépose sa progéni-
ture, une nichée de vingt à trente
petits, dans le grain que ses pinces
ont troué. L'iule s'installe dans le
grain devenu laiteux et s'y repaît
comme le rat dans son fromage de
Hollande. Sans parler des chenilles,
des sauterelles et des rongeurs, ce
malheureux blé est encore la proie
de la *cécidomyie* impitoyable et du
charançon vorace qui vide le grain comme vous videz
un œuf à la coque.

Les pois ont la *bruche*, la fève les *pucerons*, le colza l'*altise*, l'avoine la *tilupe*, la vigne, l'*oïdium*, le *phylloxéra* !

Faisons connaissance avec quelques-uns de ces bandits des champs, destructeurs acharnés, trop souvent invisibles et insaisissables, de nos récoltes. Je commence par les rongeurs.

13. — Le Rat des moissons

Le *Rat des moissons* est une miniature, un nain, une fantaisie de rat, un soupçon de souris, une des petites bêtes les plus vives, les plus coquettes, les plus alertes, les plus gracieuses et les plus spirituelles de la création.

Il n'y a pas de singe plus adroit, d'écureuil plus agile que le Rat des moissons.

On le prendrait presque, dans sa vie aérienne, pour un oiseau : le roitelet des blés.

Les blés sont ses forêts, les épis ses arbres, et c'est merveille de le voir, pour grimper, monter et descendre, enrouler autour des tiges verdoyantes sa queue flexible et mince comme un ver.

Cette bête mignonne semble faite de vif-argent. Toujours en l'air, on dirait qu'elle attend des ailes pour se faire oiseau.

Elle grimpe après les tiges de froment comme après un mât de cocagne, et à peine a-t-elle décroché la timbale, un grain de blé, qu'on ne la voit plus ; elle a disparu.

Je viens de dire que ce nain semblait fait de vif-argent. Il est fait aussi de sagesse et d'esprit.

Ce petit rat est un rare prévoyant doublé d'un sybarite. C'est un ingénieur hors ligne, un architecte éminent.

Quand tant de pauvres bêtes et de pauvres gens

couchent à la belle étoile, le Rat des moissons a, s'il vous plaît, maison de ville et maison de campagne.

L'hiver, l'habile architecte se bâtit dans une meule de blé, le plus souvent sous terre, une habitation merveilleuse qui est tout à la fois une forteresse, un boudoir et un grenier d'abondance : ici, les provisions sagement accumulées ; là, les remparts et les fossés ; d'un côté le garde-manger bondé de grains choisis, de l'autre les appartements bien clos où le petit rat des blés engraisse et dort en paix.

Quand mai rit dans les champs, le Rat des moissons met le museau à la fenêtre et, respirant l'air tiède et nouveau, ses petits yeux éblouis par les premiers rayons, il se dit : « Tiens, voici le printemps ; c'est le moment de m'installer dans ma villa d'été. »

Cette villa, plus étonnante encore que la maison d'hiver, est un nid, un berceau, un hamac que l'admirable architecte construit en se jouant. Il en a déjà le plan invariable et gracieux dans sa petite cervelle de rat.

Le voici à l'œuvre : après avoir choisi dans un endroit touffu et discret de belles tiges de blé, il les assemble, les réunit, les attache solidement avec des brins d'herbe ou de roseau.

Puis, au centre de cet entrelacement, à quelques pouces du sol, il place une boule d'herbe sèche. C'est le nid, ouvrage délicat et savant, sphère gracieuse et légère, grosse comme une balle d'enfant.

Vers le milieu de cette boule, un monde, une ouverture presque invisible donne accès au foyer, à l'alcôve richement tapissée.

Quand le Rat des moissons s'en va faire son marché ou prendre sa leçon de gymnastique, il dissimule avec tant d'habileté la porte de sa maison qu'on ne voit qu'une boule ; et si les petits, impatients du retour de leur mère, s'échappent du logis aérien, on se demande s'ils surgissent de la terre ou s'ils tombent du ciel.

Dans ce nid point de ciment ; un seul moyen de cohésion : les végétaux habilement découpés comme à l'emporte-pièce, par les dents de l'architecte.

Quand le vent courbe les épis qui semblent s'envoler à l'horizon, la maison aérienne se balance mollement aux tiges qui la portent et berce les petits du Rat des moissons au milieu des bluets et des coquelicots.

14. — Le Mulot

Le *Mulot* est le rat des champs : même instinct, même appétit. Plus petit que le rat, il est plus gros que la souris, il fuit les maisons et n'aime que les champs. C'est un bandit rustique qui n'exerce ses ravages et ne fait « ses coups » qu'en rase campagne. Le Mulot est très pastoral, il chérit la solitude, le silence, et je le soupçonne d'être presque aussi rêveur que gourmand. On le rencontre dans les terres sèches et élevées, où il se pratique des demeures fort ingénieuses sous des troncs d'arbres. Deux corps de logis parfaitement distincts divisent savamment cette retraite souterraine : ici, l'appartement, le foyer, où le Mulot vit en famille. Ce n'est pas un père irréprochable; assez doux en temps d'abondance, il n'éprouve aucun scrupule à dévorer ses enfants un jour de disette. A côté des appartements se dresse le magasin, le grenier du Mulot, où il entasse d'énormes quantités de grains. C'est un malfaiteur doublé d'un avare, il pille pour amasser.

Tout le monde sait que les mulots sont plus nombreux en automne qu'au printemps. La raison en est bien simple : en hiver, les vivres viennent souvent à manquer et les rats se dévorent entre eux: chez les mulots, comme un peu partout, les gros mangent les petits.

C'est surtout dans les champs de blé et d'avoine que

ces maraudeurs exercent leurs ravages. Leurs bandes pullulantes se dérobent avec une extrême habileté, et longtemps la police des champs s'est montrée impuissante envers ces hardis pillards. Mais, tout récemment, on a imaginé un moyen assez original pour surprendre les coupables et débarrasser les champs de ces rongeurs insatiables : on se procure une cinquantaine de pots en grés qu'on enfonce en terre au niveau du sol. Après avoir versé de l'eau dans ces pots, on place sur les bords deux tiges d'avoine posées en sens contraire. Dans la crainte que le vent les emporte, on assujétit ces branches avec un peu de terre. Attirés par les tiges d'avoine dont ils sont très friands, tous les mulots des champs viennent culbuter et se noyer dans les pots. Ce n'est pas le fermier qui leur tendra la perche.

Cette ruse est tout simplement le système de la fosse qui engloutit les grands fauves du désert, et le Mulot aurait vraiment mauvaise grâce à se plaindre de périr comme le roi des animaux, le lion !

Le Mulot est le Rat des champs que son ami, le rat de ville, invita un beau jour à des reliefs d'ortolan. On se rappelle que le couvert se trouva mis sur un tapis de Turquie et que rien ne manquait au festin. Mais le Rat des champs est un paysan aussi prudent qu'avisé ; il aime ses aises et sa sécurité autant que son indépendance. Aussi, au moindre bruit, il dresse son oreille rustique et détale en jetant au museau de son hôte cette maxime philosophique : « Fi du plaisir que la crainte peut corrompre ! »

Fort bien dit, ma foi ! mais je connais assez le Rat des champs pour dire qu'il n'aurait jamais accepté l'invitation du rat de ville. Le Mulot ne va pas dans le monde. Ses tapis de luzerne sont autrement beaux que les tapis de Turquie, et à tous les festins de Sardanapale il préfère sagement quelques grains de blé.

15. — Le Campagnol

Encore un pillard hardi, un rongeur de grains, un destructeur des récoltes. Le *Campagnol* est aussi vorace et plus répandu encore que son parent, le mulot. S'il exerce moins de ravages que le rat des champs, c'est qu'au lieu de concentrer ses dégats autour des récoltes, il les étend aux bois, aux prairies, aux jardins. Le Campagnol partage ses faveurs, tout en honorant les blés de ses terribles préférences. C'est un gourmet qui aime à varier son menu, s'en va des bois aux champs et passe des glands aux noisettes, des noisettes aux grains de blé.

Avec sa grosse tête, sa queue courte et brusquement tronquée, le Campagnol est bizarre et grotesque. C'est un rat *à la queue coupée*. On dirait que sa tête a absorbé tout le développement du corps et qu'il a perdu le bout de sa queue dans quelque lutte contre la police des champs.

Comme le mulot, le Campagnol est un architecte habile. Il a aussi des greniers d'abondance, où l'on trouve des glands, des noisettes et surtout des grains de froment. Dans cette grande famille de rongeurs, tout le monde est accapareur.

Sans doute, il est bon d'avoir du pain « sur la planche », et la prévoyance, l'économie sont assurément d'excellentes choses. Mais le Campagnol et le mulot ne ménagent pas ce qu'ils gagnent ; ils épargnent ce qu'ils dérobent, et l'économie basée sur le vol n'a rien d'estimable. C'est l'avis des honnêtes gens en général et des fermiers en particulier.

16. — Le Hamster

Ce rongeur et accapareur de grains est heureusement
devenu assez rare. Comment en serait-il autrement ? Le
Hamster finit toujours, dans quelque accès de colère, par
dévorer les membres de sa famille qui lui tombent sous
la griffe. Le Hamster n'a pas d'ennemi plus acharné que
le hamster. Quand deux hamsters se rencontrent, il y a
presque toujours un cadavre, et le vainqueur mange le
vaincu. Telles sont les mœurs de ce rongeur féroce aux
longues moustaches, aux yeux brillants et cruels, au dos
voûté, aux griffes aiguës, aux dents d'acier.

Le Hamster

Le Hamster n'est pas
plus doux aux champs
qu'à sa famille ; il traite
les récoltes comme ses
parents et dévore les
grains comme ses pe-
tits.

A côté du Hamster, le campagnol et le mulot ne sont
que de vulgaires maçons. Le Hamster est un constructeur
admirable, un architecte de premier ordre. Entrons chez
lui : il n'est pas de propriétaire plus défiant ni d'avare
plus craintif. Une motte de terre admirablement adaptée
ferme invariablement l'entrée de sa demeure, à la fois
citadelle, ferme et maison : un grand corridor oblique et
tortueux nous conduit d'abord à un vaste couloir circulaire ; ici, une entrée donne sur un nouveau corridor
vertical et noir comme un puits ; au fond de ce corridor
est le palais, curieux édifice qui se compose de cinq ou
six corps de bâtiments.

La chambre du Hamster, tapissée d'herbes odorantes
et fines, est elle-même remplie de provisions abondantes,
de racines délicates et de grains choisis qui s'entassent
de tous côtés.

A son réveil, cet épicurien avide n'à qu'à tendre la
patte ou le museau pour passer du lit à table. Mais un
jour, tandis qu'il repose voluptueusement au milieu de
ses trésors entassés, un paysan arrive, bouleverse d'un
coup de pioche tous ces greniers d'abondance, assomme
le hamster et reprend dans la grange de cet accapareur
jusqu'à trois boisseaux de grains sournoisement volés
et enfouis.

Des rongeurs destructeurs des récoltes je passe aux
insectes des champs, et je commence par le plus fameux
comme le plus terrible, le hanneton.

---

17. — Le Hanneton

C'est tout bonnement le type du ravageur, l'idéal du
goinfre. Regardez-le, étudiez-le : il est armé pour détruire, il est fait pour dévorer. Il est lourd, pataud, familier, et se donne des airs d'une bonne grosse bête. Sous
cette apparence d'innocence et de gaucherie, il cache les
plus effroyables instincts. D'un arbre il fait un squelette ;
d'un bois ou d'un verger, un cimetière. C'est le fléau des
champs. Mais parlons d'abord de sa larve, le *ver blanc*,
si célèbre lui-même dans les annales de la destruction.

Tout le monde connaît ce ver énorme
d'un blanc sale, au corps sordide et
recourbé en croissant comme s'il avait
de la peine à « joindre les deux bouts »,
lui qui se gave à plaisir des racines les
plus jeunes, les plus savoureuses. Ce
bandit ténébreux ravage les jardins et
les potagers, mais c'est surtout dans les
champs qu'il accomplit en grand ses
dégâts souterrains. Là, on le rencontre

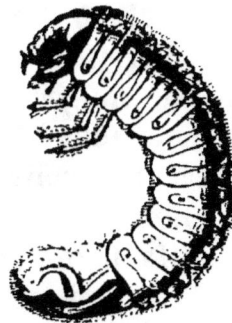

Le Ver blanc.

partout s'attaquant à tout, et, s'il est dodu, replet à faire éclater ses anneaux, ce n'est pas, je vous affirme, pour avoir sucé des pierres. Il n'y a rien d'assez tendre ni d'assez délicat pour le ver blanc.

Cet effroyable sybarite est aussi frileux que gourmand. On parvient à s'en débarrasser en creusant des trous qu'on remplit de fumier en fermentation et qu'on recouvre de terre. Ce travail se fait en mars ; en juin, par une belle journée de soleil, on ouvre les trous ponctués et grouillants d'innombrables larves. On n'a pas besoin d'écraser ces vers blancs : exposés à l'ardente chaleur du soleil, ils périssent aussitôt et fumeront la terre qu'ils ont épuisée. Ce procédé est excellent. Dans une dizaine de trous on n'a pas trouvé moins de 1,200 à 1,400 vers blancs.

Après la larve, l'insecte. Le Hanneton est plus terrible encore que le ver blanc. En tuant un hanneton femelle destiné à pondre au moins vingt œufs, on détruit du coup vingt larves. Il est donc infiniment plus simple de faire la guerre aux hannetons que la chasse aux vers blancs. Au lieu d'un ennemi vous en tuez vingt.

Le Hanneton est le grand dévorant des campagnes. C'est l'Attila du monde végétal ; feuilles, bourgeons, il dévore tout jusqu'à l'écorce, tond les vergers, dépouille tout un bois de sa verdure. Il infeste les airs, pullule de toutes parts. On a vu des nuées de hannetons s'abattre sur les champs et les maisons, intercepter la lumière du jour. Vers 1840, la diligence de Versailles à Paris ne fut-elle pas obligée de rebrousser chemin sous une invasion de hannetons ? Voyageurs et chevaux en étaient criblés, chargés ; la voiture en était toute grouillante, l'air en était noir.

Le Hanneton arrive en mai pour disparaître à la fin de juin. On ne l'accusera pas de perdre son temps. Qu'adviendrait-il de nos champs et de nos bois s'il passait tout l'été au milieu de nous ?

L'échenillage est obligatoire, le hannetonnage le deviendra bientôt. En attendant qu'une loi le prescrive, l'intérêt le commande. Dans beaucoup de campagnes, dès le lever du jour, on secoue les arbres, et les hannetons, encore engourdis par la fraîcheur de la nuit, tombent de toutes les branches. C'est parfois une grêle vivante, une pluie d'insectes.

On ramasse les victimes dans un sac, qu'on vide ensuite dans une auge d'eau bouillante.

Combien cette mort foudroyante vaut mieux pour le Hanneton que l'inepte supplice que lui inflige sans raison une barbare petite main d'enfant !...

Dans les champs où l'on ne peut secouer les arbres, on a imaginé un piège des plus ingénieux : au centre de réflecteurs on place une lampe et devant cette lampe une glace non étamée. Au pied de la glace se trouve une ouverture en forme d'entonnoir, qui aboutit à un sac. Attirés par la lumière, les hannetons se précipitent follement sur la lampe, se heurtent à la glace, tombent dans l'entonnoir et disparaissent dans le sac. L'étourderie est un bien grand défaut.

---

18. — La Sauterelle

La face busquée, l'œil à fleur de tête, deux antennes qui lui font comme une paire de cornes ; une pèlerine sur l'épaule, quatre ailes qui se déploient comme un

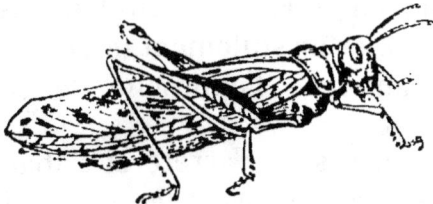

La Sauterelle.

éventail et de grandes jambes qui se plient comme un compas ; le corps allongé, nerveux, prêt à bondir ; une mâchoire avide et robuste, terrible aux céréales : voilà la

Sauterelle. Montée sur ses hautes jambes, elle a l'air de marcher sur des échasses. On dirait un insecte de pièces rapportées, fabriqué à Nuremberg. C'est une bête à ressort, une sauteuse de première force qui égale presque la puce en vigueur et en agilité. On a calculé qu'elle fait des bonds de cent fois la longueur de son corps. Figurez-vous un homme exécutant un saut de cinq cents pieds.... La Sauterelle est le clown des champs et des prairies. Elle en est aussi le fléau. Sa mâchoire insatiable s'attaque aux blés, aux seigles, à l'orge, à l'avoine, au maïs. C'est surtout dans le Midi, dans la Provence, le Languedoc, le Roussillon, les Landes, que la Sauterelle cause de très grands dommages à l'agriculture.

Cet insecte se multiplie d'une façon prodigieuse et pullule dans les champs, dans les prés, quand la saison le favorise. Alors, c'est la ruine des récoltes, le désespoir de l'agriculteur. On parle des sauterelles comme de la grêle ou des inondations.

Mais combien la Sauterelle de nos pays paraît inoffensive à côté du *Criquet voyageur* des déserts de l'Arabie ! Le passage de cette effrayante sauterelle est une invasion, sa présence un fléau, son séjour une plaie, son souvenir un deuil.

Le vent du désert prend des milliards de ces insectes et les porte en Afrique, en Europe... Leur masse vivante et pressée forme un nuage de vingt lieues de long ; le soleil est obscurci, et un sifflement terrible, pareil à celui des tempêtes, annonce l'approche de ces escadrons ailés.

Tout à coup, l'invasion s'arrête et s'abat sur les villes et les campagnes, les fleuves et les monts, les ravins, les forêts, envahissant des provinces, des royaumes. Les colzas, les avoines, les blés, les orges, les tabacs, les vignes, les figuiers, les oliviers, tout est dévoré. Les champs se changent en cimetières, les cimetières en

déserts. A dix lieues à la ronde pas un rameau vert, pas
une feuille, pas un bourgeon. Mais les cadavres des
envahisseuses s'amoncellent sur les collines et les chemins, comblent les sources, les canaux, les rivières.

L'homme fuit ; mais l'insatiable Sauterelle pénètre
dans sa demeure et met tout à sac, comme si les champs
et les forêts ne lui offraient pas un festin suffisant.

Plus d'une fois le Criquet voyageur a étendu ses ravages jusqu'en Europe, en Espagne, en Italie, en France,
en Angleterre. Après la défaite de Pultawa, l'armée de
Charles XII fut arrêtée par un nuage de criquets qui in-
tercepta le soleil. Dans les Indes on a vu des colonnes
de criquets mesurer plus de 80 lieues. Vers 1810, en
Chine, le soleil disparaît toute une journée devant un
nuage de criquets voyageurs. Une autre fois, en Hongrie, on a recours au canon pour dissiper un nuage de
sauterelles. En 1845, toutes les récoltes algériennes sont
ruinées par une invasion de criquets. En 1866 leurs bandes innombrables, sorties du Sahara, s'étendent comme
une lèpre immense et grouillante sur notre malheureuse
colonie, et leurs ravages produisent une calamité publique dont nous avons conservé la mémoire.

En parcourant le Jardin, nous avons surpris dans leur
œuvre de destruction les guêpes, les chenilles, les pucerons et je leur ai fait leur procès. Leur cause est entendue, jugée et je ne saurais y revenir, bien que je rencontre ces mêmes criminels dans les champs. On ne
condamne pas deux fois un coupable pour la même
faute.

19. — LES AMIS DES CHAMPS

Nous venons de voir à l'œuvre les ennemis des champs. Parlons de leurs amis : ces protecteurs gracieux et bienfaisants sont des oiseaux.

Je vous les présente tous ensemble comme dans une cage naturelle, en attachant au cou de chacun d'eux un diplôme d'honneur.

En parcourant leurs brillants états de service, vous verrez que les plus chétifs sont parfois les plus vaillants, que les plus dédaignés sont les plus utiles, que les plus dévoués sont les plus persécutés.

Le Bec-croisé.

Chaque année la *buse* dévore des milliers de souris, de rats, de mulots, de campagnols et de papillons nocturnes. A ces mêmes destructeurs des récoltes, la *chouette* et le *hibou* font une guerre acharnée. Le *corbeau*, qui n'est pas toujours sans reproche, immole des hécatombes de vers, de sauterelles et de petits rongeurs. Un seul oiseau avale les grosses chenilles velues, c'est le *coucou* qui, de son bec et de ses pattes, déterre ce malfaiteur avide et ténébreux : le ver blanc. Les pucerons pompeurs de sève, la terrible cécidomyie du blé et la bruche des pois trouvent la mort dans le bec infatigable de la gentille *fauvette*. La vive *bergeronnette*, qui veille sur la santé des troupeaux en les débarrassant d'une foule d'insectes, protège aussi les grains de blé qu'elle délivre des charançons. La grande musicienne des champs, la matinale *alouette* s'attaque aux vers, aux œufs de fourmis, aux chenilles et engloutit je ne sais combien de sauterelles entre deux chansons. Si la *grive* altérée picore quelques grains de raisin, que Dieu et le vigneron le lui pardonnent ! est-ce qu'elle ne débarrasse pas la vigne de ses gros vers, des limaces et de l'escargot ravageur ? Au *bec-croisé* les cloportes et les chenilles ; au *loriot* les sauterelles et les scarabées ; au *pinson* l'altise du colza, les courtilières, les hannetons. Au *rossignol* les larves molles et dodues dont il aime à gargariser son gosier d'artiste. Au charmant *rouge-gorge*, ami des champs autant que des chaumières, la teigne du blé, la tipule de l'avoine. Au *roitelet* lui-même, le plus chétif de tous ces gardes champêtres, au petit roitelet des paniers d'œufs de fourmis, des pyramides de vermisseaux. A l'*hirondelle* enfin des milliers d'insectes qu'elle avale en gazouillant, dans son vol rapide.

Si toute plante a sa plaie, un ennemi qui la ronge, elle a aussi un bon génie, un oiseau qui la protège.

20. — L'Alouette

« La gentille *Alouette* avec son tire l'ire,
« Tire l'ire à l'iré, et tire lirant, tire
« Vers la voûte du ciel ; puis són vol vers ce lieu
« Vire et désire dire : « Adieu, dieu, adieu, dieu ! »

L'Alouette est par excellence l'oiseau des champs ; elle en est la musicienne attitrée et l'amie fidèle. Elle y naît, elle y chante, elle y vit. Sa robe grise est de la couleur des sillons. Aux vertes prairies, aux bois touffus elle préfère les seigles, les avoines, les blés d'or empourprés de coquelicots. A la feuillée discrète, alcôve mystérieuse des fauvettes et des rossignols, elle préfère la motte de terre où elle fait son nid. Chaque année son premier chant retentit dans les airs quand la première feuille s'épanouit sous le premier rayon. L'Alouette ne se contente pas de nous apporter le printemps, elle le célèbre, elle nous le chante d'une voix joyeuse et amie ;

et ce chant magnifique est un baromètre musical : il annonce, selon ses modulations, l'orage ou le beau temps. Le beau temps lorsqu'il pleut encore, l'orage quand le ciel est bleu.

L'Alouette chante toute la journée ; mais c'est surtout le soir et le matin que ses refrains harmonieux éclatent dans le ciel, saluant avec ivresse le lever et le coucher du soleil. Artiste à part, elle chante en volant et force si bien sa voix à mesure qu'elle s'élève, qu'on l'entend encore quand elle a disparu dans les nuées. Puis, elle reparaît, descend comme une flèche, et la voici, légère et gracieuse, trottinant le long des sillons à la poursuite d'un insecte ; un papillon passe, elle s'envole, le presse, l'atteint, et montant comme une fusée dans le ciel, elle égrène du haut des airs ses trilles joyeux sur la tête du laboureur.

L'Alouette n'est pas seulement la gaîté des champs, une note ailée qui se balance dans le ciel, flotte dans les nues, voltige sur les sillons ; c'est aussi la providence des récoltes. La vigueur de son appétit répond à la force de sa voix, à l'énergie de son chant. Je croirais même qu'elle mange comme elle vole, en chantant. Vers, fourmis, chenilles, sauterelles, son bec mignon s'attaque à tout, ne dédaigne rien ; et ce petit gosier, d'où jaillit un harmonieux refrain, engloutit la peste vivante des champs.

Malheureusement la chair de l'Alouette est exquise et l'homme est ingrat ; il fait une guerre barbare à cette petite reine des champs et des airs, et pour un rôti minuscule, pour une bouchée savoureuse, il oublie les services et les chansons de l'Alouette. Au moyen d'un miroir tournant sur un pivot et d'une alouette captive qui attire les alouettes libres, il s'empare de la musicienne naïve et la met sur le gril.

Il se vend actuellement sur le marché de Paris près de deux millions d'alouettes, et l'on porte au chiffre effroyable de six millions le nombre des malheureuses alouettes détruites chaque année pour le plaisir de la bouche. A Leipzig, il se tient tous les ans un marché fameux où il se vend, en un seul mois, plus de huit cent mille de ces pauvres oiseaux. Ce marché, c'est le deuil des champs et le triomphe des chenilles...

Rappelons ici que la vive et joyeuse Alouette était l'emblème national de la vieille Gaule. Nos ancêtres ne la mangeaient pas, ils la vénéraient ; et, de sa petite aile grise, la fière Alouette protégeait leurs légions comme elle protège nos champs. L'Alouette, c'était le soldat-laboureur des oiseaux.

Sans être aussi éveillée que le pinson, l'Alouette est, comme l'homme des champs, très matinale. Dès les premières lueurs du jour, elle quitte son sillon, secoue son aile et sème dans les airs ses gais refrains. Son chant annonce et salue l'aurore.

L'Alouette s'apprivoise comme un moineau, et grâce à son excellente nature, devient très familière. Parfois, elle est triste, elle, la joyeuse Alouette, en songeant sans doute à ses champs d'azur et d'or, à ses blés, à ses nuages ; mais elle se console de sa captivité en chantant comme le faisaient nos ancêtres, les Gaulois prisonniers des Romains.

Quand vient l'hiver, l'Alouette, fuyant à tire d'aile vers les plaines, au loin, salue de ses trilles harmonieux les champs aimés qu'elle retrouvera au printemps :

La gentille Alouette avec son tire l'ire,
Tire l'ire à l'iré, et tire lirant, tire
Vers la voûte du ciel ; puis son vol vers ce lieu
Vire et désire dire : « Adieu, dieu, adieu, dieu ! »

21. — La Bergeronnette

Comme son nom l'indique, la *Bergeronnette* est l'amie, la compagne du berger. Le matin, lorsqu'il part pour les champs, elle tourne coquettement autour de lui en susurrant ses gentils *gui, gui, guit*, à son oreille ; puis elle saute, court, vole de son épaule sur les cornes des bœufs, se repose, et repart en avant comme pour leur montrer le chemin.

C'est la petite fée du troupeau, qu'elle protège et qu'elle suit de l'étable aux champs, tantôt perchée sur la croupe d'une génisse, tantôt frôlant de son aile le gros mufle humide des bœufs. Elle les suit jusqu'aux champs, où elle trouvera sa nourriture et celle de ses petits. Quand la charrue avance péniblement, elle va presque sous les pieds des bœufs chercher les larves, les mouches, les insectes qu'en un tour de roue le soc lui apporte.

La Bergeronnette.

La Bergeronnette est une grande voyageuse. Lorsque avril arrive, elle passe dans les contrées du Nord et redescend au Sud en septembre.

A l'époque des nids, elle revêt comme une parure de noces un plumage plus éclatant, et sa queue, qu'elle étale en éventail, s'en va de droite et de gauche comme un balancier ; elle-même se redresse plus légère, plus élégante, plus alerte que jamais.

Son nid est aussi confortable que gracieux, bâti presque toujours au bord d'un ruisseau, abrité derrière une roche ou une motte de terre. Des herbes sèches, des racines menues entremêlées de mousse, liées solidement par quelques brins de cheveux : voilà pour l'extérieur. Dedans, un lit épais de plumes, de laine et quelquefois même de crin.

La Bergeronnette pond de sept à huit œufs, qui sont d'un blanc obscur, tachetés de jaune. Elle est toute mignonne la Bergeronnette des champs, et si on lui ôtait sa queue qui la grandit de moitié, je ne sais vraiment ce qu'il en resterait. De son bec au bout de la queue, elle n'a en tout que quinze à seize centimètres.

Il existe deux sortes de bergeronnettes : la Lavandière et la Bergeronnette jaune dont je viens de vous parler.

La *Lavandière* ressemble beaucoup à sa sœur : même nourriture, même aspect, mêmes habitudes. Cependant c'est une ouvrière moins habile ; son nid est moins bien garni et n'a pas cette élégance et cette solidité qui fait admirer celui de la Bergeronnette.

La Lavandière est plus méfiante et ne s'apprivoise que difficilement. Lorsqu'elle apporte à manger à ses petits, elle tourne plusieurs fois autour du nid afin de s'assurer qu'aucun intrus ne s'y est introduit.

Elle fréquente le bord des rivières et aime beaucoup à se rapprocher des laveuses. Lorsque l'une d'elles lui jette quelques miettes de pain, elle les prend du bec, les pique et les repique, puis se servant de sa queue comme d'un battoir, elle imite les femmes et tape à coups redoublés sur son pain, comme si elle ne le trouvait pas assez blanc.

---

22. — Le Loriot

Je ne crois pas qu'il y ait beaucoup d'amis comme le *Loriot*. Il arrive toujours quand on a besoin de lui et pour nous obliger ; il ne vient pas de la Provence ou du Languedoc, mais des régions lointaines de l'Inde.

Dès que le printemps verdoie, le Loriot touriste, aussi exact qu'infatigable, apparaît avec sa belle robe jaune nuancée de vert, et je vous affirme que les scarabées et les chenilles vont avoir à compter avec lui ; mais le loriot ne les comptera pas, avalant par milliers larves,

insectes, et faisant une guerre féroce aux grandes sauterelles, fléau des récoltes.

Si le grain de blé, enfoui dans la terre, pouvait réflé-
chir et causer, il serait en droit de dire à tous les ennemis
qui l'atteignent : « Attendez un peu ; j'ai là-bas, bien
loin, tout au fond de l'Inde, un ami fidèle et vaillant qui
va se mettre en route et faire quinze cents lieues pour me
protéger. Cet ami (retenez-bien son nom), c'est le
Loriot. »

A peine arrivé dans nos pays, le Loriot s'installe sur la
lisière des bois en face de ces champs qui doivent être à
la fois le théâtre de ses exploits et sa salle à manger.

Le nid de cet oiseau dénote beaucoup d'intelligence et
de sollicitude maternelle. Le Loriot l'attache ingénieusement avec de longs brins de chanvre, à la bifurcation
d'une branche, l'expose toujours en plein soleil, le tapisse
avec art de mousse, de laine et de lichen. Sous les Tropiques, le Loriot varie son mode d'architecture en cons-
truisant un nid à claire-voie.

Le Loriot est aussi vaillant que dévoué à sa famille.
Si quelque main impie tente de lui enlever sa couvée, il
se redresse, se hérisse, se précipite sur le ravisseur avec
un courage vraiment héroïque. Ce n'est plus un loriot,
c'est un aigle. L'amour de la mère va plus loin : s'il lui
arrive d'être prise avec son nid, elle continue de couver
en cage, puis, semblable au vaincu qui expire dans les
plis de son drapeau, elle meurt sur ses œufs. Son champ
de bataille, c'est son nid !

23. — Le Milan.

Voyez-vous ce point noir immobile et comme suspendu dans les nuées ? Depuis une heure il n'a pas bougé et semble pétrifié dans le ciel. Tout à coup il s'agite, décrit des cercles immenses, s'élevant sans effort, s'abaissant comme s'il glissait sur un plan incliné. Ce point vivant qui plane, s'éloigne, se rapproche, grossit, s'amincit, disparaît, c'est un oiseau, un voilier admirable, le *Milan*.

Toujours dans les airs, il ne se repose presque jamais. Le vol, c'est son état naturel, sa situation favorite. La faim seule le pousse, l'entraîne vers la terre, et il ne descend des nuées que pour faire une victime.

Justement, son œil perçant vient d'apercevoir une proie du haut des airs et il descend. Regardez-le : il nage dans l'ether plutôt qu'il ne vole, il précipite sa course, la ralentit, s'arrête fixé dans l'espace, tourne, plane, se rapproche, et toujours ses longues ailes, étroites, effilées, semblent immobiles ; seule sa queue fourchue agit sans cesse. Enfin, il se laisse tomber comme un oiseau mort sur sa proie, qu'il déchire et qu'il dévore. Puis, d'un vol moelleux et puissant, il s'en va digérer sa victime dans les nues.

Le Milan recherche les lieux habités, les terres fertiles et vivantes, le voisinage des fermes, les champs qui abondent en insectes, en reptiles, en oiseaux, en rongeurs. Pour la ferme, dont il attaque la volaille, c'est un brigand maudit ; pour les champs, qu'il débarrasse des souris, des mulots, des campagnols, des reptiles, c'est un bienfaiteur. Dans les deux cas, c'est un goinfre insatiable, un ogre ailé plus vorace que sanguinaire, plus immonde qu'audacieux. Pour attaquer l'innocent poulet qu'il guette du haut des airs, il tourne une demi-heure comme s'il avait affaire à un aigle ou à un vautour.

On confond quelquefois la buse avec le Milan, que

distinguent sa queue fourchue et son vol magnifique. Leur façon de chasser n'est point la même. Perchée sur un arbre des heures entières, la buse s'élance sournoisement sur le gibier qui passe à la portée de ses griffes. Ce n'est qu'un guet-apens. Le Milan, c'est la foudre.

Un jour, en traversant les cours d'une ferme, j'aperçus un milan blessé qu'on avait cloué encore vivant à la porte d'une étable. Ses yeux farouches lui sortaient de la tête, et de son bec entrouvert par la douleur coulait une écume visqueuse. Des mouches, attendant qu'il fût cadavre, volaient par centaines autour de ses griffes sanglantes et meurtries, crispées dans le vide.

— Pauvre bête ! m'écriai-je en lui donnant le coup de grâce qui termina son supplice.

— Pauvre bête ? répéta la fermière en me regardant avec stupéfaction. Vous ne savez donc pas que le bandit m'a dévoré hier même un jeune poulet que nous devions manger dimanche en famille ?

— Et les mulots, les souris, les campagnols qui ravagent vos champs, qui détruisent les récoltes, qui donc vous en débarrassera, si vous martyrisez de la sorte leur plus grand ennemi ?

Je ne fus point compris de la bonne femme, qui était convaincue sans doute que le Milan se nourrissait exclusivement de poulets tendres et de canetons.

---

24. — La Linotte

Elle n'est point rare, la *Linotte*. On la trouve partout. Mais elle est si gentille, si élégante, si coquette et si familière ; elle est si bien mise et si bonne musicienne !.. Elle manque de réflexion ; mais l'étourderie lui va si bien ! Elle laisse la gravité au pélican, la sagesse au hibou, et si vous la traitez de petite écervelée, elle vous répond par une chanson.

Sa robe est charmante : l'aile noire bordée de blanc, une toque rouge sur la tête, un plastron rouge sur la gorge. Légère et vive, tête folle et bon cœur, familière et douce, susceptible d'un véritable attachement, pleine d'aptitudes musicales et d'appétit, le bec toujours ouvert pour attraper une graine ou jeter une note aux échos des champs.

La Linotte est granivore; c'est grave ! Elle porte, du reste, un nom qui dit assez ses préférences gastronomiques pour la graine de lin. Elle ne dédaigne pas non plus le chènevis, le pavot, le plantain, le mouron, et je mettrais même ma main au feu qu'elle n'a pas toujours respecté l'épi des moissons.

Mais retournons la médaille, s'il vous plaît; d'un côté, la Linotte est granivore, de l'autre insectivore, et si nous mettons en balance ses dégâts et ses services, vous verrez que nous lui devons encore des remerciements. Si elle s'attable, en passant, le long de nos chènevières pour y cueillir quelques grains, elle paye largement son écot en chenilles et en insectes.

La Linotte fait son nid dans les champs et les jardins, surtout dans les vignes. Souvent elle le pose à terre, mais ordinairement elle l'attache entre deux perches ou bien au cep même de la vigne.

Plumage coquet et gentil ramage, grâce, douceur, intelligence, familiarité, la petite Linotte avait trop de charmes pour conserver sa liberté, trop d'étourderie pour la défendre. L'homme lui a tendu des pièges et l'a mise dans une cage, et l'aimable oiseau, se croyant peut-être encore au milieu de ses champs et de ses vignes, continue son joyeux refrain, comme s'il apercevait de sa cage les seigles jaunissants, les pampres verts. Mais un jour, sa robe se ternit, sa jolie toque rouge se fane, sa voix s'éteint, et le charmant prisonnier meurt de regrets qu'on n'aurait jamais soupçonnés dans sa petite tête de linotte...

25. — L'Engoulevent

Quand vient le soir, après de vastes hécatombes d'insectes, les petits oiseaux des champs s'en vont dormir en paix, comme de bons travailleurs contents de leur journée. Leur besogne féconde est finie, pour recommencer le lendemain.

Alors apparaît l'*Engoulevent*, ouvrier nocturne, qui continue dans les ténèbres leur grande œuvre d'épuration. On l'a surnommé « l'hirondelle des nuits » et, en effet, c'est par milliers que les insectes crépusculaires, sphinx, hannetons, bousiers, s'engouffrent dans son bec infatigable. Cet oiseau bizarre est le grand protecteur des récoltes et des sillons. Il nous vient d'Afrique quand l'insecte commence les ravages du printemps, et s'en retourne au mois d'août quand il a fini sa saison d'extermination.

La nature l'a admirablement outillé pour son rôle : son grand œil clair comme celui de la chouette défie les ténèbres, et l'insecte s'engloutit de lui-même dans son grand bec dilaté : un abîme. Une frange de poils raides, bordant ce bec formidable, aide à la capture de la proie, tandis que la partie supérieure de ce bec sécrète un liquide glutineux, si adhésif qu'il retient les petits insectes comme la langue du fourmilier. Enfin, son orteil pourvu d'un ongle dentelé prend l'insecte au vol ; l'Engoulevent s'en sert aussi pour porter la proie à son bec et faire sa toilette. C'est, en effet, avec cet orteil dentelé qu'il nettoie les contours de son bec obstrué par les membres des insectes dont il s'est gavé. Aussi, l'Engoulevent prend-il grand soin de cet outil précieux qui est tout à la fois une arme, une fourchette, un peigne à moustaches et un cure-dents.....

Dans les campagnes, où il est bien connu, l'Engoulevent a reçu les sobriquets de *tette-chèvre*, *grand'goule* et *crapaud volant*. Ses deux derniers surnoms lui viennent sans doute de l'immense ouverture de son bec fendu jusque sous les yeux.

Le premier s'explique aisément : au clair de la lune, l'Engoulevent vient s'abattre autour des vaches, des chèvres et des brebis que tourmentent les mouches de nuit. Avec une dextérité étonnante, l'oiseau extermina-teur se jette sur ces insectes, les attrape, les engloutit. Mais ce bienfait ne saurait satisfaire la superstition po-pulaire. On a prétendu que l'Engoulevent tétait les vaches et les brebis .... comme si l'on pouvait téter avec un bec! Dans sa crédulité stupide, l'homme tue la *grand'goule*, le *tette-chèvre*, l'utile Engoulevent qui, la nuit venue, remplace dans les champs l'alouette et l'hirondelle, comme il remplace autour du bétail la bergeronnette et le sansonnet.

Plus justes et plus avisées que l'homme, les bêtes recon-naissantes témoignent à leur protecteur, l'Engoulevent, une amitié touchante qui ne m'étonne pas.

L'Engoulevent déteste les rayons du soleil, se couche, s'endort à terre, où la cou-leur de son plumage se con-fond avec le sol Il repose accroupi, les yeux fermés; un bruit équivoque vient-il de le réveiller? on dirait une plante animée qui s'élance sous vos pieds. A son vol

L'Engoulevent.

silencieux d'oiseau de nuit, ajoutez un cri plaintif et lugubre comme un gémissement, cri sinistre et bizarre qu'un préjugé vulgaire a noté comme un avertissement de deuil, un présage de mort. Ce n'est pas la mort que nous apporte le cri mélancolique de l'Engoulevent des nuits, c'est le salut des champs.

L'amour que cet oiseau prodigue à ses petits, à ses

œufs, est aussi touchant qu'extraordinaire : si pendant
l'absence de la mère, une main sacrilège a touché à ses
œufs, la femelle se désole, s'indigne, s'effraye, appelle
le mâle, le père, lui annonce la terrible nouvelle dans sa
langue plaintive. et aussitôt chaque oiseau prend un
œuf dans sa griffe, l'emporte au loin, volant l'un auprès
de l'autre, se touchant, se serrant, rasant le sol.

Souvent l'émotion de la mère est telle que l'œuf tombe
et se brise. On se figure alors son désespoir en face de
cette omelette de famille improvisée dans les champs.
Avec son long bec, la pauvre mère tourne, retourne la
coquille brisée et remplit les airs de ses gémissements.

26. — L'Étourneau.

Avec son beau plumage noir, varié de bleu et de reflets cuivrés, avec sa nature douce et gaie, l'*Étourneau*
ou *Sansonnet* est un oiseau non moins charmant que
familier.

C'est un sage, qui ne quitte guère les lieux où il est né,
niche où ont niché ses pères, dans les trous d'un vieux
mur, sur nos toits et nos clochers. C'est un joyeux voisin, qui siffle et chante sans se lasser; c'est un ami de
l'homme, qui s'apprivoise aisément, entre en cage comme
on va à l'école, apprend à siffler *Malborough s'en va-
t-en guerre* ou *J'ai du bon tabac dans ma tabatière*.
Que dis-je ? l'Étourneau parle et prononce distinctement
les mots qu'on lui répète.

Sans être un orateur comme le perroquet et le corbeau,
le Sansonnet est un causeur agréable Très sociable,
il vole, jacasse et bavarde en nombreuse compagnie ;
il déteste la solitude et le silence, il lui faut beaucoup
de monde et beaucoup de bruit.

L'union fait la force : telle paraît être la devise de
l'Étourneau.

Lorsqu'un oiseau de proie, planant dans les airs, s'abat tout à coup sur la joyeuse et bavarde tribu, les étourneaux se rassemblent aussitôt en troupe serrée, vont et viennent, se croisent en tous sens, volent, montent, descendent, tourbillonnent, battant des ailes, remplissant l'air du vacarme de leurs cris. Ce tapage est leur défense et leur salut. Ébloui par ce chassé-croisé, étourdi par ces rumeurs et ces gazouillements, déconcerté par ces phalanges qui se pressent, ondulent, l'enveloppent, le faucon ou le milan, ahuri et confus, s'envole dans les nues. L'Étourneau n'est pas un adversaire, c'est un éblouissement. Ce n'est pas une proie, c'est un charivari.

Mais après l'oiseau de proie vient l'oiseleur, et ce qui sauva les étourneaux du faucon et du milan va le faire tomber justement dans les pièges de l'homme.

Dans la masse tourbillonnante des étourneaux, le chasseur lâche deux oiseaux de la même espèce, ayant à la patte une ficelle engluée. Ces deux oiseaux se mêlent à la troupe, et la ficelle perfide finit, au moyen de leurs allées et venues incessantes, par embarrasser leurs ailes, et les faire tomber aux pieds de l'oiseleur. Cette ficelle n'est qu'une guirlande de captifs, une brochette vivante, ponctuée d'ailes qui battent, de têtes qui s'agitent en jetant des cris désespérés.

Chaque soir les étourneaux se réunissent en grande troupe pour aller passer la nuit dans les roseaux. Avant de s'endormir, ils se visitent, s'interpellent et jasent beaucoup, comme s'ils se souhaitaient réciproprement une bonne nuit.

Le Sansonnet suit volontiers les bœufs dans les prairies, les brebis et les moutons dans les champs, dans les bois. C'est l'ami du bétail, et c'est plaisir de voir ce charmant oiseau, qui est de la grosseur d'un merle, trottiner sur le dos d'une brebis ou se poser familièrement sur la corne d'un bélier. On le prendrait pour le bon génie du troupeau; c'est ce rôle en effet que joue le Sansonnet. C'est lui qui se charge de la toilette du bétail ; en échange de sa vigilante amitié et de ses soins infatigables, le bétail donne à l'Étourneau une chose précieuse : le couvert !

Il lui offre une nourriture exquise, une table abondante et toujours servie. Cette table inépuisable, c'est le corps même des brebis et des moutons, sillonné en tous sens par des myriades d'insectes dont le sansonnet est très friand.

Pour cet oiseau, c'est une façon de veiller au grain que de veiller sur ses amis. C'est son déjeuner qu'il surveille, et son dévouement peut-être ne tient qu'à un pou !

Aux yeux du Sansonnet, le bœuf n'est qu'un fournisseur exact, et le mouton qu'un garde-manger.

27. — La Caille

Comme l'hirondelle, la *Caille* est une infatigable touriste, une grande voyageuse.

Quand vient l'hiver, elle émigre vers un soleil plus doux, vers les palmiers d'Afrique ou les myrtes d'Italie. Elle déjeune à Marseille et dîne à Alger. Souvent, comme les personnages trop gras, elle est paralysée par son ventre, une boule de beurre, et tombe, sous le plomb *caillicide*, victime de son embonpoint. La graisse est l'ennemie de la vie.

Souvent encore, dans leurs traversées aériennes au-dessus des mers, les cailles voyageuses battant de l'aile et tombant de fatigue, s'abattent sur les cordages d'un navire comme un seul oiseau ; et les matelots, se jetant sur cette grêle vivante, se mettent à cueillir ces pauvres cailles comme on prend des prunes sur un prunier. Le voyage est l'ennemi de la sécurité.

La Caille est une gentille créature. J'aime sa robe grise qui se confond avec la nuance des sillons, où elle trottine d'un pas délicat et léger. J'aime sa petite tête éveillée qui respire l'innocence et l'étonnement, sa queue brusquement écourtée qui lui fait comme un mantelet très original. J'aime aussi, par un beau soir d'été, son chant précipité et doux qui s'élève du fond des blés.

J'aime enfin sa chair exquise qui pleure sous la fourchette une graisse succulente.

La Caille, qu'on chasse, qu'on traque de tant de manières, est prudente et très avisée. Immobile et calme sous l'œil même du chasseur et à la barbe des chiens, elle ne se trahit jamais. Mais à peine avez-vous détourné la tête qu'elle s'enfuit. Sa mort semblait inévitable. Elle est sauvée.

Les plus estimées des cailles sont celles de la Provence et du Languedoc.

Je n'ai pas la prétention de vous faire ici un cours de gastronomie française ; permettez-moi cependant de vous décrire en quelques lignes la merveilleuse recette de la *Caille en coquille* dont on attribue l'invention au plus illustre de nos diplomates, le prince de Talleyrand.

Videz, sans la briser, lavez et essuyez délicatement la grosse coquille d'un œuf de dinde. Vous y introduirez ensuite une caillette bien troussée, bien dodue, de manière que la tête du charmant oiseau émerge de la coquille comme celle d'un poussin qui va sortir de l'œuf.

C'est dans de la fine cendre brûlante que vous placerez la coquille et sa petite locataire.

Sous l'action de la cendre chaude, la caille fond peu à peu et bientôt elle aura de la graisse jusqu'au bec. Cette graisse fumante et parfumée pétille, grésille, que c'est un charme. Et la caille, qui se dore, cuit tout doucement dans son jus de caille. Au bout de vingt minutes, cette fine graisse s'est évaporée en partie et vous versez dans la coquille quelques gouttes de vieux madère.

Cinq minutes après vous servez la caille comme un simple œuf à la coque, la tirant par sa petite tête de sa blanche et chaude enveloppe.

Avouons qu'il avait bien de l'esprit, M. de Talleyrand!

La Caille est un oiseau honnête et d'excellent conseil. Vous savez qu'elle n'a qu'un mot à la bouche: « *Paye tes dettes ! paye tes dettes !* »

Ce sage avertissement, elle le répète sans cesse de sa voix pressante et impérieuse comme une sommation.

On m'a conté qu'en son princier domaine de Monte-Christo, Alexandre Dumas devait cent francs à certain fruitier de Marly qui n'osait les lui réclamer. En effet, le généreux Dumas lui avait fait gagner beaucoup d'argent, avait mis sa boutique à la mode et le criblait de loges de théâtre.

Un matin, le fruitier va voir l'illustre romancier; mais au lieu de lui remettre sa note, il lui offre dans une petite cage en jonc la plus jolie caille du monde.

Dumas, ravi comme un grand enfant qu'il était, suspend la cage au-dessus de la table où il travaillait dans le jardin, et jusqu'au soir, la caille inexorablement répète son cri classique et favori : « *Paye tes dettes ! paye tes dettes !* »

L'auteur des *Trois Mousquetaires* comprend, sourit, et le soir même envoie un billet de cent francs au malin fruitier.

Ne trouvez-vous pas cette idée charmante de faire réclamer sa dette par un oiseau et de substituer une gentille caille à M. le juge de paix?

Les grands restaurants de Paris ont l'habitude d'exposer dans leurs vitrines de jolies cailles vivantes qu'il ne tient qu'à vous de manger rôties.

Ce cruel usage me rappelle une anecdote dont Alfred

de Musset fut le héros sympathique. Il dînait un soir chez je ne sais quelle actrice qui venait de débuter avec succès dans l'une de ses pièces.

— Mon cher poète, dit l'artiste, nous allons manger des cailles ; regardez comme elles sont charmantes....

Et elle agite en même temps une petite cage où deux cailles attendent la mort en se becquetant.

A la vue de ces gentils oiseaux pleins de confiance et de vie, Musset devint rêveur.

— N'est-ce pas qu'elles sont ravissantes, reprend l'actrice ? c'est moi qui veux les tuer, ça m'amusera de leur tordre le cou.

Et, prenant aussitôt les malheureuses cailles de sa main potelée, elle les étrangle avec une volupté féroce.

— Madame, dit le poète indigné mais toujours froid, maintenant qu'elles sont mortes, faites-les embaumer. Et, prenant son chapeau, il sortit sans ajouter un mot.

Quelques jours après, la tueuse de Cailles ne jouait plus dans la pièce de Musset : le poète lui avait retiré son rôle.

---

28. — La Perdrix grise

> Quand la *Perdrix*
> Voit ses petits
> En danger, et n'ayant qu'une plume nouvelle
> Qui ne peut fuir encor par les ailes le trépas,
> Elle fait la blessée et va traînant de l'aile,
> Attirant le chasseur et le chien sur ses pas,
> Détourne le danger, sauve ainsi sa famille;
> Et puis, quand le chasseur croit que son chien la pille,
> Elle lui dit adieu, prend sa volée, et rit
> De l'homme, qui, confus, des yeux en vain la suit.

Après ces vers si charmants et si vrais, on connaît la perdrix; on la voit, on la suit, on entre sous sa plume, dans sa peau, on devient oiseau, on se fait mère, on est ravi de sa ruse, émue de son stratagème, touché de son amour et l'on rit avec elle de la confusion du chasseur.

La perdrix est mieux qu'un oiseau charmant et un gibier exquis ; c'est une mère. C'est la mère par excellence.

Il n'y a pas de naturel plus doux que celui de la perdrix, d'instinct plus social et plus aimant.

Chaque famille vit toujours réunie en une seule bande qu'on appelle *volée* ou *compagnie*.

Devenues grandes, les perdrix se divisent pour s'unir plus étroitement deux à deux. Quand elles sont apparées, elles ne se quittent plus et vivent dans une union et une fidélité que, seul, le plomb du chasseur a le pouvoir de rompre en faisant une veuve ou un veuf...

Le nid de la perdrix est sans apprêt ; un peu d'herbe, un peu de paille rustiquement tassée sur le sol, c'est tout. Mais ce n'est pas la richesse du berceau qui fait la tendresse d'une mère. Tandis que la femelle couve avec amour ses quinze ou vingt œufs, le mâle monte la garde, ne quittant jamais le nid de ses regards attentifs. Au moment même où les petits éclosent, ils se mettent à courir comme de petits rats le long des sillons.

Le père et la mère se partagent avec amour le soin d'élever leurs petits. Ils les mènent en commun et les appellent sans cesse, leur montrent la nourriture qui leur convient : « Voilà, mes enfants, un grain délicat, un « insecte délicieux ; ne touchez pas à ces baies, elles « sont amères ; à ces vers, ils sont indigestes. Voilà, mes « petits, comme on s'y prend pour gratter la terre, en « faire sortir une graine ou le cri-cri des blés. »

Et les poussins, attentifs et dociles, s'instruisent à la la vie, grandissent, engraissent. Après ces promenades gastronomiques et champêtres, le père et la mère s'accroupissent l'un auprès de l'autre, confondant leurs ailes dont ils font un bouclier à leurs petits.

Quand passent un chasseur et son chien, tout se tait,

rien ne bouge. Mais si le chien s'emporte et s'approche
de trop près, c'est alors que commence le drame de famille, si naïvement décrit par le poète.

Le mâle part le premier, poussant des cris et traînant
l'aile, tombant, se relevant, faisant le blessé, fuyant avec
effort, toujours assez vite pour ne pas être pris, jamais
trop vite pour décourager le chasseur qu'entraîne à sa
poursuite l'espoir d'une proie facile, mais trompeuse.

Et, c'est ainsi que ce bon père, attirant l'ennemi,
l'écarte de plus en plus loin de sa chère couvée.

Et la mère? elle part un instant
après le mâle et s'éloigne dans
une direction opposée, simulant
les mêmes efforts, répétant la
même ruse.

Mais sa fuite n'est qu'un leurre;
aussitôt abattue, elle met ses petites pattes à son cou et revient
en courant le long des sillons. On

La Perdrix. (Long. 0ᵐ30.)

l'a vue s'envoler au loin, au loin; où est-elle? Elle est là
au milieu de ses petits, blottis, chacun de son côté, dans
les herbes et dans les feuilles.

L'instant est décisif; il n'y a pas de temps à perdre.
On trottine, on file, on court, on disparaît, et quand le
chien, emporté après le mâle qui s'est moqué de lui, revient auprès de la couvée, la couvée est déjà loin; et,
comme le dit le bon La Fontaine, la mère triomphante rit
du chasseur, qui peut-être déjà voyait fumer dans un
plat la perdrix aux choux.

Plus facile à prendre est la perdrix en train de couver;
elle se trouve tellement absorbée par sa tâche maternelle
qu'on l'a vue se laisser prendre, se laisser emporter dans
un chapeau et continuer à couver en domesticité.

Pour elle il n'y a pas de prison, il n'y a que son nid.
Elle ne voit pas de cage, elle voit ses œufs, elle n'est
point captive, elle est mère.

29. — L'Ortolan

Pauvre *Ortolan*, victime infortunée de la gourmandise humaine ! Dieu lui donna une voix charmante, il le fit artiste et le créa musicien ; mais l'homme, préférant sa chair à ses chansons, le convertit en gibier et changea le gentil oiselet en un peloton de graisse.

Voyez-vous ce charmant voyageur, ce gracieux oiseau qui des pays lointains vient s'abattre en automne dans les plaines de la Provence et du Languedoc ? C'est l'Ortolan ! Joyeux et libre, il vole, il chante, n'ayant jamais assez d'espace pour ses ailes, assez de rayons sur sa tête, assez de chansonnettes dans son gosier d'artiste.

Captif dans une cage, ce même oiseau, quand vient le printemps, laisse tomber du haut de sa prison des accents harmonieux et doux, je ne sais quel hymne de captivité à l'adresse des champs libres, des plaines immenses, des bois et du soleil.

On dirait que dans son imagination de petit oiseau, il revoit les pays lointains qu'il visitait chaque hiver et dont il est à jamais exilé. Ne pouvant prendre son essor, il se résigne et chante.

Maintenant, voyez-vous cette chambre noire sinistrement éclairée par la faible lueur d'une lanterne ? Toutes les issues sont fermées. Là, sont blottis des centaines de petits oiseaux, la tête enfoncée dans la plume, l'œil triste et l'air endormi ; autour d'eux le parquet est semé d'avoine et de millet, si bien qu'ils ne peuvent lever la patte sans marcher sur un grain.

Dans cette prison, où ces petits enfants de l'air et du ciel ont été enfermés pour toujours, ils sont entrés nerveux et maigres ; là ils vont engraisser et mourir.

Parfois on les aveugle, afin que dans une obscurité absolue ils deviennent plus promptement obèses.

L'œil de l'homme est là qui les guette, et quand l'ortolan est gras à point, on le tue.

Quelquefois le charmant oiseau est étouffé par la graisse, et l'homme se désole de n'avoir pas prévenu cet accident.

Au dire des gourmets, cette chair de l'Ortolan est d'une délicatesse extrême; mais elle pèche par son abondance même. On ne peut en manger beaucoup, la prévoyante nature ayant mis le dégoût à côté de l'excès.

Quand les ortolans sont morts, on les plume, on les aligne dans de petites boîtes enrubannées, où ces cadavres appétissants et dodus, aussi jaunes que

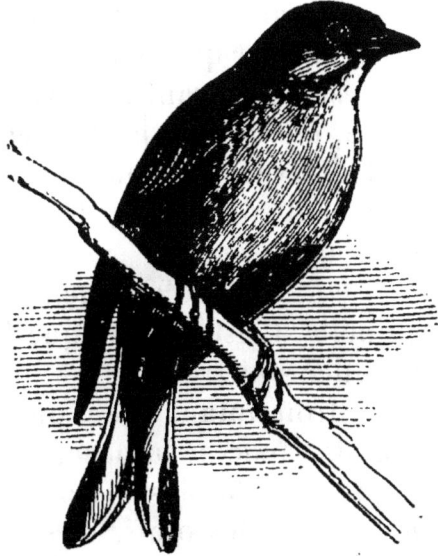

L'Ortolan. (Longueur 0ᵐ18.)

l'ambre, sont couchés sur un lit de ces grains de millet dont ils sont morts pour les avoir trop aimés.

Ces boîtes arrivent du Languedoc et de Provence chez les grands marchands de comestibles de Paris, qui étalent au milieu de leurs trésors gastronomiques ces pauvres suppliciés.

30. — Le Corbeau.

Un habit funèbre, une tête de fossoyeur, une voix de grenouille et pour bec un couteau ; des instincts féroces et sordides, une réputation sinistre : tel est le *Corbeau.*

Sa longue queue lui fait comme une robe d'astrologue,

et son pâle jabot semble flétri au contact de quelque festin immonde. Sa courte patte est faite pour prendre ou déchirer; son œil terne et froid guette une victime, et il marche comme s'il suivait un enterrement. C'est un oiseau de carnage et de mort.

En revanche le Corbeau est loquace et disert; c'est un beau parleur qui compte de grands succès de conversation, surtout avant l'arrivée du perroquet. Il possède en outre, comme le geai, une foule de talents de société, imitant avec beaucoup d'art le miaulement du chat, l'aboiement du chien, le grincement d'une scie, le râle d'un agonisant.

Il y a, chez ce croquemort, du ventriloque et du polichinelle. C'est un comique froid, un farceur lugubre, un familier sinistre.

Poltron autant que glouton, le Corbeau fuit devant les grands rapaces, la buse, le milan, l'autour. Mais il s'attaque aux faibles, s'acharne après les petits, pille les nids, brise les œufs, étrangle les oiseaux nouveau-nés. C'est un bandit sans audace.

Dans les steppes du Nord, au Groenland, en Sibérie, le Corbeau suit d'un vol lent et bas les animaux carnassiers. Immobile sur la neige comme une tache d'encre, ou blotti dans le creux d'un rocher, il assiste aux combats des ours et des loups; puis s'élance, tournoie, s'abat sur le vaincu et partage la proie du vainqueur.

Le Corbeau est ingrat : on n'a pas oublié qu'après avoir été parfaitement accueilli dans l'arche de Noé il reçut la mission honorable de prendre son vol et d'aller aux informations. Mais Noé ne le revit jamais : il y avait tant de cadavres appétissants sur les flots!

Je me souviens qu'en un rude hiver, un vieux corbeau vint demander l'hospitalité au presbytère de mon village; à peine eut-il frappé de son bec ou de son aile que la porte lui fut ouverte, comme elle s'ouvrait toujours aux malheureux.

On lui servit une écuelle de soupe et il s'installa au coin
du feu. Sa conduite fut irréprochable pendant tout l'hiver, et c'était merveille de le voir fraterniser avec les
chats, trotter sur la cheminée, appeler le sacristain et
imiter le son des cloches.

Le curé était ravi. Mais quand vint le printemps, le
Corbeau disparut, emportant, surcroît d'infamie, la timbale d'argent de son hôte, de son bienfaiteur.

Je sais bien que la Bible a poétisé le Corbeau en faisant
de ce carnassier impitoyable un messager fidèle et charitable. Tout le monde se rappelle la gracieuse légende
du *corbeau du désert*, porte-pain du prophète Élie. J'ai
peine à croire cependant que le pieux solitaire reçut son
pain intact et eut toujours son poids.

L'antiquité entoura le Corbeau d'un respect presque
religieux. Pour les Grecs et les Romains, son cri lugubre
était d'un infaillible augure et son vol fatidique présa-
geait la paix ou la guerre, la défaite ou la victoire. C'était
un conseiller intime et public, une sorte de prophète.

Après les batailles, on aperçoit dans l'air de noirs
tourbillons et l'on entend des cris lugubres. Les corbeaux s'abattent sur les mourants et sur les morts. Le
grand festin commence: chefs, soldats, chevaux, tout
disparaît sous la plume noire. C'est la guerre qui régale.
Les corbeaux déchirent ces cœurs vaillants qui ne battent plus; ils déchiquettent ces poitrines héroïques et
couvertes de sang; ils dévorent tous ces yeux qui ne
verront plus la Patrie.... Morte ou vivante, le Corbeau
commencera toujours par crever les yeux à sa victime.

— Faut-il s'étonner que le Corbeau soit regardé comme
un oiseau de mauvais augure et qu'on l'appelle dans le
midi de la France la *poule du Diable* comme on appelle
l'hirondelle la *poule de Dieu?*

Eh bien! comme la gentille hirondelle, le sinistre
Corbeau remplit ici-bas le rôle fécond et bienfaisant que
Dieu lui assigne.

De même que le vautour en Afrique et le marabout dans l'Inde sont les agents providentiels de la salubrité publique, les nettoyeurs intrépides des routes et des champs, de même le Corbeau, insatiable d'immondices et de charognes, est le grand chiffonnier de nos campagnes, un infatigable et précieux chiffonnier ayant son corps pour hotte et son bec pour crochet.

31. — Les Corbeaux étrangers

L'Allemagne possède le plus vorace et le plus original des corbeaux. Dardant sans cesse son regard avide et glacé sur une proie imaginaire, il se tient colimaçonné sur ses pattes meurtrières comme s'il avait un rhumatisme articulaire. Sur ses épaules il porte un collet gris fort étrange, d'où lui vient son nom de *Corbeau mantelé*.

Sa voracité est prodigieuse; aussi le prend-on infailliblement à l'aide d'un cornet de papier foncé d'un morceau de lard et entouré de glu. Il se précipite, s'empêtre et se débat à grands coups d'ailes, furieux de rencontrer tant de distance de la coupe aux lèvres.......

De tous les oiseaux, le Corbeau mantelé est celui qui, par la largeur de sa langue est le plus propre à répéter des phrases entières. Son élocution est singulièrement facile; mais qu'on se figure un corbeau parlant allemand!

Bien différent du corbeau mantelé est le *Corbeau d'Australie*, le charmant et gracieux *Choucari*.

Gros comme un pigeon, les formes délicates, la démarche vive et légère, la tête penchée, l'air familier et goguenard, le regard très fin, la voix sonore et flûtée, il porte un vrai surplis sur ses épaules et passe discrètement, comme s'il se rendait au confessionnal.

D'une humeur familière et douce, le Choucari s'attache à son maître, à sa demeure, dont il s'écarte rarement, et s'apprivoise comme un moineau.

Au lieu d'ériger l'ordure en régal comme notre corbeau glouton, le Choucari ne s'attaque qu'aux insectes, qu'il chasse avec autant de grâce que d'adresse et d'ardeur.

Au lieu de faire la chasse aux faibles et aux petits, d'ensanglanter les nids et d'étrangler les nouveau-nés comme notre corbeau de France, le Choucari surveille, inspecte et protège les nids de faisans et de canards.

Son chant aussi beau qu'original, est sonore et doux, étrangement harmonieux. Le Choucari parle, siffle, chante, joue de la flûte comme la fauvette joue du hautbois, le bouvreuil du violoncelle, l'alouette du fifre et le coq de la trompette.

32. — La Fourmi

Il y a des bêtes de talent, des bêtes d'esprit, des bêtes de cœur. La *Fourmi*, elle, est une petite bête de génie. Certes, l'araignée est bien étonnante, son intelligence nous confond ; mais plus merveilleuse encore est la Fourmi.

Cet insecte est ingénieur, architecte, maçon, terrassier, soldat, philosophe, homme d'État. La Fourmi bâtit des cités modèles, établit de parfaits gouvernements. Républiques vraiment exemplaires où l'on discute moins qu'on n'agit et où l'on ne prend les armes que pour défendre la frontière ou protéger le travail. Républiques admirables où l'industrie est un honneur, le progrès une loi, l'entente une habitude, le travail une obligation, l'égalité un fait, la fraternité un principe, le respect des infirmes et des vieillards une religion, l'éducation de la jeunesse un besoin du cœur et une affaire d'État.

De toutes les fourmis, la plus merveilleuse et la plus illustre est la *Fourmi blanche d'Afrique*. Le voyageur qui traverse les vastes prairies de l'Afrique équatoriale s'arrête tout surpris en face d'une cité étrange

Sous son regard charmé s'étendent à l'infini des huttes d'une forme charmante et d'un travail exquis. Les huttes ont deux ou trois pieds de haut. A leur vue on se croirait en présence d'une population de nains.

Non ! les hommes ne bâtissent pas de la sorte ! c'est ici la ville des fourmis, cité plus grande que Pékin et plus étrange que Venise. De loin ces milliers d'édifices bizarres avec leur toit uniforme, circulaire, incliné, font l'effet de gigantesques champignons. Quand on les étudie de près, ce sont des mondes. C'est la plus sage, la plus laborieuse et la plus patriotique des républiques, c'est le plus merveilleux des établissements : ici, les œufs près d'éclore ; là, les petits enfants sous la haute surveillance de fourmis vénérables ; d'un côté les vieillards, de l'autre les adolescents ; une infirmerie pour les malades, un cimetière pour les morts ; partout des ménages tranquilles et laborieux, des travailleurs infatigables, des citoyens dévoués à la chose commune. Partout le même système, le même admirable système de cellules et de galeries, de forteresses et de chantiers, de toitures et de souterrains, de portes, d'enclos, de salles communes et de greniers d'abondance, portant le ciment indestructible qu'on ne brise qu'à coups de hache. Rare et curieuse entente : tous les habitants de ces huttes ne sont pas de même espèce, mais tous vivent en paix et travaillent à l'édifice commun, comme si chaque ouvrier avait le même plan dans sa petite tête de fourmi. C'est la tour de Babel renversée.

Ces fourmis se divisent en trois classes bien distinctes : les *fourmis ouvrières*, les *fourmis guerrières*, et les *fourmis chefs*.

Ces dernières, plus grosses et mieux nourries que les

autres, ne sortent de leurs cellules, j'allais dire de leur cabinet de travail, que pour inspecter les chantiers et vérifier les travaux. C'est merveille de les voir aller et venir gravement, comme un ingénieur en chef, dans leur cabinet respectif où peut-être de nouveaux plans les attendent. Les fourmis guerrières ne sont pas les plus occupées, car elles ne mettent jamais la patte à l'ouvrage. Leur rôle consiste à faire le guet et à protéger les fourmis ouvrières. Immobiles et toujours en éveil, elles sont là sous les armes et comme à l'affût du danger.

Leurs pinces redoutables ne sont pas faites pour le travail, mais pour le combat; ce n'est plus un outil, c'est une arme.

Les plus intéressantes sont les ouvrières; elles n'arrêtent pas, et chacune d'elles a un rôle à remplir. Celles-ci apportent les matériaux, des grains de sable, des petits cailloux, des brins de paille. Celles-là font le mortier; il est curieux de les voir arriver une à une avec leur ventre ballonné de terre, expulser de leur corps un liquide gélatineux, véritable mastic qu'elles mêlent avec les matériaux.

Les autres, qui n'ont qu'à se baisser pour être servies, bâtissent sans relâche.

Les fourmis ne travaillent que la nuit. Le jour, tout repose et se tait, les trous sont bouchés, le chantier est désert.

Quand la colonie augmente d'habitants, on ajoute un étage. Il y a des huttes qui en comptent jusqu'à cinq ou six; avec leurs toits superposés on dirait des pagodes en miniature.

Les fourmis ont un ennemi aussi bizarre que terrible; c'est le grand *fourmilier* des zones torrides de l'Afrique et de l'Amérique.

Un grand museau pointu avec une bouche étroite et fendue d'un coup de canif, dardant une langue immense, élastique et visqueuse; des pattes armées de griffes

effroyables, un poil grisâtre et rude, pareil à l'herbe
fanée ; l'oreille d'un rat, une mâchoire sans dents, une
tête fantastique qui représente un tiers de la grandeur
totale du corps : tel est le fourmilier.

Le Fourmilier.

Avec son ongle terrible et crochu, il déterre les fourmis et n'a qu'à tirer sa langue immense pour la ramener
couverte de tout un peuple, qu'il prend en quelque sorte
à la glu. Quand ce singulier animal, qui atteint quelquefois la taille d'un chien, vient de découvrir une fourmi-
lière, il s'installe commodément ; d'un coup d'ongle il
renverse la terre, renverse des villes, des palais,
portiques et galeries, et les habitants éperdus s'enfuient
de tous côtés. Alors quelque chose de sombre, d'immense et de gluant s'étend sur les ruines, happant les
fuyards. C'est la langue du fourmilier. Tout périt, rien
n'est plus.

Chaque coup de langue a englouti une génération.
Enfin il est repu ! Alors, jetant un regard d'indifférence
sur les ruines qu'il vient d'amonceler, sur cette floris-
sante cité métamorphosée d'un coup de griffe en cimetière, il grimpe sur un arbre, s'installe sur la plus belle
branche, et la queue pendante, les yeux demi-clos, mâ-
chonnant une abeille saisie au passage, il s'endort.

Il digère tout un peuple et rêve à l'infortunée république dont il a déjeuné.

33. — Le Fourmi-lion

En créant le *Fourmi-lion* il semble que la nature ait voulu faire une caricature ou une victime.

Le Fourmi-lion est bossu, et il attend des ailes qui ne poussent jamais. Son appétit est formidable, et tout l'a condamné à mourir de faim. Il a une grande mâchoire, mais elle ne mâche pas. Il a six pattes, mais elles ne marchent pas.

Le Fourmi-lion suce et rampe. Que dis-je? il rampe à reculons ; comme un ivrogne, il titube. Sa proie de prédilection, c'est la fourmi rapide. Pour l'atteindre, il aurait besoin d'ailes, et c'est à peine s'il peut traîner son corps abject formé d'anneaux sordides et plats.

Ce nain ridicule est armé : il porte une queue en forme de pic et deux cornes !

Hé bien, le Fourmi-lion aurait tort de se plaindre. Il a reçu un don qui supplée à tout : l'esprit !

Cet artiste en trappes creuse une fosse, entonnoir sinistre où tombent ses victimes.

Le Fourmi-lion.
(État de larve.)

Le voici traçant avec sa queue, j'allais dire avec son pic, un vaste sillon circulaire, puis un second, puis un troisième, allant tous en spirales vers le centre, avec une régularité et une précision géométriques.

Le tombeau des victimes est indiqué. Alors le mathématicien se fait terrassier en attendant qu'il devienne bourreau. Avec sa tête et ses cornes, le Fourmi-lion lance la terre en dehors du premier sillon. L'intrépide fossoyeur travaille sans trêve ni repos à ce cimetière d'un nouveau genre.

La tombe se creuse et s'achève avec une étonnante rapidité ; il ne manque plus que le mort. Alors le Fourmi-

lion se blottit au fond de l'entonnoir et se dissimule sous la poussière. Il n'y a que deux petits bouts de corne qui passent et deux yeux qui brillent. Il attend.

La proie, confiante, ne se fait pas attendre; elle arrive et dégringole. Le Fourmi-lion la suce. C'est un cadavre. Ensuite, comme les débris de sa victime pourraient le trahir, il prend cette carcasse avec ses cornes et la jette par delà l'entonnoir.

La victime a parfois des ailes. Qu'importe au Fourmi-lion! avec ses cornes, il fait voler la poussière, qui étourdit et aveugle le moucheron. Il tombe, et bientôt vidé à son tour, son squelette, lancé brutalement d'un coup de corne, s'en va rejoindre les cadavres de fourmis. Quand il a bien dîné, le terrible fossoyeur s'allonge sur le sable et digère en paix au fond de cet asile de mort. Il rêve de nouveaux meurtres et s'apprête bientôt à réparer les avaries du tombeau.

Plus lourd que jamais, et travaillant toujours à reculons, il creuse, aplanit, relève le sable, adoucit ou accentue les pentes et dissimule avec une étonnante perfidie les bords de l'abîme.

Mais les épreuves de cette misérable vie, pleine de meurtres et de labeurs, où il faut creuser un abîme pour manger un moucheron, vont bientôt finir : une vie nouvelle attend le Fourmi-lion.

Il se met à tracer ; mais ce n'est pas une tombe, c'est un berceau qu'il va creuser. Il va, vient, se démène avec une telle ardeur qu'il est bientôt couvert d'une sueur abondante et visqueuse. Alors il se couche dans le sable et il attend. Qu'attend-il? que la nature lui dise un jour: « Lève-toi et prends ton vol! »

En effet il s'est couché dans la fange, sale, hideux, rampant ; avant deux mois, abandonnant sa dépouille sordide, il s'élancera dans l'air ensoleillé, étendant de longues ailes de pourpre et d'or.

En se mêlant au sable, la sueur gluante qui couvre le

Fourmi-lion, forme une coque qui est tout à la fois son bouclier et sa prison.

Vous diriez qu'il est mort, il se prépare à vivre. Il vous semble immobile, il en est train de passer d'un monde dans un autre. Vous le croyez anéanti ; tout entier à son œuvre, il file une soie éclatante dont il tapisse sa cellule.

Regardez ! déjà la métamorphose se prépare, le prodige s'accomplit. Déjà on aperçoit comme des ailes ployées et des dents qui percent les somptueuses draperies. L'insecte nouveau est encore prisonnier dans son palais de satin ; mais il palpite, il frémit, se détache et prend son vol.

Le Fourmi-lion. — **Insecte parfait.** — (Longueur 0ᵐ025.)

Le Fourmi-lion n'est plus. C'est la svelte demoiselle au corsage d'or, aux ailes de dentelle, à la tunique de satin, qui passe comme un bijou ailé autour des étangs et se suspend comme une aiguille diamantée à la pointe des roseaux.

34. — LA VIGNE

La *Vigne* et le blé se partagent la royauté des champs. La grappe est le pendant de l'épi, et le grain du raisin le pendant du grain de blé. Le vin et le pain se complètent et se confondent dans l'histoire et dans la vie de l'homme. Comme le blé des plaines, le pampre des coteaux est presque sacré, et chacune de ces deux plantes eut son dieu ! Ce qui, aujourd'hui, nous rend peut-être encore la vigne plus précieuse et plus chère, c'est qu'elle est en danger. Mais parlons d'abord de sa culture.

Une bonne vigne doit s'étendre sur le penchant d'un coteau calcaire et caillouteux, regardant entre le levant et le midi. Trois ou quatre variétés lui suffisent ; les meilleures, dit-on, sont le *plant du roi* ou *côte rouge*, le *pineau* et le *malvoisie*.

La Vigne, comme une reine qu'elle est, exige de perpétuels hommages. Avant d'appartenir au cultivateur, le cultivateur lui appartient : en hiver, on plante le sarment en l'entourant de terre fine et de fumier choisi, mêlé de bonnes cendres ; au printemps, on coupe le sarment près du sol ; en mai, on porte des engrais au pied des souches et l'on ébourgeonne les vignes pour que la sève se concentre sur les sarments à fruits ; en juin, on butte le pied des souches ; en août, on sarcle les vignes ; en septembre, on fait les vendanges, on égrappe le raisin, on le foule, on le jette dans la cuve, où la fermentation change le moût en vin. Il ne reste plus qu'à le boire.

Comme la moisson, la vendange est la grande fête des champs. Qui ne se souvient du tableau de Léopold Robert avec sa grâce rustique et ses décors mouvementés. Des grappes ! partout des grappes ! elles remplissent les tonneaux et les paniers, les pampres enguirlandent les charrettes, les grappes d'ébène ou d'or couronnent la tête brune des vendangeuses et les fronts massifs des grands bœufs...

Hélas, depuis longtemps, un chétif insecte, le terrible phylloxéra attriste nos vendanges françaises, qui sont moins une fête qu'un deuil !

Est-ce que déjà l'effroyable puceron n'a pas envahi plus de quarante de nos départements et détruit plus de cinq cent mille hectares de nos vignobles ! Cinq cent mille autres hectares sont aux prises avec l'infime insecte, ce

brigand microscopique, ce monstre de Lilliput qui de son
bec de puceron ébranle nos cuves, défonce nos tonneaux,
renverse nos bouteilles et vide nos verres, nous prive du
jus de la vigne qui depuis des milliers d'années fortifie et
réjouit les hommes.

La plupart des insectes qui ravagent les vignes s'attaquent à la feuille, à la tige, au fruit. On voit le danger,
on y pare. C'est à la racine que le phylloxéra s'attache.
Avec son bec, il la suce, l'épuise, la tue. Et quand le
mal éclate au dehors, quand la feuille jaunit, quand le
raisin se ride, il n'y a plus de remède, la vigne est perdue sans retour.

Comme un puceron qu'il est, le phylloxéra se distingue
par une fécondité aussi désespérante que ses ravages.
Pour compléter l'outillage meurtrier de cet insecte, la
nature a donné à sa dernière génération des ailes qui
permettent aux phylloxéras d'aller pondre leurs œufs où
bon leur semble et propager au loin leur race maudite.

Le Phylloxéra ailé et le Phylloxéra sans ailes. (Très grossis.)

Pour sauver la vigne on a imaginé d'empoisonner le
sol par le sulfure de carbone qui, sans nuire à la plante,
tue l'insecte ravageur. Mais jusqu'à ce jour le meilleur
moyen de destruction qu'on ait trouvé consiste à submerger les vignes — quand la chose est possible.

En face de cette invasion formidable, plus terrible que

celle des Vandales et des Huns, la viticulture ne s'est point découragée. Partout elle lutte avec ardeur contre le nain maudit, l'insaisissable pygmée, l'invisible Attila des vignobles. Partout se sont constitués des syndicats dans le but d'arrêter le fléau qui déjà a causé tant de ruines.

Ici, le sulfure de carbone a réparé de grands désastres; là, de nombreux vignobles ont été reconstitués au moyen de cépages résistants du Nouveau-Monde. Ailleurs, plus de cinq mille hectares de vigne ont été soumis à l'opération salutaire de la submersion. Un jour qui n'est pas loin, le Midi sera doté d'un canal d'irrigation qui permettra de submerger au moins quatre-vingt mille hectares de vignobles; et c'est ainsi que, malgré l'immensité du désastre, loin de perdre courage, nos viticulteurs ont engagé contre le phylloxéra une lutte qui s'affirme et s'élargit chaque jour.

Tout en combattant le fléau des vignes, on a cherché, on cherche quelle plante, en cas d'une catastrophe, pourrait remplacer la vigne — j'entends lui succéder. Il y a deux ans, le voyageur français Lécart découvrit, comme on sait, la *vigne du Soudan*, à la tige herbacée, aux racines vivaces, aux fruits magnifiques et délicieux.

C'était une espérance, une vaine espérance. La vigne du Soudan n'a pas réussi. Mais voici que le jardinier en chef du gouvernement de Saïgon, M. Martin, vient de découvrir à son tour la vigne de Cochinchine, qui pourrait être appelée à nous rendre de grands services. Cette vigne s'accommode de tous les terrains, et sa végétation est si puissante que certains pieds atteignent plus de cinquante mètres de hauteur. Depuis sa base jusqu'au faîte de la liane, cette plante se couvre de fruits exquis et magnifiques. M. Martin parle d'un pied qui portait cent kilogrammes de raisin et d'une grappe qui ne pesait pas moins de quatre kilogrammes. Le raisin de la terre de Chanaan serait dépassé.

Si la plante de la Cochinchine est apte à la civilisation, si elle est vraiment digne de nos tonneaux et de nos bouteilles, ouvrons-lui les portes de nos vignobles et donnons-lui l'hospitalité. Nous ne lui demandons pas qu'elle s'élève jusqu'à cinquante mètres, ce qui serait un peu haut pour la cueillette, ni que ses grappes pèsent quatre kilogrammes, ce qui serait trop lourd pour nos paniers de vendange. Le bon vin ne vient pas des colosses et des géants, il coule des petites grappes et des vignes mignonnes.

Espérons surtout que nos ceps fameux de la Bourgogne et du Bordelais n'auront pas à appeler la vigne de Cochinchine à leur secours. La victoire du terrible phylloxéra devient de plus en plus incertaine, et bientôt peut-être cet insecte maudit s'en ira rejoindre dans la nuit des âges tant de monstres à jamais disparus. Non ! la vigne de Noé ne périra pas, et dans les siècles à venir elle couronnera encore nos coteaux français de ses grappes vermeilles et de ses pampres verts.

35. — Les Raisins noirs

N'en déplaise aux beaux raisins de table, aux chasselas blancs ou roses, aux grappes dorées de la Touraine ou du Languedoc, le véritable raisin est le *raisin noir* !

C'est lui le vrai jus de la treille : « Il sent le vin, écrivait à l'un de ses amis le grand chansonnier Béranger, et il me semble qu'en becquetant sa grappe violette, je vide, à chaque grain, mon verre ! »

Parlons du raisin noir, de ses grappes luisantes et foncées qui se détachent sur les feuilles qu'empourpre l'automne comme une figure brune sur une robe *caroubier*.

Surtout raisin de cuve, le raisin noir est aussi un raisin de table : on dirait un fruit de bronze tranchant

13.

dans la corbeille de mousse sur l'or des beurrés et des duchesses, la pourpre des calvilles et le velours rose des pêches.

On compte bien des espèces de raisins noirs. Voici d'abord le gros *raisin d'Andalousie*, à la grappe allongée, énorme, au grain d'ébène, ovale et dur, pareil aux grains de ces chapelets du temps de Philippe II qu'égrenaient lentement les veuves espagnoles.

Raisin de table, ce beau raisin d'Espagne, qu'on récolte aussi dans l'extrême midi de la France, est la merveille des desserts et l'ornement des corbeilles. C'est une sorte de malaga noir. Sous sa peau un peu ferme il recèle un jus liquoreux, d'une exquise saveur.

Vient ensuite le *muscat noir* si cher aux abeilles, que son suc parfumé attire. On ne saurait en manger plus qu'un fragment de grappe. Son jus est un parfum qui finirait par écœurer le palais.

Dans tout le midi de la France abonde un gros raisin noir, le *pouchoux*, aux grains ronds et serrés, un vrai raisin de cuve, celui-là! Il se soucie peu des honneurs de la table, ce vigneron trappu et lourd, plus noir qu'un Éthiopien. Il mûrit pour le pressoir et colore de ses teintes foncées les gros vins du midi « qu'on coupe au couteau » et qui renverseraient un Hercule forain.

Mais voici un gentil petit raisin noir aux grains écartés et délicats, fins comme des perles, aux branchettes de corail. Sa feuille est charmante, artistement découpée; le pied est grêle, la grappe petite, le fruit mignon. On dirait une vigne naine : c'est le *pied de perdrix* ou la *côte rose*. Ce joli raisin est un régal pour la table, un trésor pour la cuve. Il a un arome à lui et il donne aux vins qu'il parfume une saveur incomparable que le gourmet reconnaît toujours.

Je tire, enfin, du fond de mon panier le petit raisin noir des environs de Paris, le raisin populaire et faubourien par excellence, que le marchand des quatre-saisons pro-

mène dans Paris sur sa petite voiture. — Quatre sous
la livre, le *petit noir*, le *moricaud des vignes*, le joyeux
vendangeon de Surennes et d'Argenteuil !

Ce n'est pas cher et c'est si frais, si appétissant ! Ce
petit raisin noir qu'on crie dans les rues, c'est le chasselas de l'humble ménagère, c'est le muscat de la petite
ouvrière et du jeune apprenti, c'est le goûter de l'écolier,
c'est le raisin du pauvre.

Que les chasselas de Fontainebleau étalent sur les corbeilles de cristal leurs grappes d'or ; que les muscats de
l'Andalousie fassent miroiter dans la mousse leurs grains
plus jaunes que l'ambre ; que les raisins de la Touraine
et de l'Anjou dressent leurs pyramides succulentes sur
les nappes damassées, je n'oublierai pas le petit raisin
noir des coteaux parisiens.

J'aime sa saveur piquante et joyeuse comme j'aime les
fruits verts, comme j'aime entre une matelote et une
friture ces petits vins rosés de Marly, si frais, si clairs,
si gais, qui rient aux yeux des convives et qui moussent
dans le gobelet des vignerons.

36. — Le Brugnon des Vignes

Ce fruit exquis et charmant ne jouit pas de la popularité de la prune ou de l'abricot. Il est à la fois moins
commun et plus réservé. On le connaît peu dans les
grandes villes. Il n'aime pas les voyages et ne fait que
de très rares apparitions sur les tables aristocratiques,
où trône la pêche de Montreuil au milieu des reines-
Claude ambrées de la Touraine.

Le *Brugnon*, fruit rustique, un peu sauvage, est un
humble vigneron qui se plaît dans la solitude de ses
coteaux ensoleillés.

Par l'aspect il tient de la prune et de l'abricot ; mais il est bien lui-même ce fruit original : le brugnon des vignes !

Il y a deux espèces de brugnons : le brun et le blond.

Le *brugnon blanc* semble un fruit de satin. On dirait une petite boule de neige teintée de rose. Les nuances en sont si délicates et si fines qu'on croit voir un de ces fruits artificiels que les petits bourgeois aiment à étaler, à l'abri de toute poussière, sous le globe des pendules.

Le *brugnon violet* semble avoir pris la teinte énergique et vermeille des grappes noires au milieu desquelles il mûrit. Il a plus de saveur et de finesse que son frère, l'albinos.

La chair du Brugnon est ferme, d'un goût rustique et pénétrant, je ne sais quel arome particulier, vraiment original. Il peut ne pas plaire à tout le monde ; mais beaucoup d'amateurs préfèrent sa robuste saveur aux tons sucrés des prunes, aux mollesses souvent écœurantes de l'abricot.

Le Brugnon n'est pas mis en cueillette réglée comme les pêches de Montreuil, les figues de Montpellier ou les prunes de l'Agenais. C'est un fruit indépendant, un peu bizarre et très hautain dans sa simplicité rustique.

Il pousse et mûrit un peu partout où il y a du grand air, du soleil et de la liberté.

Il descend peu dans la plaine et les jardins, ne se plierait qu'en résistant aux tyrannies de l'espalier, se balance aux vents au lieu de s'adosser aux murs, et se laisse volontiers croquer là-haut, sur les collines de pourpre où il est né.

Autour de lui chante le grillon des champs ; l'araignée file en paix sa toile merveilleuse le long de ses branches sauvages, et la grive se grise du jus vermeil que son bec fait couler des grappes brunissantes.

Le Brugnon n'a pas d'histoire. Ce n'est qu'un paysan,

un vigneron. Si vous voulez savoir qui il est, d'où il
vient, interrogez le vent des coteaux.

Tout ce que je puis vous apprendre, c'est que le brugnon sauvage et dédaigné était le fruit préféré de Louise
de La Vallière.

Dédaignée, elle aussi, et plutôt recluse que souveraine
dans le château de Saint-Germain envahi par madame
de Montespan, Louise, délaissée, toujours triste, déjà
repentante et avide de solitude, s'en allait cueillir les
brugnons qu'elle aimait dans les vignes de Fourqueux
et de Marly.

37. — La Grive.

La *Grive* est l'oiseau des vignes, comme l'alouette est
l'oiseau des champs. Celle-ci délivre les blés des chenilles et des sauterelles; celle-là débarrasse la vigne des
limaces et des escargots. La Grive veille sur la grappe
comme l'alouette sur l'épi.

— Mais la Grive mange les raisins, me répondrez-
vous, et voilà, ce me semble, une étrange façon de protéger les vendanges !

— Pour quelques grains qu'elle picote, la Grive fait
une guerre incessante aux ennemis de la vigne. Après
avoir absorbé je ne sais combien d'insectes ravageurs, il
est bien naturel qu'elle se désaltère, et vous ne voulez
pas, sans doute, qu'elle étouffe.

Je n'ignore pas qu'on a fait à ce pauvre oiseau une
réputation de petit ivrogne.

Les vignerons du Bordelais m'ont raconté une jolie
légende qui, tout en calomniant la Grive, raille avec
naïveté les prétentions extravagantes, si familières à
ceux qui boivent :

Un jour donc, après avoir bu à les toutes grappes d'une

vigne, une jeune grive se trouva grise, tomba scandaleusement sur son dos, les deux pattes en l'air et se mit à rire. Puis, voyant les nuages passer bien haut sur sa tête, l'oiseau, raidissant ses petites jambes, s'écria dans un accès d'orgueil alcoolique : « Maintenant le ciel peut tomber, je le soutiendrai avec mes pattes ! »

Au même instant une feuille de figuier détachée par le vent tombe sur la grive, qui se figure que la voûte céleste vient de s'aplatir sur son ventre, croit mourir et s'endort. A son réveil, la petite buveuse de raisin s'aperçoit qu'elle n'est pas morte du tout, qu'elle n'a pas été victime de la dégringolade des astres, mais dupe de la chute d'une feuille.

Honteuse de sa mésaventure, la Grive jura d'être plus sobre à l'avenir. Serment d'ivrogne ! Dès le lendemain elle se remit à picoter les grappes d'or et à s'enivrer du jus des vignes : *qui a bu boira*, tous les ivrognes sont incorrigibles.

C'est vers le commencement de l'automne que les grives apparaissent dans nos pays ; elles viennent du nord où elles ont passé l'été, et émigrent vers de douces régions quand elles ont fait leurs vendanges.

La Grive est, comme on sait, un gibier délicat et très estimé. Les gourmets vantent particulièrement la fameuse grive de Sarlat, que parfume le genièvre dont elle s'est nourrie.

La Grive est un oiseau mélancolique et rêveur, ami de la solitude, très jaloux de sa liberté. Le jus de la treille, dont elle n'a, du reste, jamais abusé, ne parvient même pas à lui arracher une joyeuse chanson, à la mettre en douce gaîté. La Grive a le vin triste.

V

RIVIÈRES ET PRAIRIES

A la suite des Champs, que je viens de décrire, s'étendent les *Prairies*, qu'arrosent les *Rivières*.

Dans les étables, nous avons vu les animaux de la ferme au repos; dans les champs, nous les avons observés au travail; dans la prairie, nous les retrouvons pour ainsi dire à table : au milieu des grands herbages, le bœuf à l'air souverain et doux rumine en paix, et la vache, traînant dans l'herbe parfumée ses puissantes mamelles, se fait enfant pour jouer avec ses petits. La crinière flottante et la queue épanouie en beau panache, le cheval galope le long de la rivière, et son fier hennissement répond au mugissement sauvage du taureau; et dans un coin de la prairie, l'âne, solitaire et pensif, tond humblement de ce pré « la largeur de sa langue ». Ici, la poule, mouchetant les herbes de sa robe éclatante, fait la guerre aux vers; et, dressée sur la haie comme si elle allait la franchir, la chèvre fait la guerre à l'aubépine.

Aujourd'hui les faucheurs; demain les faneuses dont les fourches miroitent au soleil; plus tard, les foins qui parfument tout le vallon vont s'élever en pyramides plus hautes que les maisons.

Au bord de la rivière, le saule dresse sa tête tonsurée, tandis que le peuplier superbe monte vers le ciel comme une flèche de verdure. Roi des eaux, le cygne s'avance mollement le long des rives pendant que l'anguille glisse dans la vase, que la carpe saute et que le brochet, cette réduciton du requin, attaque et dévore jusqu'à ses propres enfants.

La loutre à la riche fourrure se joue dans les eaux ; et perché sur la branche d'un saule, le martin-pêcheur, aux plumes éclatantes, guette le poisson dont il remplit sa panse. Tapies sous le cresson, les grenouilles bavardent toutes à la fois ; et les sveltes demoiselles au corsage d'or, aux ailes de dentelle, valsent autour des roseaux. Le vanneau guêtré de rose trottine le long de la rivière à la recherche d'un insecte, la fauvette des étangs suspend au-dessus de l'onde son nid merveilleux, et la bécasse élève au-dessus des joncs son bec immense, un poignard.

Des champs passons dans la prairie.

1. — Herbes et Fleurs des prés

Les herbes de la prairie, c'est la prairie elle-même; elles en sont la base et l'ornement, le produit, la récolte. Les herbes de la prairie, c'est le menu varié et choisi du bétail. Leur mélange étudié et bien compris constitue mieux encore que la nourriture des bestiaux, c'est leur festin. Chacune de ces plantes a sa vertu, sa propriété, sa saveur, son parfum.

Trèfle, luzerne ou *sainfoin*, la prairie artificielle ne se compose que d'une seule plante, j'allais dire d'un seul plat. La prairie naturelle, au contraire, est comme une table opulente en mets divers, comme un repas à plusieurs services. En quittant la prairie, le bœuf ou le cheval qui rentre à la ferme a dîné de plus de trente plantes.

Flouve odorante, trèfle rose, véronique, brize, brunelle et *pimprenelle, phléole des prés, amourette tremblante,* etc., plantes humbles et charmantes, noms gracieux et poétiques qui exhalent comme un parfum rustique de foin coupé ! Tapis immense et merveilleux, sans accroc, sans déchirure, qui ne s'use ni ne se fane jamais, qui déroule aux bords des fleuves et des rivières son

L'Amourette tremblante.

velours toujours frais, toujours vert, toujours beau, que bariolent et parfument les fleurs des prés !

Comment vous parler de ces multitudes de fleurettes

dont les bœufs connaissent la saveur et le parfum, mais dont j'ignore souvent jusqu'au nom ?...

Ce n'est pas un bouquet que je compose avec art et que je vous offre ici ; je vous présente, au hasard, **la gerbe de fleurs qui tombe sous ma faux.**

La Reine des prés.   La Sauge.

Voici d'abord la *reine des prés*, l'odorante et gracieuse *ulmaire*, dont la brise des prairies agite mollement le blanc panache de fleurs embaumées. Voici encore le *plantain*, avec ses feuilles étalées en rosette au milieu desquelles s'élève une tige élégante que termine un long épi de fleurs blanches teintées de rose. Ici, la *porcelle* des prés, le *narcisse* et le *bouton d'or*, que nous connaissons déjà. Là, la *petite marguerite blanche*, qui constelle les prés de ses mignons soleils aux rayons d'argent, et la *reine-marguerite*, qui semble la grande sœur de la pâquerette. D'un côté, le *pissenlit* au disque d'or, les *bleuets*, les *coquelicots*, la *sauge* bienfaisante et les *colchiques* aux jolies fleurs violettes. D'un autre côté, l'*œnotère*, qui, le soir, pour endormir ses fleurs, leur fait un berceau de ses feuilles inclinées ; les *mauves* aux belles fleurs lilas, les pâles *véroniques* amies des eaux, les *stellaires* à longues tiges étoilées de petites fleurs blanches.

Voici l'*aubépine*, clôture vivante, borne fleurie, rempart de parfums, toute chargée de fleurs immaculées. Cette éclatante messagère du printemps fut toujours honorée. Les femmes romaines attachaient souvent des branches d'aubépine au berceau de leur nouveau-né, et les filles d'Athènes portaient des rameaux d'aubépine aux noces de leurs compagnes.

La haie semble, dans la prairie, le rendez-vous d'une foule d'arbustes et de fleurs : c'est le *tamier* ou *sceau de Notre-Dame*, qui incline ses rameaux légers, chargés de grappes de safran. C'est aussi la *renouée*, qui agite au moindre vent son épi de fleurs roses. Ici le *lychnis* festonne d'étoiles blanches le sentier des prés, et la *campanule* suspend le long des buissons ses clochettes teintées de rose où l'insecte vient bourdonner un joyeux carillon.

Dans ce tableau rapide, je brouille à dessein les dates et je mêle les fleurs comme si elles s'épanouissaient toutes à la fois. Mais, comme les fleurs des jardins, les fleurs champêtres qui poussent à la grâce de Dieu et du soleil se succèdent régulièrement dans les prés.

Au printemps, la prairie se couvre de *marguerites blanches* et de quelques *violettes ;* plus tard, aux marguerites succèdent les *boutons d'or* à la coupe éclatante et vernissée ; après les boutons d'or viennent les *trèfles* aux fleurs roses, puis ce sont les *colchiques* qui sortent de la terre, pareils à de petits lis violets, selon la poétique remarque d'Alphonse Karr. Enfin la gracieuse *ancolie* décore les buissons de sa douce fleur bleue, et puis la faux arrive couchant les herbes et les fleurs dans le même sillon, nivelant la prairie......

On a beaucoup parlé de l'hélianthe et de l'héliotrope, qui, tournés constamment vers le soleil, semblent suivre son cours. Les fleurs des prés ne font pas autre chose. Le matin, si vous marchez vers le soleil levant, la prairie vous apparaît dénudée de fleurs, car elles sont toutes inclinées vers l'orient. Si, au contraire, vous tournez le dos au soleil, les prés ne sont qu'un parterre.

Le même fait peut s'observer le soir. Si vous regardez le soleil couchant, plus de fleurs dans la prairie. Si vous vous avancez, au contraire, vers le levant, vous voyez toutes les fleurs pencher leur corolle vers l'astre qui disparaît.

Si des peuples reconnaissants ont adoré le soleil qui éclaire et vivifie les mondes, les fleurettes des prés n'ont-elles pas, les premières, inauguré ce culte?

Les fleurs de la prairie ne s'en vont pas languir dans une corbeille ou se faner dans un vase. Elles tombent en pleine jeunesse et en plein soleil sous la faux du paysan, comme nous tomberons tous sous la faux de la Mort.

Puis, elles s'en vont parfumer les râteliers des animaux qu'elles nourrissent, pour retourner ensuite, sous forme d'engrais, dans les prairies d'où elles sont sorties ; et, un jour de printemps, elles renaîtront reine des prés, trèfle rose, marguerite blanche et bouton d'or.

----

2. — Les Papillons

Une des plus grandes merveilles de la nature, c'est à coup sûr la métamorphose de la chenille. De la coque de soie qu'elle a filée, au lieu d'un insecte rampant et velu, se fait jour et s'envole le *Papillon* aux ailes éclatantes ; comme la chenille, sa mère, celui-ci n'a pas une mâchoire lourde et meurtrière, mais une trompe légère et gracieuse qui pompe les sucs parfumés dont il se nourrit. A la chenille, les feuilles; au Papillon, les fleurs!

Le Papillon est l'Antinoüs (1) des insectes ailés. Rien de varié et de charmant comme ses couleurs : c'est la pourpre, c'est l'azur, la turquoise, l'émeraude, le saphir, la neige. Et le vol de l'insecte est si rapide, si brusque, si tourmenté, que c'est à peine si l'œil ébloui peut le suivre dans ses arabesques aériennes. L'oiseau lui-même se refuse à poursuivre le papillon.

Passons en revue nos plus beaux papillons de France d'une plume aussi rapide que leur vol, nous arrêtant à chacun d'eux, comme chacun d'eux s'arrête à la fleur qu'il courtise.

Le Machaon.

Voici d'abord les papillons *nacrés*, tachés d'argent, qui recherchent le suc des violettes, et le gracieux *machaon*, avide de fenouil ; l'*argus* des champs et des bois, qui porte au-dessous de ses ailes des taches ressemblant

(1) *Antinoüs*, jeune Bythinien d'une grande beauté, le type de la beauté plastique.

à des yeux ; voici le *soufré* jaune clair et le *souci* jaune orange ; les *coliades*, qui voltigent dans nos prairies, ont les ailes jaunes comme bordées de velours noir.

Les papillons aux goûts rustiques se tiennent sur les choux et les navets, comme le *citron*, aux ailes d'un jaune éclatant, courtise les trèfles et les luzernes.

N'oublions pas le *sylvain* aux ailes noires ponctuées de larmes blanches, vulgairement appelé papillon-deuil ; il jouit d'une réputation sinistre. J'ai vu des bergères s'attacher à la poursuite du bel insecte, célébrer sa capture par des cris joyeux et le faire mourir à coups d'épingle. Quel était son crime ?... — Il paraît que, s'il se pose sur la corne d'un bélier, tous les agneaux seront malades et que le fiancé de la bergère mourra dans l'année.

Voici encore une victime de la superstition humaine : un papillon charmant, la brillante *vanesse* aux ailes d'argent et d'or. Au moment de prendre son vol, ce papillon étrange répand un liquide d'un beau rouge carminé ; le mur sur lequel tombe

La Vanesse ou Paon de jour.

cette éclatante liqueur semble parsemé de gouttes de sang et, terrifié par ce phénomène, le peuple a fait de ce gracieux insecte un affreux vampire qui voltige autour des berceaux pour boire le sang des nouveau-nés.

Le crépuscule a ses papillons comme le jour ; ce sont les *phalènes* et les *sphynx* au vol rapide, plongeant dans le calice des fleurs une trompe aussi longue que leur corps. Le roi de cette famille nocturne, le *sphynx tête de mort*, avide de miel et de parfum, se glisse jusque dans les ruches, épouvantant les abeilles par son lugubre uniforme qui porte la figure d'un crâne humain. A ce

sinistre emblème il convient d'ajouter des pattes velues,
de grandes ailes qui s'étendent silencieusement dans
les ténèbres, et un cri dolent, aigu, qui ressemble à
une plainte d'outre-tombe. De ce papillon nocturne
la superstition a fait une bête maudite, un précurseur de
la peste, un messager de malheur. Ce gémissement,
a-t-on dit, présage la mort. Ce crâne porté en sautoir
annonce un cadavre, et cette aile silencieuse indique le
chemin d'une tombe.

Quand il entre dans
une chambre, le Sphinx
tourne comme une om-
bre autour des flam-
beaux, et il éteint la
lumière comme la mort
éteint la vie.

Ce fantôme est plus
pratique qu'on ne se
l'imagine ; ce papillon-

Le Sphynx tête de mort.

spectre n'est qu'un goinfre, déguisé en croque-mort.
C'est le fléau des ruches, comme je viens de le dire ;
grâce à la terreur qu'il inspire, il se promène tranquillement de ruche en ruche et se gave de miel. Il en
a plein la bouche, il en a sur ses pattes, il en a sur ses
ailes, il en a sur sa tête de mort.

Ce papillon étrange nous est venu avec la pomme de
terre, dont sa monstrueuse chenille dévore les feuilles.

On peut affirmer cette fois que le Sphynx tête de
mort ne fut pas un messager de malheur.

LES ARBRES DES PRAIRIES

3. — Le Saule.

Trapu, tordu, bossu, biscornu, le *Saule* est un arbre bizarre.

A côté du chêne superbe, de l'ormeau puissant et du peuplier qui dresse vers le ciel sa flèche verdoyante, le Saule n'est qu'un avorton. Avec sa grosse tête ronde, son corps oblique et ses grands pieds difformes qui s'allongent dans l'herbe, il a l'air de quelque nain monstrueux qui va prendre un bain de pieds dans les ruisseaux. Son aspect grimaçant et contrarié a quelque chose d'humain. Quelquefois, quand la serpe du paysan a respecté son énorme tête, il est coiffé de jeunes branches évasées comme un casque de sauvage; ajoutez que souvent le Saule est éventré, et qu'il ne tient au sol que par la peau. C'est un squelette dont la tête pourtant se pare de verdure.

Hé bien! ce n'est pas là le Saule tel que Dieu l'a fait. Cet infortuné, cet infirme, cette caricature végétale est le produit de l'exploitation du paysan et le martyr de la serpe. Tous les deux ou trois ans on tond le Saule comme un mouton. On l'ébranche sans pitié, et de ses jeunes rameaux on fait des paniers. Pour l'arbre, c'est un supplice; pour le paysan, c'est un commerce.

Ne croyez pas un seul instant que le saule respecté des serpes et des hachettes ressemble à ce tondu des prés qui a toujours l'air de sortir de chez le perruquier. Le saule qu'on laisse pousser librement, — ce qui est très rare, parce qu'alors il ne rapporte rien, — est un fort bel arbre, sans nœuds ni bosses, au tronc droit, aux rameaux magnifiques.

Le Saule de nos prairies n'est qu'un pauvre supplicié que le fer meurtrier a transformé en un monstre difforme; et pourtant, à cause même de ses stigmates et de ses cicatrices, de son étrangeté pittoresque, le Saule est un arbre sympathique.

Le Saule.

Il peuple et il égaye le bord des rivières, et l'on aime à s'arrêter pour contempler sa physionomie singulière mais si expressive. Le Saule est souvent creux, ce n'est pas un arbre de consistance ni de fond; que voulez-vous? le corps se ressent des souffrances de la tête qu'on torture sans fin. C'est une infirm'té qui s'ajoute à une autre, et puis le creux du Saule ajoute au pittoresque de cette silhouette végétale en faisant comme deux jambes à cette tête monstrueuse.

Combien de fois dans le creux du Saule est venu se réfugier un lapin aux abois ou nicher un petit oiseau ! Et là aussi plus d'une fois, par un jour d'orage, un petit pâtre a trouvé un abri contre la tempête.

Bien différent du saule vulgaire est le *Saule pleureur,* cet arbre mélancolique et charmant, dont la grâce est sans pareille.

C'est l'arbre du souvenir et du regret :

Captifs à Babylone, les Hébreux suspendaient leurs harpes muettes aux saules de l'Euphrate, et ils ne pouvaient retrouver sur la terre étrangère les cantiques de Sion.

Sur le rocher de Sainte-Hélène, Napoléon mourant demande qu'on l'enterre sous les saules de la riante vallée de Géranion.

Tout le monde se rappelle ces beaux vers de Musset, touchante et poétique prière d'une lyre qui se brise et d'un esprit qui s'éteint :

> Mes chers amis, quand je mourrai,
> Plantez un saule au cimetière ;
> J'aime son feuillage éploré,
> La pâleur m'en est douce et chère ;
> Et son ombre sera légère
> A la tombe où je dormirai.

Jadis, dans la campagne romaine, les parents et les amis jetaient tour à tour une branche de saule dans la fosse du défunt, ce qui voulait dire : « Chacun de nous te regrette, et nul d'entre nous ne t'oubliera. »

Le Saule est resté l'emblème de la tristesse, de la

fidélité et du regret. Avec sa tête inclinée vers la terre et ses branches qui tombent comme des larmes, il a l'air de pleurer sur un souvenir et un tombeau.

4. — Le Peuplier.

Le châtaigner est une coupole et le chêne un dôme, le pin une pyramide, la vigne une guirlande et, je lui en demande pardon, le poétique saule pleureur est un parapluie. Le *Peuplier*, lui, est une flèche, une flèche hardie et magnifique, qui d'un seul jet se dresse vers le ciel.

Le Peuplier est le roi du vallon, il commande aux prairies, et sa grande ombre qui se projette jusqu'au pied des collines semble couper les vallées en deux.

Le Peuplier, c'est une tige ; cet arbre ne ressemble à aucun autre ; il est lui-même plein d'originalité et de grâce dans sa grandeur. Il est sympathique ; malgré sa taille, le Peuplier n'est ni hautain, ni dédaigneux : il s'élève sans écraser, il domine sans s'appesantir, et se borne à être majestueux et charmant.

Alignés et pressés les uns contre les autres, les peupliers forment comme une muraille à pic, un rempart de verdure, une falaise mouvante.

Dispersés dans le vallon, les peupliers ont l'air de sentinelles perdues qui montent la garde autour du bétail, le long des rivières et des ruisseaux. Et quand vient l'hiver, quand le vent de novembre les a dépouillés de leurs feuilles, les peupliers sont beaux encore, dressant comme de gigantesques squelettes au milieu des neiges leurs branches que le givre a parsemées de diamants.

La feuille du Peuplier est élégante et parfumée ; elle est originale : blanche d'un côté, brune de l'autre, elle représente, dit-on, le jour et la nuit, la lumière et les ténèbres.

Ses branches ne s'étendent pas, elles s'élèvent et se replient comme des ailes sur le peuplier ; c'est un arbre aérien qui semble toujours près de prendre son vol.

La spéculation humaine s'est chargée de rendre laid cet arbre que Dieu fit si beau ; pour le faire grandir encore, la serpe de l'homme coupe ses branches poétiques où chuchote le vent, et ne laisse à son faîte qu'un bouquet de verdure ; on dirait alors un géant chinois. En effet, le bois du peuplier a sa valeur commerciale à ce point, dit-on, que le peuplier profite d'un franc chaque année.

On distingue le *peuplier blanc*, le *peuplier noir*, le *peuplier tremble* et le grand *peuplier des Carolines*, aux branches vagabondes, envahissantes, à la sève prodigieusement féconde, arbre magnifique, sans doute, mais qui n'est plus le peuplier fier et droit de nos vallons.

Notre peuplier, disent les pâtres de la vallée, est un arbre qui parle. Il y a, en effet, comme des voix mystérieuses dans son feuillage, qui au moindre vent tremble soupire, murmure.

Pourquoi la feuille du peuplier tremble-t-elle sans cesse ? La légende raconte que la croix sur laquelle fut attaché Jésus de Nazareth était en bois de peuplier. Quand le supplicié du Golgotha exhala son dernier soupir, tous les peupliers de la Judée se mirent à frissonner, et c'est depuis ce temps-là que les feuilles de cet arbre tremblent toujours.

---

5. — Les Aunes

Autant que le saule et le peuplier, l'*Aune* est un arbre des prairies. Il aime les vallées humides, les frais rivages des eaux. Son bois léger ne jouit pas d'une grande estime, mais sa grâce mélancolique s'harmonise à souhait avec les calmes paysages des rivières et des étangs.

Très commun dans le Nord, il décore à merveille les lacs tranquilles et mystérieux des vieux châteaux gothiques, si chers à Walter Scott. C'est l'arbre des ballades écossaises et des contes scandinaves, hanté par les génies propices ou malfaisants des eaux. Cachés derrière son tronc redouté, les farfadets attirent le voyageur par des chants mélodieux, et les sorcières des étangs galopent sous des rameaux, à cheval sur des salamandres. Il n'y a pas de contes terribles ou charmants que la superstition populaire n'ait suspendus aux branches des aunes.

Une de ces vieilles traditions a inspiré à Gœthe sa fameuse ballade du *Roi des Aunes*, trop belle et trop courte pour ne pas être reproduite ici :

« Qui voyage si tard par le vent et la nuit ? c'est un « père avec son enfant. Il le tient serré contre lui, l'en-« lace et le réchauffe.

« — Mon fils d'où vient-il que tu caches ton visage, « avec un air d'effroi ?

« — Mon père, ne vois-tu pas le Roi des Aunes, le Roi « des Aunes avec sa couronne et sa queue ?

« — Mon fils, c'est un nuage qui passe.

« O doux enfant, viens avec moi, nous jouerons ensemble à « des jeux riants ; j'ai de belles fleurs sur le rivage, et ma mère « a des vêtements d'or.

« — Mon père, mon père, n'entends-tu pas le Roi des « Aunes ; n'entends-tu pas ce qu'il me murmure tout bas ?

« — Paix, mon enfant, paix ! c'est le vent qui mur-« mure dans les feuilles desséchées.

« Veux-tu venir, ô doux enfant ? mes filles charmantes t'at-« tendent, mes filles te berceront la nuit et chanteront pour « toi.

« — Mon père, mon père, ne vois-tu pas le Roi des « Aunes dans ce passage sombre ?

« — Mon fils, mon fils, je vois les rameaux gris des
« vieux saules.

« Je t'aime, ton beau visage m'attire, et si tu ne veux pas
« me suivre, je t'enlève de force.

« — Mon père, mon père, le voilà qui me saisit ; le
« Roi des Aunes me fait mal. »

« Le père effrayé hâte sa marche, serrant dans ses
« bras son fils qui gémit ; il atteint péniblement sa de-
« meure et lorsqu'il arrive, l'enfant était mort. »

Il y a longtemps que le Roi des Aunes, détrôné par le
bon sens, est parti en exil avec sa couronne et sa queue.

Le vrai roi des Aunes, aujourd'hui, c'est le martin-
pêcheur, qui laisse les enfants à leur père et ne poursuit
que les poissons des étangs.

6. — L'Osier

Je ne sais rien de gracieux, le long des prairies, aux
bords des ruisseaux et des rivières, comme les vertes
oseraies qui baignent dans les eaux.

L'*Osier* n'est pas un arbre, c'est une pousse, un jet,
une improvisation végétale. Son rameau flexible et délié,
à la peau luisante, teintée de rouge, porte un délicat
feuillage d'un vert pâle et gris qui rappelle un peu
l'olivier.

L'Osier est l'emblème de la franchise. On dit *franc
comme l'osier*. C'est, en effet, un lien sérieux sur lequel
on peut compter, et dont la solidité égale la souplesse. Il
se plie et se contourne comme on veut, se roule, se déroule, se dénoue. L'Osier est une corde toute faite, une
corde excellente qui dure, ne rompt pas et ne trompe
jamais la main qui l'emploie.

Cette plante est très utile, d'un bon rapport. Le cultivateur la consacre à une foule d'usages et le philosophe

pourrait regarder sa longue tige comme un trait d'union entre le coteau et le vallon, la vigne et la rivière, le vin et l'eau. Je m'explique : l'Osier, dont les vignerons et les tonneliers font une consommation énorme, sert à lier les cercles des barriques, des cuves et des tonneaux. Les vignobles de la Bourgogne et du Bordelais emploient chaque année des forêts d'osier.

L'Osier sert aussi à fabriquer des claies, des paniers, des berceaux, des calèches et des bourriches, des chariots rustiques, des voitures d'enfant.

Ma première voiture fut un petit cabriolet d'osier, traîné par un bon chien de la ferme et confectionné dans la prairie par mon grand-père, devenu carrossier par complaisance; et je me souviens que, roulant avec fracas au milieu des oies et des dindons, qui acclamaient mon équipage de leurs gloussements sonores, je passais dans ma voiturette d'osier plus fier que César au milieu des peuples, sur son char de triomphe.

------

7. — LA RIVIÈRE ET L'ÉTANG

La *Rivière* est riante; l'*Étang* est grave. La Rivière coule pleine de gaieté et de vie. L'Étang dort ; on dirait parfois que la baguette d'une fée a pétrifié ses eaux. Le cri d'un oiseau qui passe, le coassement d'un reptile sous les joncs, le saut d'une carpe, le bourdonnement d'un insecte, le murmure des roseaux, voilà les seuls bruits de l'Étang.

Eh bien ! ce silence et ce calme, cette immobilité même, font sa beauté mélancolique, son charme mystérieux.

L'Étang est le vivier du paysan et le poétique abreuvoir des bestiaux de la ferme. C'est le conservatoire trop zélé des grenouilles et la station aimée des oiseaux voyageurs ; avant tout, c'est le réservoir bienfaisant des vallées et des prairies qu'il alimente de ses eaux par des rigoles et des fossés auxquels il infiltre la vie, apporte la fécondité.

Franklin l'a dit : « Les fleuves et les rivières sont des chemins qui marchent. » Routes merveilleuses, toujours unies, toujours belles, qui ne s'usent, ne s'effrondent et ne se défoncent jamais.

La Rivière est la grand'route des eaux, où passent les bateaux et les navires chargés de marchandises. De loin en loin s'allonge un pont qui se découpe sur le ciel, trait d'union de pierre ou de bois jeté d'une rive à l'autre entre deux pays.

Ici, assise au bord de la Rivière, une bruyante usine avec ses hautes cheminées couronnées de fumée que le vent emporte. Là, un gai moulin avec ses tuiles rouges et ses murs blancs, son tic tac bavard et sa grande roue battant avec fracas les eaux profondes qui lui font comme une auréole d'écume. Sous le hangar, des sacs de blé qui viennent des champs et des sacs de farine qui s'en vont à la ferme.

D'un côté, les voiles d'une barque glissent sur la rivière comme l'aile colossale d'un oiseau fabuleux, et des pêcheurs « parlant tout bas » jettent leur filet qui ramènera une carpe... ou une pierre. De l'autre côté, un être immobile sur le rivage allonge pendant une journée entière une canne sur les eaux. Qu'attend-il ? un goujon. Plus habile et plus heureux que ce pêcheur à la ligne, un martin-pêcheur, au plumage éblouissant, a déjà pris de son bec vingt poissons. Un coup de feu a fait retentir les échos de la rivière et un épagneul s'élançant dans les eaux rapporte au chasseur ému sur la rive un oiseau aquatique qui vit encore. Tout à coup un immense radeau apparaît glissant sur l'onde, bois flotté qui descend de la montagne et s'en va, au fil de l'eau, gagner le port, et le marinier passe, en chantant, immobile et debout, appuyé sur un aviron, ayant l'air de marcher sur les eaux.

Tel est l'Étang, telle est la Rivière. Et maintenant, passons à leurs habitants, aux oiseaux, aux poissons, aux insectes comme aussi aux plantes et aux fleurs qui croissent sur les rives ou qui vivent dans les étangs.

8. — Le Chien de Terre-Neuve.

Le *Terre-neuve* est peut-être le plus majestueux des chiens. Indolent et superbe, il se drape pour ainsi dire dans son indifférence, détourne avec lenteur sa tête somnolente et fatiguée, et marche moins qu'il ne traîne son importance d'un pas nonchalant et alourdi.

Chien de Terre-Neuve.

C'est un monarque ennuyé, le roi fainéant de la race canine. Avec son corps énorme et sculptural, sa tête haute et noble, son poitrail puissant et magistralement

14.

effacé, il a toujours l'air de poser pour le pinceau de quelque Rosa Bonheur.

Fort comme un hercule et doux comme un enfant, il se sert de sa puissance, mais il n'en abuse jamais : qualité belle et rare, même chez l'homme.

Son nom dit son origine. C'est de l'île de Terre-Neuve que nous vient ce chien magnifique, devenu si commun chez nous. Quelques naturalistes affirment cependant que ce chien est de race européenne, norwégienne ou danoise; des marins danois, pêcheurs de morues, l'auraient tout simplement importé à Terre-Neuve.

Un des signes distinctifs de ce chien, c'est qu'il a les pattes palmées, comme il convient à un plongeur intrépide, à un nageur infatigable et merveilleux.

L'eau, c'est la passion du Terre-neuve; le bain, sa volupté. Pour notre climat, par une brûlante journée d'été, ce géant presque inerte, la gueule chargée d'écume, les flancs palpitants et la tête baissée, fait pitié à voir. Son regard vague a l'air de chercher les plages glacées de son île, et, dans un hoquet formidable, il semble râler : « De l'eau ! de l'eau ! »

Le Terre-neuve est un bon chien, patient et doux, dévoué, fidèle. C'est un sauveteur illustre, comme le *chien du mont Saint-Bernard.*

Celui-ci a pour champ d'honneur les neiges, celui-là les eaux. Pour porter secours à l'homme, l'un brave les avalanches et les torrents, l'autre affronte les flots et les tempêtes. C'est le même dévouement.

J'ai connu au Havre un brave terre-neuve qui dans sa glorieuse carrière n'avait pas sauvé moins de sept personnes. Il n'en était pas plus fier, et acceptait avec reconnaissance un morceau de sucre de la main des matelots.

Toute la journée il se promenait dans le port comme s'il se demandait à lui-même : « Voyons ! est-ce qu'il n'y a personne à sauver? » et, chaque fois que je rencontrais ce vaillant sauveteur, j'aurais voulu pouvoir attacher une médaille sur sa poitrine.

On raconte qu'un pêcheur des environs de Tours, aussi cruel qu'ingrat, résolut un beau jour de se défaire de son vieux chien, ancien compagnon de travail, un pauvre terre-neuve.

Il monte dans une barque avec sa victime, lui attache une lourde pierre au cou, et d'un coup de pied le précipite dans la Loire. Le chien disparaît.

Mais le pêcheur perdant son équilibre tombe aussi dans le fleuve. Il ne sait point nager et le courant l'emporte.

Au même instant, la pierre se détache du cou du terre-neuve, qui devient libre, remonte à la surface de l'eau, aperçoit son maître, son bourreau qui se noie, nage vers lui avec une vigueur qui n'est plus de son âge, le saisit de ses vieilles dents par un bout de sa veste et le ramène sur la berge, l'entraînant par un suprême effort sur un lit de roseaux, rendant ainsi la vie à celui qui avait voulu lui donner la mort.

Le Terre-neuve, je l'ai dit, est patient et bon ; mais son réveil est celui du lion, et ses colères sont formidables comme sa force.

Dans la petite ville ou je suis né il y avait un chien de boucher, un dogue énorme qu'on appelait *César ;* c'était la terreur des bêtes et des gens. Tous les chiens du pays tremblaient et fuyaient devant ce dictateur de la rue, aux crocs épouvantables. Seul, le terre-neuve de mon oncle n'avait pas l'air de faire attention au dogue, ce qui sans doute vexa *César.*

Cinq ou six fois le dogue attaqua, mordit, mit en fuite le terre-neuve, qui se fit ainsi une réputation de poltronnerie dans tous les environs. Le malheureux chien était tombé si bas dans l'estime de la gent canine que les roquets et barbets de la ville ne se gênaient plus pour mordiller les mollets du géant. Mon oncle était fort humilié.

Mais la lâcheté du terre-neuve, comme on va le voir, n'était qu'une souveraine indifférence.

Un jour, enhardi par l'impunité, le dogue plante ses crocs immondes sur la noble face du terre-neuve. C'en était trop. Perdant enfin patience, le terre-neuve se débarrasse de l'agresseur, le culbute, et prenant sa tête dans la gueule, il la lui brise comme un marteau casse une noix.

Il faut croire .que les animaux ont aussi une langue pour se comprendre : le lendemain, tous les chiens de la ville connaissaient le trépas du dogue et s'écartaient avec respect devant le terre-neuve, comme s'ils voulaient dire : « Voilà le vainqueur de *César!* »

9. — La Loutre.

L'aspect de cette gentille bête est sympathique et gracieux. Son corps fin, allongé, a la souplesse et l'agilité de la fouine. Par sa tête ronde, ses lèvres blanches, son œil intelligent et presque humain, elle ressemble un peu au phoque, dont elle serait la miniature. Sa queue aplatie rappelle celle du castor. Elle a la patte courte et les doigts palmés des plongeurs, une fourrure légendaire, épaisse et drue, moelleuse, à jamais célèbre dans les fastes de la chapellerie.

Le castor fournit des chapeaux ; la Loutre produit des casquettes, — de très honnêtes casquettes qui ont eu leur grandeur et leur décadence, et, qui, démodées par le progrès et les chemins de fer, sont en train de disparaître avec le dernier conducteur de diligence.

On pourrait dire que la Loutre, qui est une rusée petite bête, a paré triomphalement le coup qui était porté à sa renommée : d'un bond elle a passé du chapelier chez le fourreur, et au lieu de coiffer un médecin de village ou un notaire campagnard, elle étale son beau velours sur lesépaules de nos élégantes.

D'après le savant fourreur Labroquère, une des plus fines, des plus éclatantes et des plus belles fourrures est celle de la Loutre. Malheureusement notre loutre de France et des pays voisins se fait chaque jour de plus en plus rare.

La renommée de cette précieuse fourrure ne date pas d'aujourd'hui. L'empereur Charlemagne portait, comme on sait, un thorax ou gilet en peau de loutre, Pierre le Grand se coiffait de cette chaude fourrure et, à Plessis-lez-Tours, le sombre Louis XI abritait son front terrible sous un chapeau de loutre constellé de petites vierges en plomb. Enfin, Marie Stuart serait à la mode aujourd'hui avec son riche manteau de loutre d'Écosse.

La Loutre de nos pays est essentiellement aquatique. L'eau est son domaine, et sa vie n'est qu'une longue partie de pêche. Sa demeure terrestre est la fente d'un rocher,

La Loutre.

le creux d'un arbre au bord de l'eau. Sur terre, sa démarche est pénible et lente ; dans l'eau, c'est un prodige d'agilité, de grâce et de souplesse : elle plonge, reparaît, glisse, ondule, se joue et se balance, s'éloigne, revient, se tourne, se retourne, se courbe, s'allonge, saisit un poisson, le lâche, le reprend, l'apporte sur la rive, le pousse, le secoue, le taquine comme une chatte ferait d'une souris, le lave, le relave, avec un soin comique, et l'avale délicatement comme un gourmet engloutit une crêpe.

La Loutre est notre chien de pêche, une sorte d'épagneul aquatique qui nous rapporterait des truites et des brochets si nous savions utiliser son intelligence et ses talents.

Cet animal, affectueux et charmant, nous a été donné par la nature comme auxiliaire et allié, nous le traitons en réfractaire ; la nature l'a créé pêcheur, nous en avons fait un braconnier : il devrait être notre compagnon de pêche, et nous le traquons comme un gibier, nous le laissons pêcher pour son propre compte et il dévaste nos rivières.

Bien dressée, la Loutre se jette à l'eau, plonge, choisit le plus beau poisson, comme on descend chercher une bouteille de vieux vin à la cave, remonte et rapporte sa capture à son maître en échange d'un leurre.

Apprivoisée, la Loutre se roule sur le sable et joue avec l'homme au bord des eaux, l'affectionne et le suit comme un chien.

J'ai vu au musée de Bâle un superbe portrait d'une princesse du XVIᵉ siècle avec une loutre sur ses genoux.

Pauvre et gentille Loutre, elle fut toujours en butte aux persécutions de l'homme : jadis elle occupait une place brillante dans la vénerie ; on la chassait avec un certain apparat, comme si sa peau eût été anoblie par le gilet de Charlemagne et le bonnet de Pierre le Grand... On a supprimé la pompe, mais la persécution subsiste : On chasse la Loutre, on la traque, on l'affûte, on la prend au piège. En Angleterre, il existe des meutes spécialement consacrées à cette chasse impie. On dresse et l'on emploie le *chien de loutre*, espèce de griffon, nageur du premier ordre.

Le champ de bataille ou plutôt de meurtre est une rivière, et ils sont vingt, trente contre un : longtemps la loutre a résisté aux assauts de la meute avide, se faufilant à travers ses ennemis, plongeant, glissant, fuyant, se dérobant à leur rage, n'ayant, la malheureuse et gentille bête, qu'un bouclier : l'eau limpide, et qu'une arme : son agilité.

Tout à coup, elle apparaît épuisée, vaincue ; sa douce et spirituelle figure surgit au milieu de vingt gueules écumeuses et menaçantes ; un cercle effroyable, vivant, hurlant, l'environne, se rétrécit, la presse, l'enserre. Alors, tournant ses beaux yeux suppliants vers le chasseur qui du fond de sa barque excite les chiens et brandit une lance, elle semble lui dire : « Que t'ai-je fait ? ne » suis-je pas ton auxiliaire et ton amie ? Pourquoi me chasses-tu ainsi quand nous devions pêcher ensemble ? »

Joignant sa cruauté à la fureur des chiens, l'homme s'approche et frappe la loutre de sa lance.

C'est là sa réponse : il lui faut des casquettes et des manchons !

10. — Les Loutres exotiques.

Je viens de vous présenter la loutre commune de nos pays. Faisons rapidement connaissance avec les loutres autrement précieuses et recherchées des climats étrangers.

La *Loutre d'Amérique* diffère peu de notre loutre de France, qu'elle surpasse cependant par la taille et la beauté. Sa fourrure, dont il se fait un grand commerce, est comme un beau velours. Elle en a l'aspect et le fin toucher.

Chaude, élégante et légère est la précieuse robe de la *Loutre noire de Pondichéry*. Ce bel animal est aussi intelligent que docile et familier. Les Indous, qui l'apprivoisent et le dressent admirablement, s'en servent pour la pêche comme nous employons le chien pour la chasse.

La *Loutre de Chine* excelle aussi dans l'art de pêcher. Les Chinois, si habiles, et si patients dans la science d'instruire les animaux, ont de véritables équipages de loutres qui prennent des quantités énormes de poissons.

Pour empêcher la Loutre de déchirer sa proie, le pêcheur chinois lui enveloppe les canines d'un petit dé en cuir, comme il passe, dans un but identique, un anneau au cou des cormorans.

La Loutre et le cormoran, tels sont les deux grands auxiliaires de l'homme dans l'exploitation des fleuves et des rivières.

A la riche dépouille de la Loutre le Chinois préfère ses services et son amitié. — Pour forcer le gibier, dit-il sagement, « l'homme a d'innombrables espèces de chiens ; « pour prendre le poisson, il n'a qu'un chien de pêche : « la Loutre » ; aussi, au lieu de la persécuter, le Chinois se l'attache ; au lieu de la tuer, il la dresse.

N'oublions pas la *loutre polonaise*, si rare aujourd'hui, si fameuse et si recherchée autrefois. C'était peut-être la plus intelligente, la plus douce, la plus familière des loutres.

On se rappelle sans doute la loutre du roi de Pologne, Jean Sobieski, adroite comme une chatte, fidèle comme un chien, mangeant à la table du roi et prenant place dans ses carrosses. A la voix de son maître, elle plongeait dans la Vistule, entassait sur la rive carpes, barbillons, brochets et attendait, ses doux yeux fixés sur son maître. A un signe négatif de Sobieski, elle répondait par une moue expressive qui semblait dire : « Il paraît que ce n'est pas cela. » Aussitôt elle reportait tout son butin dans l'eau, plongeait encore et remontait avec la pièce désirée, une perche ou une truite.

Voici enfin la reine des loutres, l'illustre et précieuse *Loutre du Kamtchatka*. Son incomparable fourrure est d'un grand éclat, longue et rude, noire ou marron foncé, pointillée çà et là de poils clairs, j'allais dire de cheveux blancs. Cette fourrure merveilleuse est l'objet d'un grand commerce entre la Chine et la Russie, la Russie et la France.

Une toque de loutre du Kamtchatka ne coûte pas moins de 120 à 150 fr. Il faut mettre 3.000, 3.500 fr. pour avoir un manteau de loutre commune doublé de petit-gris et garni de loutre du Kamtchaka.

La chasse de cette loutre est difficile et rude dans les régions désolées de l'extrême Nord. Parfois le chasseur s'égare et meurt de faim ou de froid dans ces solitudes muettes, sans secours, sans abri, au milieu des glaces et des neiges.

Perdu comme un point noir dans la steppe, il guette d'un œil rougi par les vents la Loutre fuyante et rusée qui, prétend l'habile fourreur Maurice Labroquère, a la propriété singulière de plonger dans la neige comme dans l'eau.

On la voit, elle a disparu. On croit la tenir, elle échappe. Elle reparaît : vous ne la voyez plus.......

Mais voilà qu'elle surgit du sol et qu'elle n'est plus qu'un cadavre sur la neige. Pour le chasseur indigène, c'est un jour de gloire et de bonheur, c'est une petite fortune que cette peau précieuse qui, pelisse enviée, viendra s'étaler dans les magasins somptueux de la Chaussée-d'Antin.

OISEAUX AQUATIQUES

11. — Le Cygne domestique

Les eaux lui appartiennent. Il ne nage pas, il règne, il glisse avec une majesté indolente et paisible sur la face des lacs, faisant onduler son long cou magnifique qui se courbe comme un arc ou se dresse au milieu des roseaux comme un *S* gigantesque.

Vous l'apercevez et vous dites : « C'est lui le maître de ces rivages. »

Sa voix n'est qu'un murmure, un coassement très doux suivi d'un léger frémissement de plumes.

C'est un époux très tendre, un gardien intrépide et jaloux du toit conjugal. Tandis que sa compagne couve ses beaux œufs dans un de ces grands nids matelassés des douces plumes qu'elle s'est arrachées de la poitrine, le mâle monte la garde, prêt à se jeter sur l'audacieux qui oserait approcher.

Au moindre danger qui menace sa paternité dans l'œuf, il tourne en sifflant autour de la verte alcôve, rassure son épouse de coups de bec affectueux, agite ses robustes ailes qui mesurent deux mètres d'envergure et casseraient la jambe d'un homme...

Le *Cygne*, est avec le corbeau, le perroquet, la carpe et l'éléphant, un des animaux qui vivent le plus longtemps. L'incroyable longévité de la tortue est exceptionnelle, tout à fait à part.

Le Cygne n'est pas seulement un oiseau magnifique, l'ornement sans rival des rivières et des étangs. Le Cygne a sa chair, le Cygne a sa plume. Il a sa plume éclatante et fine qui s'entasse dans les marchés de Berlin, de Spandau et de Potsdam, que la Pologne et la Lithuanie envoient par quintaux aux foires de Francfort-sur-l'Oder.

Il a son duvet si blanc, si doux, dont on fait de riches pelisses, de somptueuses garnitures, des manchons d'un moelleux incomparable, et jusqu'à ces houppes vaporeuses qui servent à poudrer les visages coquets et les fronts qui se rident...

La chair du jeune cygne, surtout du cygne sauvage, est plus tendre et plus succulente que celle de nos meilleurs palmipèdes, y compris les rougets de rivière et les vanneaux.

Le pâté de cygne est une merveille gastronomique

dont la croûte odorante et massive s'élève comme un dôme d'or dans les histoires de la chevalerie. La tradition respectée s'en est pieusement conservée dans le nord de la Hollande. C'est le seul pays du monde où l'on fabrique encore de ces pâtés exquis que Rubens se faisait envoyer à Rome, soigneusement enfermés dans une belle croûte de seigle aux reflets de cuivre.

Le Cygne domestique.

Le Cygne domestique nous vient de l'Orient. Sa domestication en France date du XVIᵉ siècle.

Louis XIV le prit en affection, sans doute à cause de la souveraine beauté de ce roi des eaux.

Bientôt ces oiseaux magnifiques peuplèrent les bassins de Versailles, et il en fut lâché tout le long de la Seine d'innombrables troupes que Colbert se chargea de faire respecter.

Citons en passant deux cygnes exotiques nouvellement acclimatés : c'est d'abord le *Cygne d'Australie*, qui est tout noir avec un bec écarlate. Pour la première fois, il fut introduit en France par l'impératrice Joséphine, qui en peupla les étangs de la Malmaison.

C'était la plus chère distraction de sa retraite et son

oiseau favori. A la vue de la charmante et bonne Joséphine, les cygnes noirs sortaient de l'eau et venaient en battant des ailes manger dans sa main d'impératrice.

Après avoir disparu de nos lacs, le beau cygne d'Australie vient d'être reconquis pour toujours, car il se propage de plus en plus dans nos parcs et nos jardins.

Après ce beau cygne au plumage d'ébène, je vous présenterai le très curieux et très original *Cygne du Chili*. Sa tête et son cou, aussi noirs que l'encre, se détachent sur un corps plus blanc que la neige. On dirait que ce bel oiseau est à moitié peint, que la nature, changeant tout à coup de résolution, a terminé en blanc ce qu'elle avait commencé en noir.

Qu'il soit domestique ou sauvage, d'Europe ou d'Amérique, qu'il déploie ses ailes noires ou qu'il se drape dans son manteau de neige, le Cygne est toujours et partout le Cygne : le roi des étangs et des rivières.

Il s'avance mollement comme au gré de la brise, noble et charmant, dans une attitude de Jupiter endormi, inclinant son bec rose sur ses plumes frémissantes, frappant tous les regards par sa beauté majestueuse faite de fierté et d'indolence, de grâce, de dédain et de volupté.

Au lion la souveraineté du désert, à l'aigle l'empire des nuages, au Cygne la royauté des eaux.

12. — Le Cygne sauvage.

Le *Cygne sauvage* n'a ni la taille ni la majesté du cygne domestique ; c'est pourtant un magnifique oiseau, au plumage éclatant, aux grâces indépendantes et fières, au cou droit comme une flèche, au bec recouvert d'une sorte de cire jaune d'un effet très pittoresque.

Il ne visite nos contrées qu'en hiver et se tient habi-

tuellement aux bords de la mer. Il repart au printemps,
mais il s'apprivoise si bien qu'il faudrait, je crois, peu
d'efforts pour le retenir.

C'est le Cygne sauvage qu'ont célébré les anciens,
qu'ont chanté les poètes de Rome et d'Athènes, qu'ap-
privoisait Aspasie et que chassait Alcibiade.

C'est le Cygne sauvage que la mythologie attelle au
char de Vénus et qui sert de déguisement à Jupiter.....,
c'est lui dont le vol audacieux et superbe charme Ovide
et Catulle, et dont notre Lamartine a dit :

> « Le Cygne qui s'envole aux voûtes éternelles,
> Amis, s'informe-t-il si l'ombre de ses ailes
> Flotte encor sur un vil gazon ? »

C'est encore le Cygne sauvage qui ne chante qu'une
fois dans sa vie, au moment de sa mort, mais d'une
voix si tendre et si harmonieuse que rien n'égale le
charme presque divin de cette voix expirante.

Le chant du Cygne, ce sont les accents suprêmes du
génie qui s'éteint ; c'est la dernière ode d'un Lamartine, la dernière rêverie d'un Schubert, le dernier soupir
d'une Malibran. C'est le dernier coup de pinceau d'un
Michel-Ange ou d'un Raphaël ; c'est la dernière harangue
de Mirabeau ou la dernière oraison de Bossuet ; c'est le
cri triomphant du martyr qui tombe dans le cirque ; c'est
la dernière prière d'un saint.

Voici la douce légende du chant du Cygne :

« Hélas! pensait un cygne en se baignant le soir dans
les flots qui réfléchissaient les éclatants rayons du soleil,
faut-il que je sois muet! Je n'envie pas le gloussement
de la poule ou le gémissement plaintif du paon. C'est ta
voix que j'envie, ô Philomèle! tes accents harmonieux
me ravissent; je cesse de fendre l'onde, je m'arrête
enivré.

« Oh! si j'avais ta voix si douce, comme je te chan-

terais, blond Phœbus, lorsque le soir tu descends chez
Thétis et que le matin tu te lèves pour réjouir la création ! Oh ! si je pouvais chanter alors, je mourrais volontiers ! » Et le cygne ayant plongé un instant revenait à
la surface des eaux, lorsqu'un être resplendissant lui ap-
parut au bord du lac et l'appela.

C'était Apollon, dieu du jour.

« Charmante créature, lui dit-il, je t'accorde le vœu
que tu formes dans ta poitrine silencieuse. »

Puis le dieu toucha le cygne de sa lyre d'or et joua
l'hymne des immortels ; et le cygne, ravi d'admiration,
se mit à imiter les sons de cette lyre merveilleuse. Pénétré de reconnaissance, il chanta, à son tour, le brillant soleil, les eaux du lac, et sa propre vie innocente
et heureuse. Son chant, d'abord vif, harmonieux, puis
doux et lent, s'affaiblit peu à peu, et bientôt alla s'éteindre
dans l'Élysée..... Le cygne venait de mourir. Sa compagne fidèle, après avoir chanté plaintivement la perte
de son époux, mourut aussi, et tous les deux ornèrent
le char de la déesse de la beauté.

13. — Le Canard sauvage. — La Sarcelle.

Le *Canard sauvage*, qui habite les contrées du Nord,
arrive dans nos pays vers le milieu de septembre. Tout le
monde sait qu'il l'emporte sur le canard domestique par
la richesse de son plumage et la délicatesse de sa chair.
Le mâle est paré des plus belles couleurs, tandis que la
femelle n'a reçu de la nature qu'une modeste robe, brune
ou grise, tout unie.

Les canards sauvages se réunissent en nombreuses
troupes au bord des étangs et des rivières. Comme leur
vol est très élevé, on les chasse avec des canardières,

longs fusils qui portent fort loin. Mais c'est surtout en lui tendant des pièges aussi variés qu'ingénieux qu'on prend le Canard sauvage. Sa défiance est extrême ; quand il se pose dans l'eau, il nage prudemment au large et se tient toujours éloigné du rivage dont il a appris à connaître les dangers.

Le canard et l'oie partagent leurs espèces en deux grandes tribus : l'une, privée depuis des siècles, se multiplie à souhait dans nos basses-cours, dont elle est la richesse et l'ornement ; l'autre, plus étendue encore, toujours sauvage, implacablement réfractaire et vagabonde, se tient sur les eaux, nous fuit constamment et ne passe que l'hiver sur nos rivières ou nos étangs.

Parfois les canards sauvages et les canards domestiques se sont rencontrés bec à bec, nageant dans les mêmes eaux. Que s'est-il passé ? Je ne crois pas que les canards sauvages, alléchés par les douceurs de l'étable et les charmes de l'auge, aient jamais fait la conduite aux canards domestiques. Mais il est incontestable qu'on a vu ces derniers abandonner l'étable pour la libre vie des airs et des étangs, préférer sans doute le plomb du chasseur au couteau du cuisinier et fuir à tire-d'aile les olives et les navets qui les attendaient.

La *Sarcelle* n'est qu'une variété délicate et charmante du canard sauvage. Même plumage, même conformation, mêmes habitudes. La Sarcelle est un canard nain, une miniature de canard. Sa chair, plus fine et plus savoureuse encore que celle du canard sauvage, était tellement estimée des Romains qu'ils étaient arrivés à servir en toutes saisons des sarcelles dans leurs festins. Ils avaient pris la peine et trouvé le secret de multiplier ces oiseaux de passage en les élevant en domesticité comme les canards.

Pour nous la Sarcelle aux aiguillettes roses n'est qu'un gibier d'hiver, un régal de passage et de saison.

14. — Le Plongeon

Cet oiseau est si rapide, si alerte et si libre au sein des eaux qu'on dirait un poisson auquel il vient de pousser des plumes.

Son nom dit assez ses habitudes et ses talents. Cet habitant des étangs et des rivières plonge comme l'hirondelle vole, comme le rossignol chante.

Le *Plongeon* ne pouvait s'appeler que le *Plongeon*, comme le *coucou* devait se nommer le *coucou*. Combien d'animaux se sont ainsi baptisés eux-mêmes par leur plumage, leur cri, leur chant, leur conformation, leurs mœurs!

L'adresse et la vivacité du Plongeon sont vraiment étonnantes. Il se meut dans l'eau d'une manière si preste et si prompte qu'il évite le plomb du chasseur en plongeant à l'éclair du feu, au même instant que le coup part.

Le Plongeon.

Son adresse fait la honte du chasseur aussi bien que le désespoir des malheureux insectes qui se croient en sécurité au fond des eaux. Pour le Plongeon, les voir c'est les tenir, et les tenir, les croquer. Tandis que l'insecte confiant repose en paix sur la vase derrière son immense rempart liquide, un monstre ailé entre comme la foudre et l'engloutit dans son bec.

Le Plongeon ne se livre pas toujours à ses exercices nautiques par nécessité, il plonge aussi par caprice, par jeu et par plaisir, pour l'amour de l'art.

Il plonge comme la carpe et la truite sautent pour se distraire. A l'alouette les nuages, à la fauvette les bois, au Plongeon la vase des étangs et des rivières. Ce maître nageur donnerait des leçons aux nègres plongeurs des côtes du Sénégal, aux pêcheurs de perles du golfe Persique, au capitaine Boyton (1) lui-même.

Eh bien ! sur les bords des rivières, théâtre de ses exploits nautiques, le Plongeon est d'une gaucherie parfaite. Sa conformation bizarre l'oblige à se tenir debout dans une situation presque perpendiculaire, ce qui ne lui permet pas toujours de conserver son équilibre.

Veut-il courir trop vite, il chancelle sur ses pattes et fait la culbute, j'allais dire le plongeon, dans l'herbe.

---

15. — L'Oie sauvage

L'*Oie sauvage* est la source reconnue de nos oies domestiques. Mais ce n'est plus le même aspect alourdi et débonnaire. Plus fière et plus agile, l'Oie sauvage n'est pas, comme sa sœur des étables, une bonne fermière grasse à pleine ceinture.

L'Oie sauvage aux ailes grises, au bec orangé et noir, est aussi très bavarde. C'est le défaut commun à toutes les oies. Mais elle est en même temps fort défiante et extraordinairement rusée.

Dans l'Allemagne du Nord, on entend parfois au milieu de la nuit une rumeur houleuse et babillarde qui s'élève du sein des forêts : ce sont des milliers d'oies sauvages qui jacassent au bord des étangs.

Au moindre bruit, des sentinelles jettent un cri d'alarme, et tout s'envole ou tout se tait. Puis la conversation reprend *mezza voce*, s'élève *crescendo*, s'étend de rive en rive, et cesse tout à coup à une nouvelle alerte.

Il est bien rare que l'Oie sauvage soit prise ou blessée

(1) *Boyton*, intrépide nageur américain qui, en 1880, traversa le détroit du Pas-de-Calais.

Ces oiseaux passent l'été sur les côtes de la mer du Nord ; mais quand vient l'hiver, ils se dirigent vers le Midi par volées immenses disposées en un gigantesque triangle.

Vers les premiers jours de novembre, l'air retentit de cris stridents et confus, et sur le ciel déjà gris ondulent de longs chapelets d'oiseaux. Ce sont des oies ou des grues sauvages qui descendent vers le sud et qui crient comme si les glaces du pôle étaient elles-mêmes à leurs trousses.

Bientôt les voix s'éteignent, ce n'est plus qu'un lointain murmure. La procession se perd dans les nuages à l'horizon, et les villageoises, groupées devant les portes pour saluer ces messagères des frimas, rentrent en frissonnant dans leurs chaumières : l'hiver est là !

Rappelons que les Orientaux chassent l'Oie sauvage avec l'autour et le pèlerin, que les poètes romains ont chanté les rôtis odorants des oies sauvages, et qu'enfin ces oiseaux, plus lettrés qu'on ne se l'imagine, ont inventé deux lettres de l'alphabet, V et Y, qu'ils tracent en caractères gigantesques dans leurs voyages aériens.

---

16. — La Bécasse

Avec son long bec la *Bécasse* n'est pas un oiseau, c'est un poignard. Rassurez-vous : c'est un poignard inoffensif qui n'a jamais trempé dans le crime. Ce grand bec, effilé comme une épée, fouille tout bonnement dans les terres humides pour y trouver un grain ou un insecte. Ce poignard est une fourchette.

Comme la grive, la Bécasse est un oiseau de passage qui arrive dans nos bois vers le milieu d'octobre. Elle descend alors des hautes montagnes où elle habite pendant l'été, d'où la chassent les premiers froids.

La Bécasse est sagace et prudente : au lieu de faire leur apparition en troupes et en plein jour, ces touristes ailés, qui doivent avoir beaucoup appris et beaucoup retenu dans leurs voyages, n'arrivent que la nuit, un à un, tout au plus deux ensemble. Comme un seul oiseau, ils s'abattent dans les futaies, dans les taillis, où, tant que dure le jour, ils se tiennent tapis et si bien cachés qu'il faut des chiens pour les faire lever, pour les faire partir sous les pieds mêmes du chasseur.

A l'entrée de la nuit, la Bécasse s'en va, trotti- nant dans les clairières, le long des sentiers, cher- cher son souper dans les terres molles, et, comme elle est très proprette de sa personne, elle recher- che les petites mares pour se laver les pieds et le bec qu'elle a crottés en fouillant le sol.

La Bécasse.

Quand elle prend son vol rapide, qui n'est ni soutenu ni élevé, la Bécasse bat des ailes avec bruit, et quand elle s'abat dans les bruyères, c'est avec tant de promptitude qu'elle semble tomber comme une masse. Aussitôt après sa chute, elle met ses jambes à son cou et trottine avec tant de vitesse que lorsqu'on espère la trouver où elle vient de s'abattre, la rusée est déjà loin.

Demandez aux chasseurs quel est le meilleur de nos gibiers; d'une voix presque unanime, ils vous répon- dront : C'est la Bécasse.

La tête surtout de cet oiseau est, au dire des gour- mets, le *nec plus ultra* de la succulence, le morceau de choix et d'honneur réservé respectueusement au doyen des chasseurs, ou galamment offert à la maîtresse de la maison.

N'oublions pas cette miniature gracieuse de la Bécasse

qu'on nomme si justement la *Bécassine* : même saveur
exquise, même robe, même bec, j'allais dire même
épée.

Au lieu de fréquenter les bois comme sa grande sœur
la Bécasse, la Bécassine hante les marécages des prairies,
les herbages et les oseraies qui bordent les rivières ; c'est
une solitaire défiante et craintive que l'on ne trouve que
sur les rives désertes, et son vol est si élevé qu'après
l'avoir perdue de vue on l'entend encore.

Disons un mot d'un oiseau étrange qui a au moins
une analogie de nom avec la Bécasse et la Bécassine :
c'est le *Bécasseau combattant.*

Ce bizarre échassier a toujours l'air de partir en
guerre. Son bec est une épée et son plastron de plumes
s'arrondit comme un bouclier. Ses hautes jambes flexibles et nerveuses plient, rompent, avancent avec une
vigueur singulière. C'est l'escrime faite oiseau ; c'est la
plus fine et la plus terrible lame des marais ; son bec,
droit et effilé comme une lance, part, menace, attaque,
frappe, pare, riposte, connaît toutes les ruses et tous les
secrets.

Quand deux bécasseaux se rencontrent, c'est pour se
battre. Ils se mettent aussitôt en garde ; les becs se
croisent, les boucliers s'entrechoquent, la plume vole.
Notez bien qu'ils ne se battent jamais au premier sang. Il
faut qu'il y ait un vaincu, un mort! La vie du Bécasseau
n'est qu'une série de duels, une rixe perpétuelle. L'humeur de cet oiseau est tellement violente et batailleuse
que lorsqu'il est seul on le voit tout à coup fondre avec
une impétuosité comique sur un adversaire imaginaire
ou se chercher querelle à lui-même.

Jadis le Bécasseau combattant peuplait les marais de
la Hollande et de l'Angleterre ; d'habiles oiseleurs le
chassaient, le prenaient, l'engraissaient, le vendaient à
prix d'or. Mais à ce régime de poulailler, le Bécasseau
perdait bien vite sa grâce et sa vaillance. Qu'on se

figure un Ajax obèse ou un Achille (1) gras! Le héros des marécages se changeait peu à peu en une pelote de lard et disparaissait un beau jour sous la croûte d'un pâté.

17. — Le Vanneau

C'est vers la fin de février que ce charmant oiseau de passage, que ce gibier délicieux fait son apparition dans nos marécages et nos prairies. Il porte quelquefois une houppe et son plumage est toujours beau. C'est un oiseau sympathique, vif et gai, toujours en mouvement.

On dirait qu'il a du salpêtre dans son aile et du vif-argent dans les pattes.

C'est plaisir de voir le *Vanneau* se promener le long des prairies, frapper le sol de son pied impatient pour en faire sortir les vers dont il se nourrit.

C'est plaisir de le voir, au bord des marais, s'élancer, bondir par petits vols coupés, ou bien, de son aile rapide et forte, s'élever noble-

Le Vanneau.

ment dans les airs avec le bruit étrange d'un van qu'on agite pour purger le blé, — d'où lui vient son nom de *vanneau*.

Le Vanneau est un des rôtis les plus délicats, un des gibiers les plus fins. Les Hollandais aux plantureux festins, à la bouche sensuelle et expérimentée, consi-dèrent cet oiseau comme un gibier sans rival. Le Van-

(1) *Ajax, Achille,* héros de la guerre de Troie.

neau des marais est leur mets de choix, comme la tulipe est leur fleur de prédilection.

Ses œufs, que nous envoie la Hollande, sont d'une délicatesse et d'une saveur incomparables. On les vend si cher qu'une omelette d'œufs de vanneau coûte plus qu'une dinde. Le Hollandais pourtant ne fait qu'une guerre discrète à ce charmant oiseau, dont il apprécie plus encore les services que la chair. Le Vanneau est, en effet, le grand bienfaiteur des Pays-Bas.

Vous avez sans doute entendu parler du *taret*, ce mollusque à la fois chétif et formidable dont la coquille, instrument de ruine, est autrement terrible que la griffe du tigre ou la gueule du lion.

Avec cette coquille, qu'il manœuvre comme une paire de ciseaux, le taret sinistre pénètre dans le bois des digues, des pilotis et des navires, s'y cache, y vit, y rabote, s'y nourrit, y meurt.

Le taret est avide de la sciure de bois, comme l'hyène d'immondices et le vampire de sang. Figurez-vous un menuisier dévorant ses copeaux, un rongeur se nourrissant des matériaux du terrier qu'il se creuse.

Ce terrible ébéniste est, comme le dit Linné, la calamité des navires, un invisible, un insaisissable ennemi de l'homme.

De même qu'un autre mollusque, la pholade, se taille dans le roc au moyen de sa coquille une cellule de pierre, de même le taret se creuse dans les bois submergés une alcôve et un garde-manger.

Avec les palettes infatigables de sa coquille, ce mollusque infime fait de la coque d'un navire une vaste écumoire, de l'écumoire une éponge.

Un beau jour, par un temps calme, le navire troué, fouillé, percé à jour par cet invisible et opiniâtre sculpteur sur bois, s'enfonce dans les eaux et sombre tout à coup, comme si un monstre inconnu l'entraînait au fond des abîmes.

Ce désastre imprévu est l'œuvre du taret, un ver!

Pendant la guerre de Crimée, notre vaillante flotte faillit être vaincue. Par les Russes? non. Par les tarets. Nos beaux navires allaient passer à l'état de dentelle quand on s'aperçut du danger. Une énorme quantité de sulfate de cuivre mit à la raison ces alliés de Nicolas.

Un jour l'infatigable taret s'attaque aux digues de la Hollande, et la Hollande est sur le point de disparaître. Le royaume des Pays-Bas ne tient plus qu'à la coquille d'un mollusque. Heureusement on s'aperçoit du danger, les digues sont fortifiées, mais il en coûte des millions pour réparer les ravages de cet ennemi chétif et ridicule, le taret!

Eh bien! en face de ce fléau, la prévoyante nature a placé un adversaire infatigable : le Vanneau des marais et des prairies.

Si le taret est la calamité des navires, ce charmant oiseau est le fléau des tarets. Il les cherche le long des digues, les devine, les découvre, les arrache de leurs cellules de bois pour les engloutir dans son bec et ne faire de ce formidable ennemi des hommes qu'une petite bouchée.

Aussi le Hollandais professe-t-il une sorte de culte pour ce gardien vigilant des digues du royaume, qui fait de son bec un rempart à la patrie!

---

18. — Le Courlis

Un grand pied, un long cou, des jambes à moitié nues; le bec grêle et pointu, également courbé dans toute sa longueur; l'air triste, un cri plaintif et bizarre : « courlis! courlis! »

Le nom de cet oiseau n'est, en effet, qu'un mot imitatif de sa voix, une onomatopée.

Le *Courlis* s'arrête à peine dans l'intérieur de la France, mais il séjourne tout l'hiver dans nos contrées maritimes, en Poitou, en Vendée, en Bretagne, en Normandie, sur les bords de la Loire et de la Seine, où il fait son nid.

Il fréquente les marais, les étangs, les prairies humides : c'est un grand avaleur de vers et d'insectes qui a toujours les pieds dans la vase et le bec dans le limon. C'est pourquoi la prévoyante nature lui a donné pour bec une longue épingle et pour jambes des échasses.

Afin que le Courlis ne pût souiller les plumes de ses jambes en barbotant dans la vase, Dieu l'a créé en même temps nu-pied et pied-plat.

Quand il court, avec ses grandes jambes dénudées, le Courlis a toujours l'air d'un oiseau déchaussé. Est-ce que le cou des vautours, destiné à plonger « comme un bras, » dans l'ordure n'est pas également dépouillé de ses plumes? C'est dans un même esprit de prévoyance que le Courlis est sans bas et le vautour sans cravate.

Les paysans du Bocage racontent une assez curieuse histoire à propos des oiseaux qui tirent leur nom d'une ressemblance, d'un instinct, d'une habitude, de leur chant, de leur cri ou de leur conformation, nom toujours expressif et pittoresque qui est le vrai nom de la nature.

Or donc, un matin de printemps, un oiseau étranger, ayant l'air très fatigué, rencontra dans la prairie trois oiseaux qui barbotaient au bord d'un étang. Il les salua poliment d'un petit mouvement de la tête et leur demanda leurs noms.

Mais au lieu de répondre, le premier des trois oiseaux plonge dans l'étang avec une adresse incomparable et reparaît aussitôt à la surface.

« C'est bien, dit l'étranger en étirant une patte ; tu es le *Plongeon.* »

Au même instant, le second oiseau, qui avait aussi gardé le silence, se met à secouer avec volupté la pluie qu'un nuage vient de faire tomber sur ses plumes aux reflets d'or.

« Je sais ton nom, fait encore l'étranger en étirant l'autre patte ; tu t'appelles le *Pluvier doré*. »

Enfin le troisième oiseau fait entendre un cri plaintif : courlis ! courlis !

« A merveille ! Tu te nommes, toi, le *Courlis*. Je ne saurais en douter.

— Et toi ? demandent en même temps les trois oiseaux de marais, qui es-tu et que veux-tu ? Quel est ton nom.

— Le voici, » dit l'étranger en se mettant à chanter : *coucou ! coucou !*

Et il ajouta aussitôt : « Vous l'entendez, je suis le coucou, j'arrive d'Afrique et j'apporte le printemps. Cédez-moi la place, et filez bien vite vers le Nord... »

---

19 — Le Râle.

Du fond des hautes herbes, retraite odorante et touffue, s'élève tout à coup une voix rauque, un cri bizarre, aigre, sec et bref, qu'on prendrait aisément pour le croassement d'un reptile ; et, à mesure que vous avancez doucement dans l'herbage, ce cri mystérieux s'éloigne, dominant, à cinquante ou soixante pas plus loin, le bruit monotone et confus des insectes.

Ce n'est pas le croassement d'un reptile qui semble ainsi vous narguer, mais le cri d'un oiseau : le fameux *Râle de genêt*, le délicieux Râle des prairies si cher à tous les gourmets.

Il ne part qu'à la dernière extrémité et s'élève assez haut avant de filer ; mais il ne va jamais loin, car son aile est aussi pesante que sa jambe est rapide. Son élément, c'est la prairie où il court, glisse, ondule, disparaît, comme si les herbes s'ouvraient sur son passage. On dirait qu'il nage dans les herbes touffues comme le Râle d'eau dans les rivières.

Ai-je besoin d'ajouter qu'il tire son nom du croassement étrange qui, grâce à sa course rapide, se répète toujours plus loin ? Il semble dire au chasseur : « Inutile de me poursuivre, tu ne m'attraperas pas. » Et le Râle, qui espère sans doute se faire passer pour un reptile, est justement trahi par sa voix de grenouille.

Le *Râle d'eau*, dont les espèces sont assez variées, habite les bords fangeux des étangs et des rivières ; ce n'est que bien rarement qu'on le rencontre dans les vastes prairies, domaine exclusif du Râle de genêt.

Plongeur habile et nageur distingué, le Râle d'eau ne s'écarte guère des grandes herbes de marais, des belles touffes de glaïeuls qui font une couronne de verdure et de fleurs à ses eaux de prédilection. N'a-t-il pas sur ces bords humides, à la sortie du bain, son couvert toujours prêt, une table abondante en insectes choisis, et toujours dressée sous ces charmants glaïeuls dont il a fait sa demeure ?

---

20 – La Poule d'eau

Oiseau gracieux, gibier exquis, la *Poule d'eau* est la petite reine des étangs et des rivières. Elle est mise très simplement et ne fait pas grand bruit dans le monde des eaux. Le jour, elle se tient cachée dans son palais de joncs et de roseaux, sous les racines des aunes et des osiers que baigne l'étang. Craintive et sage, elle ne cherche qu'à se faire oublier, qu'à passer inaperçue, sachant fort bien que sur sa chair exquise est toujours braqué un canon de fusil.

C'est en octobre que la Poule d'eau arrive des pays froids pour passer tout l'hiver sous nos climats tempérés, au bord des eaux vives qui ne gèlent jamais.

La Poule d'eau construit son nid tout au bord des marais et des étangs, de sorte qu'en quittant leur berceau, ses petits n'auront qu'un pas à faire pour entrer dans le bain. Ce nid charmant, composé de joncs et de roseaux entrelacés, se trouve posé si

La Poule d'eau.

près de l'eau qu'il semble se mirer dans l'étang.

Quand vient le soir, la poule d'eau quitte sa retraite touffue et va se promener sur l'eau au milieu des joncs qui se balancent et des roseaux qui murmurent. En la voyant s'avancer mollement à travers les lentilles d'eau, on dirait qu'elle marche sur un tapis d'émeraude.

Autour d'elle volent, tournent, bondissent les vertes *demoiselles* aux ailes de gaze, et tandis que mille insectes entonnent l'hymne du soir sur les hautes menthes et les frais glaïeuls, des essaims d'éphémères dansent et meurent au-dessus des eaux dans un rayon de soleil.

Combien l'étang est calme et beau, la rivière riante, la Poule d'eau heureuse !

Mais tout à coup une détonation éclate sur le bord de l'étang, et, l'aile brisée, la plume marbrée de sang, la petite reine des rivières s'agite et meurt dans les roseaux.

Ce n'est plus qu'un salmis !

24. — Le Martin-pêcheur

Qui de vous, chers enfants, n'a pas admiré le *Martin-pêcheur* de nos climats, au vol rapide, au plumage azuré, passant comme une flèche, brillant comme un rayon?

Le voici caché sous la feuillée, en sentinelle, sur la branche d'un saule ou d'un ormeau. A ses pieds coule une rivière ou dort un étang. Tandis que le poisson se joue avec confiance à la surface de l'eau, le Martin-pêcheur observe, attend, choisit sa proie, s'élance, plonge, saisit, tient sa victime : un éclair, un éblouissement. En un clin d'œil il a regagné son poste, en serrant dans son arge bec sa proie infortunée, qui se tord et se débat en vain, qu'il frappe contre une branche à coups secs et redoublés, absolument comme Polichinelle quand il bat sa femme. La victime est engloutie et le Martin, faisant claquer son bec, observe, attend une nouvelle proie.

Les poètes ont chanté le Martin-pêcheur, et la légende lui a fait comme une auréole.

Son bec desséché, gardé comme une relique, devient une boussole, et son nid, ballotté par les flots, est un talisman. Le premier avertit d'où viendra l'orage ; le second calme la tempête.

Le Martin-pêcheur.

Le Martin n'a point de telles visées astronomiques; il ne calme que son appétit. Sa seule prétention est une merveilleuse adresse, son seul souci une pêche heureuse. Ce n'est ni un sauveur ni un devin: c'est un glouton, et le premier des pêcheurs.

Sur les bords du Nil on trouve un Martin-pêcheur d'une haute taille et d'un aspect étrange. Ses plumes, d'ailleurs fort belles, alternativement blanches et noires, forment comme un jeu de dames. Cela ressemble à une toile de matelas, et on aurait envie d'engager une partie d'échecs sur les ailes demi-deuil de ce Martin bizarre.

21. — Le Pluvier doré

Le *Pluvier* fait son apparition dans nos prairies par un temps humide et sombre, à l'époque des pluies d'automne. De là son nom.

Comme le vanneau, ce petit échassier, fameux dans les annales de la gastronomie, arrive par bandes nombreuses et fréquente les terres limoneuses, les fonds humides, les bords des étangs ou des rivières si riches en insectes, qu'il déterre vaillamment de la patte et du bec.

Si le Pluvier aime la pluie, c'est beaucoup moins, sans doute, pour elle-même que pour ce qu'elle lui rapporte.

Par un temps sec, le gracieux Pluvier gratterait en vain la terre et lui demanderait l'insecte qui le nourrit ;

Le Pluvier doré.

la terre ne répondrait pas, et le pauvre oiseau serait bien près de mourir de faim. En temps de pluie, au contraire, la terre se montre plus charitable ; le Pluvier n'a qu'à frapper de son bec pour qu'on lui ouvre, pour qu'on lui serve tout un festin de vers grouillants et dodus.

Le *Pluvier doré*, aux reflets métalliques ; le vanneau huppé, à manteau vert ; le chevalier gambette, si vif et si gracieux avec son collet roux, sont des oiseaux aussi utiles que charmants. Ces vaillants petits échassiers purgent nos rivages et nos prairies d'une foule de vers, de limaces, d'insectes nuisibles, et le cultivateur apprécie justement leurs services, comme le naturaliste admire la délicatesse de leur plumage, comme le gourmet estime la finesse de leur chair.

Le Pluvier est d'une propreté exemplaire. Au bout de sa journée, quand le gracieux terrassier a bien fouillé le sol, il ne manque jamais d'aller nettoyer ses pattes et son bec dans les eaux du voisinage.

Il est curieux d'observer avec quel soin coquet ce petit échassier procède à sa toilette. Le cou tendu, la tête inclinée, il semble regarder dans le miroir des rivières ou des fontaines s'il lui reste une tache encore.

Certainement, ce gentil oiseau vient de faire bien des victimes. Combien a-t-il englouti d'existences dans sa journée! Combien a-t-il avalé de vers et d'insectes! Combien a-t-il de morts dans son estomac et sur sa conscience!

Le Pluvier n'y pense guère. Trempant sa patte délicate dans l'eau de la rivière, il semble dire : « Ne fallait-il pas que je dînasse? Je m'en lave les mains ! »

---

22. — La Grue

Lorsque à l'automne va bientôt succéder l'hiver, le ciel retentit parfois de cris bizarres et lointains. Des voix semblent sortir des nuages et descendre sur la terre. Alors vous levez la tête et vous apercevez dans le ciel une multitude de points noirs formant un triangle mathématique et flottant : ce sont les *Grues* qui passent.

Elles fuient l'hiver ; et leurs chapelets immenses, dont chaque grain est un oiseau, s'allongent vers le sud, à la recherche d'un climat plus doux.

Pourquoi ce triangle vivant ? pour fendre l'air avec plus d'aisance et de rapidité. Pourquoi ces cris ? pour s'appeler, se reconnaître dans ce voyage aérien.

Ce n'est pas un salut narquois que les Grues nous jettent du haut du ciel en passant sur nos têtes, mais un cri de ralliement qui se répète dans l'espace tout le long de la route.

Le chef qui vole en tête de la caravane céleste fait entendre une voix de réclame pour avertir de la route qu'il tient ; et aussitôt chaque oiseau de la troupe répond comme pour faire connaître qu'il suit et qu'il garde la ligne.

Mais le but du voyage est atteint ; les cris cessent tout à coup, le triangle vivant se déforme, et les grues viennent s'abattre, dans le silence de la nuit, sur nos terres ensemencées, nos plaines marécageuses, le bord des étangs et des rivières.

Après un repas sommaire, récolté par-ci par-là, au hasard du bec, la troupe voyageuse se rassemble et s'endort. Tous les corps sont pressés, immobiles, et les têtes se cachent si bien sous les ailes, qu'on dirait des oiseaux décapités. Mais une sentinelle veille toujours, la tête haute, le cou tendu, l'œil ouvert, et, si quelque objet la frappe, elle en avertit aussitôt la troupe endormie par un cri sonore. Aussitôt toutes les têtes se relèvent et les ailes se déploient. Les Grues sont parties.....

Je ne sais vraiment pourquoi on a fait à la Grue une réputation de stupidité ; c'est une grande injustice : avec ses chefs et ses sentinelles, ses cris d'alarme et de ralliement, ses merveilleuses caravanes et son admirable stratégie, la Grue est, à coup sûr, un des oiseaux les plus prudents, les plus sagaces et les mieux avisés de la création.

Il est vrai de dire que rien ne forme comme les voyages.

23. — Le Héron

Le voyez-vous là-bas, au bord de l'étang, de l'eau jusqu'au genou, immobile sur une patte, son long cou replié sur la poitrine, la tête entre les jambes, guettant au passage une proie qu'il attend depuis trois heures et qui ne vient jamais ? On dirait un oiseau empaillé.

Le Héron.

Pauvre *Héron* ! c'est bien la peine de rester toute une journée à table pour ne rien manger ! Il ne dîne même pas au triste hasard de son grand bec ; son indigente vie n'est qu'un long jeûne. Pour tout moyen d'industrie il n'a que l'embuscade, pour arme que la patience.

Il ne poursuit pas sa proie, il l'attend, et il n'a qu'un instant pour la saisir ; si elle lui échappe, il recommence, attend encore, attend toujours, ne se lassant jamais, parce que jamais il n'est repu. Il ne contente pas sa faim, il la trompe. Une grenouille est un festin pour lui, et je vous affirme que ce grand affamé n'a jamais fait la petite bouche en face d'un goujon.

C'est le mendiant éternel des étangs et des rivières, attendant avec une résignation touchante que les eaux veuillent bien lui faire l'aumôn d'un ver ou d'un insecte.

Avec sa jambe repliée sous son centre, le Héron a l'air d'un amputé demandant la charité à la porte des étangs.

Comme tous les malheureux auxquels la malechance s'est attachée, le Héron est craintif et défiant; s'il lui arrive, de temps à autre, de saisir une proie inespérée, il n'en croit pas son bec et paraît tout surpris de sa bonne aubaine.

Le Héron me rappelle ce pauvre qui, trouvant une pièce d'or sur son chemin, passa, tout hésitant, sans la ramasser, et dit : « Je ne pensais pas qu'elle fût pour moi. »

Tout l'inquiète, tout l'alarme; d'aussi loin qu'il l'aperçoit, il fuit l'homme qui trouble sa solitude et lui envoie, comme aumône, un grain de plomb. Jadis, à l'époque des vastes marais et des grands étangs qu'ont transformés les cultures, le Héron n'était pas réduit à donner, comme aujourd'hui, des coups de bec, j'allais dire des coups d'épée, dans l'eau. Poissons, reptiles, insectes, tout abondait. Encore ce pauvre bohémien des rivages ne fut-il jamais heureux. On le chassait impitoyablement au faucon, et l'oiseau-pêcheur expirait, au milieu des airs, dans les serres meurtrières de l'oiseau-chasseur.

Le Héron se fait, chaque jour, plus rare dans nos pays, et le temps n'est pas éloigné, peut-être, où il aura disparu. Si on pouvait l'interroger au moment où il ira rejoindre les races éteintes, il aurait le droit de répondre : « Je ne trouvais plus à me nourrir, et j'abandonne la terre parce que je meurs de faim. »

LES HABITANTS DES EAUX.

25. — Le Brochet.

Requin des eaux douces : tel est le nom justifié que sa férocité, son audace et sa gloutonnerie ont valu au *Brochet.*

C'est un grand dévastateur. Son effroyable gueule, toujours ouverte pour engloutir une proie, avale, absorbe tout. L'étang est son garde-manger en même temps que son champ de carnage. Dans sa voracité aveugle, il ne distingue ni n'épargne les poissons de sa race. Le tigre et le lion, la vipère, le vampire, sont excellents pour leurs petits; le Brochet, lui, mange les siens.

Le Brochet.

C'est le tyran de sa famille comme le fléau des étangs et des rivières.

On a dit que le Brochet était le roi des étangs. Il n'en est que le bandit. Il ne règne pas sur les eaux, il les dépeuple; il n'a pas de sujets, il ne compte que des victimes.

La chair vivante ou fraîche ne suffit pas aux appétits insatiables du Brochet. C'est avec une sorte de fureur qu'il déchire et qu'il avale les restes mêmes des cadavres putréfiés. C'est un requin doublé d'un chacal.

On pardonne beaucoup au Brochet en faveur de l'excellence de sa chair. C'est un de nos meilleurs poissons de rivière. Sa voracité même a son utilité. Pour mettre un frein à la trop grande multiplication des carpes, on a recours à la gloutonnerie du brochet. Placé dans un étang, c'est avec un zèle effroyable qu'il remplit sa mission d'exécuteur des hautes œuvres.

Plus rapide, plus fort, plus audacieux que les autres poissons, le Brochet se fait un jeu d'atteindre ses victimes et un plaisir de les avaler.

Ce tyran des rivières est terriblement armé. Il broie, triture, absorbe sa proie en un clin d'œil. Sa mâchoire inférieure est garnie de dents recourbées, effroyablement aiguës, tandis que la mâchoire supérieure est armée de pointes acérées. Sa gueule insatiable, où la gloutonnerie court d'un œil à l'autre, s'ouvre immense, inexorable. Enfin, sur le palais de cet ogre, qui, plus gros et plus fort, serait un monstre redoutable, s'alignent longitudinalement, en trois rangées, plus de *sept cents dents*....

Ce n'est plus un poisson, c'est une râpe !

---

26. — La Carpe

Dans les contes naïfs qui charment la veillée des pêcheurs, en parlant de la carpe aux écailles d'argent, on dit toujours *la mère Carpe*. C'est justice. La Carpe est une des mères les plus fécondes de la création. Si je ne craignais d'être irrespectueux, je dirais que c'est la *mère Gigogne* des étangs et des rivières.

Elle est reine par la fécondité.

Vous n'ignorez pas qu'elle est entourée d'ennemis implacables, au premier rang desquels figure ce tyran, ce fléau, cet ogre : le brochet ! Mais la nature a béni les entrailles de la Carpe, dont la fécondité merveilleuse défie tous les gloutons des rivières. On a calculé qu'une carpe de 50 centimètres de longueur renfermait *deux cent quatre-vingt mille œufs !*

Sans cet « ange exterminateur » qui se nomme le brochet, nous serions envahis par les carpes, à moins d'élargir le lit des rivières et des étangs.

La Carpe, grâce à sa chair exquise comme à sa fécondité admirable, est donc le produit le plus abondant et le plus précieux des eaux douces.

L'anguille se glisse sur nos tables sous la forme appétissante d'une matelote ; le brochet vient y expier ses forfaits dans l'huile et le vinaigre ; le goujon s'y entasse en friture riante ; la Carpe, elle, y règne *à la Chambord !*

Une douce créature, la Carpe : elle n'aime que les eaux, la verdure, les fleurs, le soleil, la brise qui murmure et qui l'endort, qui la berce dans les roseaux. Elle semble faite de somnolence et de rêverie quand tout à coup, légère et vive, elle nage contre la violence des courants, surgit à la surface des eaux où elle se repaît d'insectes aquatiques et d'herbes tendres.

Dans les viviers et les bassins, elle se familiarise, s'apprivoise, et quand on prend l'habitude de lui jeter quelques miettes de pain, elle arrive au son d'une voix connue, s'approche des bords de l'eau et saisit le pain que la main lui présente.

Un médecin de la Sarthe, le docteur Ferminet, raconte un fait étrange qu'il affirme, et que je rapporte : Comme il lisait au bord d'un étang, une Carpe énorme, poursuivie peut-être par un brochet, se cogne la tête contre un poteau avec tant de violence qu'elle se fracture le crâne. Affolée de douleur, elle fait un bond prodigieux et vient tomber sur l'herbe. En examinant la malheureuse bête, le docteur s'aperçoit qu'une partie du cerveau sort à travers la fracture du crâne. Au moyen d'un cure-dent, il remet l'organe à sa place et ressoude les portions lésées du crâne. Après ce pansement, il remet la carpe à l'eau ; elle nage, mais bientôt de nouvelles douleurs l'agitent, la tourmentent, la rejettent hors de l'eau une seconde fois.

Le docteur Ferminet, aidé d'une personne qu'il appelle à son aide, parvient à captiver la carpe, lui applique un bandage sur la partie lésée, la remet dans l'eau et s'éloigne,

La Carpe.

abandonnant à son sort sa malheureuse cliente.

Le lendemain, quand le docteur revint au bord de l'étang, la carpe s'approche vivement de son bienfaiteur et pose sa tête endolorie sur le bout de ses souliers. Le docteur croit faire un rêve. Et quand il continue sa promenade autour de l'étang, la carpe le suit, nageant à ses côtés, s'arrêtant lorsqu'il s'arrête, revenant lorsqu'il rebrousse chemin.

Les jours suivants, le même fait se répète, s'accentue.

Quand le docteur arrive, la carpe s'avance vers lui et vient manger dans sa main.

Des personnes « dignes de foi » ont été témoins de ce fait aussi extraordinaire que touchant. Que ne puis-je l'affirmer moi-même !

Si ce drame entre deux eaux est absolument vrai, la Carpe a tout pour elle, puisque à une fécondité merveilleuse, à des mœurs familières et douces, à une longévité incroyable, à une chair délicate et renommée, elle joint cette chose exquise et rare qui se nomme la reconnaissance du cœur.

27. — Le Goujon. — Le Véron

Le *Goujon*, c'est le nain des rivières et le roi des fritures.

La friture est le triomphe du Goujon comme la matelote est la gloire de l'anguille.

Pauvre anguille ! pauvre Goujon ! Voilà, j'imagine, une renommée que vous n'avez guère cherchée, et un sceptre que vous échangeriez volontiers contre un ver !

Aussi populaire qu'appétissant, le Goujon est, bien malgré lui sans doute, de tous les déjeuners rustiques que l'on va faire, au bord de la rivière, sous la tonnelle des cabarets campagnards.

C'est un plat riant qui s'élève en pyramide d'or sous une couronne de persil.

Avec ses nageoires piquées de brun, ses écailles teintées de vert, de jaune et de violet, sa souplesse et sa vivacité, le Goujon est un poisson charmant. Il aime les eaux tranquilles et claires qui coulent mollement sur un fond sablonneux et doux. Presque toujours le Goujon se tient au fond de l'eau, où il se rend utile en avalant une multitude de larves, de vers et d'insectes.

Quand vient la nuit, il prend ses dispositions pour dormir, se pose sur le sable où coule la rivière et, couché sur ses nageoires pectorales, il fait ainsi, vu de face, l'effet d'un navire sur ses étais, d'un tout petit navire comme en vendent les marchands de jouets et comme en font flotter les enfants dans un verre d'eau.

Si petit et tant d'ennemis ! le Goujon est, en effet, entouré de dángers. S'il échappe à la voracité des grands poissons et des oiseaux aquatiques, il tombe dans le filet du pêcheur ou se laisse prendre à l'hameçon, et son innocente vie finit par une friture.

Disons un mot du gentil *Véron*, qui rappelle si bien le goujon par la forme et par la taille, mais qui le dépasse en grâce, en éclat et en vivacité ; sa souplesse et sa rapidité tiennent du prodige. On dirait que ce petit poisson vole dans l'eau comme l'hirondelle dans le ciel. Il est espiègle, hardi, si familier, qu'apprivoisé dans un aquarium il vient manger jusque dans la main. Le Véron est le moineau des poissons.

Je reviens au Goujon pour finir par une anecdote.

Un jour Voltaire fut convié à un grand dîner auquel devait assister le poète Piron dont il redoutait fort, malgré tout son esprit, les saillies mordantes.

Après quelque hésitation, l'auteur de *la Henriade* accepte l'invitation, à la condition que l'auteur de *la Métromanie* ne dira qu'une seule phrase durant tout le dîner.

Le jour venu, on se met à table, et Voltaire est éblouissant de verve, tandis que Piron, fidèle à sa promesse, reste muet comme une carpe.

Enfin, vers le milieu du dîner, on sert un énorme et magnifique plat de goujons, dont Voltaire était très friand. Il s'extasie sur l'excellence de ces petits poissons dorés, et revenant pour la troisième ou quatrième fois aux goujons :

« J'en mangerais, dit-il, autant que Samson tua de Philistins.

— Avec la même mâchoire, » ajoute vivement Piron. Il avait placé sa phrase.

---

28. — L'Ablette

Vous connaissez sans doute ce charmant poisson aux formes élégantes et allongées, vif, alerte et souple, tout vêtu d'argent.

Ne parlons pas de sa chair. On ne pêche guère l'*Ablette* que pour ses écailles, ses fines et brillantes écailles qui servent à fabriquer les fausses perles.

La matière nacrée qui compose ces perles artificielles s'obtient en raclant les malheureuses ablettes comme de simples navets, avec un couteau.

Ces écailles, dit M. Pizzetta, sont placées sur un tamis très clair et on les lave à grande eau. La matière nacrée passe seule et se précipite au fond d'un vase placé au-dessous du tamis. Ce dépôt, qu'on délaye ensuite dans de la colle de poisson, est d'un beau blanc teinté de bleu et ressemble à de la nacre liquide. On le nomme *essence d'Orient*.

Après cette opération, on souffle au chalumeau des petites boules de verre très mince, rondes et légères, percées de deux trous. Enfin, dans ces boules fragiles on introduit une goutte d'essence d'Orient qu'on agite dans tous les sens. Il ne reste plus qu'à faire sécher les perles.

Plaignez la pauvre Ablette, mais ne dédaignez pas trop ces jolies perles artificielles qui, grâce à un soufflage habile, imitent si bien la forme, la beauté et jusqu'aux imperfections des perles vraies.

L'inventeur des fausses perles fut, dit-on, un certain Jamin, marchand de chapelets à Paris. Je voue son nom à la reconnaissance des coquettes et à l'exécration des ablettes.

Pauvres ablettes! Si encore l'homme se bornait à tuer rapidement et franchement les animaux dont il a besoin pour se nourrir! Mais combien de tourments atroces il inflige à de malheureuses et innocentes bêtes, pour son bien-être, son luxe, son caprice ou ses jeux !

Aux entrailles fumantes de celle-ci il arrache le musc, un parfum ; à l'agonie de celle-là il vole un bijou, une perle; à une autre il prend son ivoire, à une autre sa fourrure, à une autre ses plumes éclatantes. D'une dent, d'un œil on fait une parure. Est-ce que les créoles de la Havane et de Rio-Janeiro ne vont pas jusqu'à emprisonner dans des sachets de tulle les resplendissants *porte-feu*, les vers luisants des tropiques, pour en faire à leur corsage et à leur chevelure des diamants animés, des bijoux vivants?...

La vraie perle est fille de l'huître. Notre Ablette ne travaille que dans le faux et ne saurait faire concurrence par ses produits artificiels aux précieux mollusques de la mer des Indes.

La perle que donne l'écaille de l'Ablette est sans doute d'une belle teinte et d'un doux éclat, mais aussi d'une fragilité désespérante, — comme tout ce qui est faux.

29. — La Truite

La *Truite* n'est pas seulement un des poissons les plus estimés, la rivale du saumon par la finesse de son goût et la délicatesse de sa chair; ses belles écailles brillent de l'éclat de l'or et de l'argent, réfléchissent les vives nuances des rubis et des saphirs; de jolies taches rouges bariolent sa robe éclatante.

Il y a deux espèces de truites : la *Truite commune* et la *Truite saumonée*. Ce délicieux poisson recherche les eaux claires et froides qui descendent des collines, tombent en cascade et roulent sur un sol caillouteux.

On le trouve dans les fleuves, les rivières et aussi dans les lacs qui s'étendent sur le plateau des montagnes.

La Truite saumonée a la chair fine et rose comme le saumon; cette sauteuse étonnante fait des bonds de cinq à six pieds, remonte en se jouant une chute d'eau de deux mètres de hauteur.

Ce poisson distingué a, depuis longtemps, fixé l'attention, les soins et les efforts des pisciculteurs, qui sont arrivés à le multiplier d'une façon prodigieuse : on parque les truites selon leur âge et leur grosseur dans des bassins de grandeurs variées.

Dans certains pays, en Bohême par exemple, on dispose une vingtaine de bassins superposés qu'alimente une source vive, descendant en cascade d'un coteau. Dans ces bassins se trouvent les truites, séparées, comme je viens de le dire, par leur grosseur et leur âge : ici les petites, là les moyennes, plus loin les grandes. Parmi ces pensionnaires aquatiques il en est d'énormes, âgées de plus de vingt ans.

Chaque année, au printemps, les œufs des bassins inférieurs sont recueillis et traités avec le plus grand soin jusqu'au moment de l'éclosion.

Les petites truites sont aussitôt placées dans le premier bassin et nourries très délicatement avec des foies d'animaux hachés ; quand les précieux nourrissons ont atteint l'âge de deux ans, on change leur ordinaire, on accentue le menu. Le foie haché est rayé de la carte et remplacé par de la viande crue.

A ce régime fortifiant et choisi, les truites deviennent quelquefois gigantesques.

Il y a bien loin, sans doute, de ces poissons aristocratiques, qu'on élève si bien, au modeste hareng qui « glace » dans les rues des villes. Mais si l'on pesait les services que rendent à l'humanité le hareng du pauvre et la truite du riche, on verrait de combien la balance incline vers l'humble et précieux hareng, qui est le régal du peuple.

---

30. — L'Épinoche

La petite *Épinoche* est la grande merveille de nos rivières.

C'est d'abord un poisson très élégant, au corps de nacre, aux nageoires d'argent, au dos semé de turquoises. Alerte et pétulant, espiègle et malicieux, il n'est pas de mauvais tours qu'il ne joue aux grands poissons, dont il est détesté.

Il faut dire aussi que l'Épinoche est puissamment armée. Ses flancs, son dos sont hérissés de pointes meurtrières qu'elle tient couchées quand elle repose et qu'elle dresse vivement quand elle est attaquée. Les brochets, les perches, les tritons, qui se figurent n'avoir qu'à ouvrir la bouche pour engloutir la gracieuse Épinoche, éprouvent une déception cruelle. Les pointes acérées du petit poisson transpercent leur mâchoire et la mettent en sang. Les géants lâchent prise, et le gavroche des rivières, tout frétillant de sa victoire, décrit autour de son corpulent adversaire des circuits moqueurs.

« Mauvaise tête et bon cœur » : cette expression semble avoir été inventée pour l'Épinoche. Si elle se montre cruelle envers ses ennemis, elle est pleine de tendresse et de dévouement pour sa famille. Ce gentil poisson se distingue en même temps par sa rare industrie et son instinct familial. Je parle ici du père, et de lui seul : la mère n'existe pas.

L'Épinoche est un des très rares poissons qui se construisent un nid. Comme je viens de le dire, c'est le père qui est *mère* ; c'est le père qui bâtit et qui défend le nid, qui couve et qui surveille les œufs, qui protège, qui élève, qui instruit les petits.

Son habileté est, comme sa sollicitude, vraiment admirable. Voyons l'Épinoche à l'œuvre : avec sa bouche elle cueille des brins d'herbe qu'elle dispose en rond au fond de la rivière, et qu'elle assujettit soigneusement avec des grains de sable. A coups de tête elle tasse ces brindilles. Au moyen du mucus que secrète son corps elle agglutine ces herbes. C'est la base du nid merveilleux qui va s'élever sous les eaux.

Sur cette base, le charmant architecte apporte des brins d'herbe, de petites racines, des feuilles qu'il enchevêtre, qu'il colle, en donnant à tous ces débris la forme d'un manchon, où il passe et repasse sans cesse afin d'égaliser et de consolider cet étrange édifice. Dans tout ce travail l'Epinoche n'a qu'un outil, qu'un instrument : sa bouche !

Le nid est prêt. Aussitôt, l'architecte se fait raccoleur de pondeuses : il va chercher une femelle prête à pondre et la pousse du bout de son museau vers le nid qui l'attend. La femelle entre, s'installe, pond, s'en va, on ne la verra plus. A cette première pondeuse succède une seconde, une troisième, une quatrième. Toutes les femelles du ruisseau sont amenées vers le nid de gré ou de force, y laissent leurs œufs et disparaissent pour ne plus revenir.

Alors le mâle s'installe sur ces œufs qui lui ont coûté tant de tribulations et les couve avec amour. Pendant cette délicate opération, l'Épinoche est intraitable. Si quelque gros poisson, ogre insatiable des eaux, vient rôder autour de son nid, la vaillante petite mère, je me trompe, le bon père tire tous ses poignards du fourreau et met en fuite le bandit.

Quand elle a couvé ses œufs, l'Épinoche ferme le bout de son nid, monte la garde, attend. Au bout de quinze jours, un essaim gracieux de tout petits poissons jaillit du fond du nid, et le père, toujours le bon père, les surveille, les conduit, les élève, les mène à la promenade tout le long des roseaux, leur montre comment on plonge, comment on nage, comment on tire l'épée contre les perches et les tritons.

Architecte et raccoleur de pondeuses, collectionneur infatigable d'œufs de poisson, couveur intrépide, bonne d'enfants, maître d'armes et professeur de natation : tels sont les titres aussi variés qu'étranges de l'Épinoche.

Opposant à la voracité des tanches et des brochets ses pointes meurtrières, elle semble dire à ses petits qui frétillent autour d'elle comme des poissons de cristal : *Qui s'y frotte s'y pique.* Telle est, mes enfants, la devise de l'Épinoche.

31. — L'Anguille

L'*Anguille* est l' « Ondine » des rivières. Elle glisse, s'échappe, revient, ondule, disparaît. Plus on la serre, moins on la tient ; et quand on croit la tenir, elle est libre. C'est l'emblème de la déception.

L'Anguille ne pond pas. Elle est vivipare, et par ses habitudes autant que par sa forme elle ressemble au serpent. Elle peut vivre hors des eaux, et, comme les reptiles, elle rampe sur le sol.

L'Anguille.

Le soir et plus souvent la nuit elle quitte sa rivière ou son étang pour s'en aller rôder dans l'herbe des prairies, où elle se nourrit de limaçons, de vers, d'insectes.

Amphibie, elle a deux existences, deux demeures, deux couverts, deux régimes. Dans les eaux elle déjeune de petits poissons ; dans les prés elle soupe de grillons et de sauterelles.

Au point de vue gastronomique, l'Anguille est un mets délicat, un poisson justement estimé.

Tout le monde connaît l'*Anguille de mer*, dont la chair abondante et saine plutôt que délicate rend de si grands services à l'alimentation publique : c'est le turbot des petits ménages.

On connaît moins l'*Anguille électrique* ou le *Gymnote*, qui habite les marais de l'Amérique du Sud : ce poisson redoutable paraît sans arme ; mais il a mieux que la griffe du tigre et la gueule du lion : il cache dans son sein cette arme puissante et mystérieuse qui s'appelle l'électricité. Il touche sa victime, et cela suffit ! son contact, c'est la foudre, c'est la paralysie, c'est la mort.

La nature donna un tonnerre au Gymnote, qui porte un orage dans ses flancs ; il lance la foudre comme le serpent « cracheur » lance son venin.

Ce n'est pas un adversaire, c'est un choc ; ce n'est pas un animal, c'est une pile de Volta.

Vous avez entendu parler de la puissance électrique de la torpille ; son choc est à la formidable secousse du Gymnote ce qu'une chiquenaude est à un coup de poing, ou si vous aimez mieux, un coup de revolver à un coup de canon.

Lorsqu'une mule ou un cheval, venu pour se désaltérer dans l'étang des gymnotes, reçoit leur choc épouvantable, il reste pétrifié, s'affaisse, tombe, se noie.

Lorsque les pêcheurs indiens ramènent dans leurs vastes filets un gymnote avec des poissons énormes et de jeunes crocodiles de quatre à cinq pieds, les poissons sont morts et les crocodiles sont mourants. Le seul voisinage du gymnote les a tués.

Comme la chair de notre innocente Anguille d'Europe, la chair du Gymnote est délicieuse et très recherchée. La pêche en est difficile. Voici comment s'y prennent les Indiens : armés de fouets et jetant de grands cris, ils poussent une troupe de chevaux sauvages dans l'étang des gymnotes. Aussitôt les anguilles électriques déchargent sous les eaux leur meurtrière batterie ; les chevaux, irrités, affolés, piaffent, bondissent, puis chancellent, s'affaissent, disparaissent dans l'étang.

Mais il en est de l'électricité comme du venin : elle s'épuise. Après une heure de lutte, les gymnotes se trouvent sans munition : leur foudre n'est plus qu'un jouet. Alors les Indiens quittent le rivage et pêchent leurs terribles anguilles devenues aussi inoffensives qu'un goujon.

Je reviens à la douce Anguille de nos rivières et de nos prairies. Il ne faut pas voir seulement dans ce poisson étrange la sauce tartare qui lui va si bien ou la classique matelote des cabarets rustiques, mais un anneau vivant de la chaîne des êtres, un trait d'union entre les poissons et les reptiles, l'Anguille enfin, qui s'élève d'un degré mystérieux dans la création en se glissant d'un monde dans un autre monde.

----

32. — L'Écrevisse

L'*Écrevisse* est le crustacé des eaux douces, la miniature du homard. Elle est délicieuse en matelote, à la persane, en buisson aussi gracieux qu'appétissant. Elle ponctue avec éclat le bouilli fumant qui sort de la marmite et couronne de rouge la croûte d'or du vol-au-vent.

L'Écrevisse est un animal singulier, une curiosité de la nature, un tour de force du bon Dieu, une petite gâtée de la Providence.

Lorsque vous disséquez une écrevisse avec une volupté gourmande, vous ne vous doutez peut-être pas que cette carapace qu'écartèlent vos doigts distraits est tout bonnement une merveille de la création.

L'Écrevisse vient au monde toute petite enveloppée comme d'un bouclier dans une carapace calcaire qui, privée de toute élasticité, ne saurait se plier aux besoins de sa croissance. Faut-il donc qu'en grandissant l'Écrevisse suffoque, qu'elle étouffe, qu'elle s'étiole dans cet habit trop étroit ? Non ! l'Écrevisse ne doit pas mourir.

Elle va tout simplement changer de robe, remplacer sa petite défroque d'enfant pour une jolie robe toute neuve de jeune fille.

Il est vrai que cette toilette n'est pas une besogne frivole, mais une grave affaire. L'Écrevisse ne change pas de robe aussi vite, aussi facilement qu'on change de chemise.

Assistons à sa toilette merveilleuse : un beau jour l'Écrevisse se dit : « Il me semble que ma carapace est un peu courte et je sens qu'elle me gêne à la taille ; j'ai l'air de porter la robe d'une petite sœur. Changeons de robe. » Et alors elle se couche sur le dos, agite sa queue en éventail, étire ses pattes, frotte ses pinces l'une contre l'autre, secoue sa tête, balance ses antennes, se trémousse, se gonfle, se gonfle encore.

Sous ces efforts répétés mais prudents, le dessous de la carapace se fend, se déchire comme un habit trop étroit, et peu à peu, tout doucement, avec une adresse étonnante, l'Ecrevisse dégage sa tête, ses yeux, son abdomen, ses pattes, ses pinces, sa queue.

O prodige ! elle a mis tant de dextérité et de soin à se déshabiller que la vieille défroque qu'elle vient d'abandonner est intacte à ce point que vous la prendriez pour une écrevisse vivante. Ce n'est qu'une enveloppe vide, une chemise sale, une robe usée, une dépouille de rebut.

Voici donc notre Écrevisse dégantée, déchaussée, décoiffée, tout à fait nue ; une peau légère et mince comme un voile la recouvre seule.

Alors, notre Écrevisse se retire sous une racine ou sous une pierre, en attendant peut-être que la Providence ait jeté sur ses épaules une robe toute neuve ajustée à sa taille. Eh bien, non ! c'est l'Écrevisse elle-même qui va s'habiller, sans le secours de personne. A peine débarrassée de ses vieux oripeaux, elle se couvre d'une humeur visqueuse que secrète son corps et qui est le commencement de sa nouvelle carapace.

Elle *sue* sa nouvelle robe, et il ne lui faut pas grand temps pour reparaître sur le sable ensoleillé des ruisseaux avec sa toilette toute neuve, plus belle, plus solide et mieux appropriée à sa taille que son ancien vêtement.

Chaque fois que l'Ecrevisse juge à propos de faire une toilette nouvelle, elle n'a qu'à se gonfler et qu'à se secouer, qu'à *suer* un nouvel habit, qu'à *transpirer* une autre robe. Elle a toujours un vêtement de rechange sous la... pince.

Combien de pauvres diables, moins privilégiés que l'Ecrevisse des ruisseaux, seraient heureux de pouvoir renouveler leur garde-robe et de se débarrasser de leurs haillons par une secousse!

33. — La Grenouille

A la surface des fontaines et des étangs frétille un petit monstre, à la queue longue et charnue, à la tête énorme et grotesque : c'est le têtard.

C'est un poisson; il n'a l'air de rien, mais il nous réserve dans une flaque d'eau un des plus étonnants spectacles de la nature.

Bientôt, changeant de forme et d'existence, d'appétit et de destinée, il devient presque tout à coup un être absolument nouveau qui s'élève comme d'un bond vers une sphère supérieure. En quelques jours le corps s'allonge et grossit, la peau se gonfle, les jambes bourgeonnent, se dégagent, les bras naissent, les dents poussent, la tête semble se détacher de ce corps mis aux chiffons, et l'animal transfiguré jette sa queue au diable.

Le poisson s'est fait reptile, de véritables poumons ont succédé aux branchies : d'herbivore il est devenu carnivore, et d'aquatique, amphibie. Dans sa curieuse métamorphose, accomplie sous tous les yeux au grand jour, en plein soleil, il a conquis un élément : la terre !

Du fond des lacs et des ruisseaux, il s'élance dans les prairies, dans les champs, dans les bois ; il nage, il rampe, il saute, il chasse, il chante, et Dieu sait s'il use de la voix formidable que la nature lui a donnée.

Le têtard s'appelle alors *la Grenouille*.

Mais parce qu'elle a conquis la terre, la Grenouille n'en reste pas moins attachée à l'eau, sa première patrie. Le reptile se souvient qu'il naquit poisson, et c'est dans la vase, son berceau, qu'il plonge, qu'il se cache, qu'il passe l'hiver.

L'eau, c'est toujours sa forteresse et sa maison.

Tous les têtards ne deviennent pas grenouilles. Le soleil est le suprême artisan de cette curieuse métamorphose. Dans les sombres marais du Nord, des myriades de têtards attendent vainement la transfiguration promise. Ils vivent et meurent têtards. Faute d'un rayon de soleil, une vie nouvelle pour laquelle ils étaient faits leur échappe à jamais.

Une singularité de la Grenouille, c'est qu'au lieu de respirer par ses poumons, elle absorbe l'air par sa peau. Mais la peau du batracien exige un état constant d'humidité, afin que les tissus puissent s'approprier aisément le fluide atmosphérique.

La Providence s'est chargée d'arroser la peau des grenouilles : dans l'intérieur de l'animal se trouve une poche dont la peau s'abreuve d'elle-même lorsqu'elle est altérée. C'est une sorte de réservoir dans lequel la grenouille fait sa provision de liquide pour le cas de sécheresse.

Tout le monde sait que deux êtres nagent absolument de la même façon : la grenouille et l'homme. Cet animal pourrait bien être notre premier maître de natation.

Comme chasseur, la Grenouille est un vrai chien d'arrêt. Quand elle a réussi à happer sa victime et que celle-ci est trop grosse pour être engloutie d'un coup, il est curieux de voir la grenouille pousser avec une dextérité merveilleuse, tantôt avec une patte, tantôt avec une autre, la proie rétive qui se débat.

Dans un jardin, la Grenouille est un exterminateur précieux des vers et des limaces. A table, relevée d'une belle sauce blanche, c'est un mets exquis. Sa chair si

légère, si tendre et si saine, tient beaucoup de la douce
saveur d'un blanc de poulet. C'est un mets de convalescent. Un estomac fatigué s'ouvre avec joie à deux douzaines de grenouilles sautées dans du fin beurre d'Isigny.

La Grenouille est bavarde : « Grenouilles, mes sœurs,
s'écriait aux bords des étangs le doux François d'Assise,
ne faites pas tant de bruit; vous m'empêchez de prier. »
Et les grenouilles obéissantes, dit-on, se taisaient.

Qui ne connaît la *rainette*, cette miniature charmante
de la grenouille? C'est la poésie de la famille, c'est la
fleur, ou mieux le bijou de la race.

Son œil brille comme un diamant, et sa petite gueule
est tendue de satin ; un moucheron y tient à peine.
Quand son gosier se gonfle pour envoyer aux étoiles
son cri mélancolique, il devient plus gros que sa tête.
Sa vie n'a rien de terrestre; bien qu'elle n'ait pas d'ailes,
la rainette vit dans le feuillage et saute comme un oiseau
de branche en branche. Est-ce bien là un reptile ? les
fauvettes et les pinsons eux-mêmes vous diraient que non.

Sa robe est verte comme les prés, ou violette ou bleue,
ou jaune comme l'or.

Elle change de couleur à son gré, et tour à tour émeraude, grenat, turquoise, topaze ou rubis, on dirait
qu'elle passe en revue son écrin.

34. — La Salamandre.

Comme la grenouille, la *Salamandre aquatique* ou
Triton appartient à la famille des Batraciens. Son corps
allongé, noirâtre et gluant, parsemé de belles taches
jaunes, s'étend sur quatre pattes de lézard. Sa longue queue
en forme de rame lui sert à fendre les eaux où elle passe
les trois quarts de sa vie à chasser les vers et les insectes.

La Salamandre respire d'abord par des branchies, auxquelles succèdent ensuite des poumons, et cet appareil

nouveau l'oblige à venir sur la surface des eaux. Sa souplesse et son agilité font du Triton un des nageurs les plus gracieux, les plus rapides des étangs.

Dans cette famille le mâle offre de plus vives couleurs que la femelle, et porte sur son dos verdâtre une large crête dentelée.

Sortons de l'étang et jetons un coup d'œil sur la *Salamande terrestre*, qui est aussi une fille des eaux. C'est là qu'elle passe son enfance, et chez elle comme chez le Triton, les poumons remplacent peu à peu les branchies. A la suite de ce changement elle abandonne son berceau liquide et ne vit plus que sur terre.

Son corps sombre et nu est bariolé de taches éclatantes d'un jaune magnifique. Défiant et craintif, ce reptile ne sort de son trou que la nuit pour chercher les vers, les insectes dont il se nourrit. Il est aussi sobre que timide et inoffensif.

L'antiquité et le moyen âge attribuaient à la Salamandre des propriétés merveilleuses et terriblement malfaisantes. Aucune bête peut-être n'a plus souffert de la superstition humaine que la pauvre Salamandre : Pline affirme que le mets qu'elle touche devient mortel aux hommes, qu'elle fait périr les troupeaux, qu'elle peut vivre au milieu des flammes, et qu'elle possède même la vertu singulière de les éteindre.

Vertu bien singulière, en effet, si elle avait jamais existé !

Le moyen âge, si avide de contes et si fertile en imagination, renchérit encore sur les fables absurdes de Pline : l'innocente Salamandre est maudite et redoutée à l'instar du loup-garou, et regardée comme une bête diabolique, infernale, une sorcière à quatre pattes.

Le voyageur qui la rencontre rebrousse chemin, et le pâtre, épouvanté à sa vue, se hâte de ramener à l'étable son malheureux troupeau, sur lequel plane un sort.

La vérité est que si l'on saisit une Salamandre, elle

ne cherche même pas à mordre. Son seul moyen de défense consiste dans une liqueur infecte et gluante, mais parfaitement inoffensive, qu'elle fait sortir de son corps tourmenté par la crainte.

Quand on jette la Salamandre sur des charbons ardents, l'infortuné reptile répand aussitôt des flots d'humeur qui ont donné lieu certainement aux fables ridicules que je viens de rappeler. Alors on voit la Salamandre non pas éteindre les flammes, mais chercher une issue, se troubler, s'arrêter, se raidir, griller, rôtir, brûler, et bientôt il ne reste plus que quelques pincées de cendre de cette prétendue fille du feu, qui n'est qu'une fille des eaux.

On se rappelle que les armes de François Ier étaient « une salamandre couchée au milieu des flammes ». Est-ce que le *Restaurateur des lettres* aurait partagé l'opinion de Pline sur la Salamandre?

Disons qu'au milieu des flammes qui la menacent et l'enveloppent, la Salamandre se défend avec la seule arme qu'elle ait reçue, qu'elle verse sa liqueur comme on verse son sang, et qu'elle expire après avoir bien combattu : *tout est perdu fors l'honneur !*

---

35. — La Sangsue

Vingt-deux estomacs (tous excellents) et trois robustes mâchoires, élastiques, avides, avec une scie dans la bouche ; le corps sombre et mou, gluant, composé de quatre-vingt-dix anneaux, aminci, comme étranglé à ses extrémités, que terminent deux ventouses, l'une en bec de flûte, l'autre en forme de soupape : telle est la *Sangsue*, — un bistouri vivant.

Elle aspire le sang comme on respire l'air. Elle saigne comme la taupe creuse, comme l'araignée file. La sai-

gnée c'est son art, sa passion, sa volupté; le sang est
son nectar. Son avidité est tellement formidable qu'elle
pompe le sang jusqu'à sept fois et demie son poids.

Étudions l'opération chirurgicale de la sangsue :
quand elle veut saigner son homme ou sa bête, elle applique la ventouse buccale sur la peau, avance ses trois
mâchoires, déchire les chairs en les sciant par un mouvement pressé, aspire le sang en faisant le vide.

Si sa voracité va trop loin, il suffit d'humecter la
sangsue d'un peu d'eau salée pour lui faire lâcher prise.

Je parlais tout à l'heure du formidable appétit de la
Sangsue; sa gloutonnerie est tellement acharnée, qu'en
mutilant cette buveuse de sang on ne saurait interrompre son immonde festin. Si l'on coupe une sangsue
en deux, tandis que le sang s'échappe par la plaie, la
ventouse insatiable continue à pomper le sang. Sa voracité défie le fer, et ne cède qu'au poison, au sel !

Un horrible animal, la Sangsue; mais la science l'a
prise dans sa main, et l'a classée au premier rang des
bêtes utiles.

Chaque année, les hôpitaux de Paris achètent pour
plusieurs centaines de mille francs de ces vilaines bêtes,
que le grand Bichat appelait : « le trésor de la vie. »

Combien de vies, en effet, l'horrible Sangsue des
marais n'a-t-elle pas sauvées, et, prenant le sang pour
donner la santé, quels soulagements merveilleux n'a-
t-elle pas apportés aux pauvres malades !

La médecine consomme tant de sangsues qu'on en
fait venir d'énormes quantités de la Hongrie, de la
Grèce, de la Turquie, de la Syrie.

On cultive la Sangsue comme les anciens nourrissaient les murènes, comme nous élevons les truites. On
la pêche, on la récolte, on l'entoure de soins, on l'engraisse de sang. Sur les bords de certains lacs, de pauvres
Bohémiens, aussi dégradés que misérables, ramassent
les sangsues en leur donnant comme appât leur propre

corps; ce ne sont plus des hommes, mais de simples hameçons. Êtres abjects qui versent leur sang pour prendre une bête immonde, comme d'autres pour défendre la patrie !

Mais dans la plupart des pays d'Orient, comme dans les Landes françaises, ce sont surtout les pauvres vieux chevaux qui, poussés à coups de bâton dans la vase des marais, servent à pêcher et à nourrir les sangsues avides. J'ai raconté ce supplice en parlant du cheval, que j'ai montré couché comme un cadavre dans l'eau bourbeuse et grouillante, palpitant de douleur sous la couche noirâtre des sangsues labourant de leur scie implacable ses côtes décharnées, ses flancs rougis; et près du cheval immobile, épuisé, sous cette couche suçante, je vous ai fait voir le pêcheur de sangsues, baissé sur le cheval, arrachant un à un ces insectes comme s'il cueillait des plaies et récoltait la douleur...

———

36 — L'Argyronète — Le Gerris

Architecte et tapissière, peintre, géomètre, chimiste, l'araignée des eaux, l'étonnante *Argyronète* a tous les talents. Elle n'en fait point parade, vivant, humble et cachée dans les eaux dormantes des étangs et des marais.

C'est là, au fond de l'eau, qu'elle construit, avec un art merveilleux, la plus surprenante et la plus gentille habitation qu'on puisse imaginer. L'abdomen entouré d'une bulle d'air, elle plonge et nage avec l'agilité d'un goujon. C'est le goujon que je flatte ici. La nature ne voulant pas que sa gracieuse ondine pût se noyer ou seulement se mouiller, a vernissé son petit corps d'un enduit gluant et protecteur.

Assistons, s'il vous plaît, aux ingénieux travaux de l'Argyronète

Après avoir choisi l'emplacement de sa demeure, elle
file de longs cordons argentés qui s'amarrent d'eux-
mêmes aux herbes aquatiques du voisinage.

Sur ces fils solidement attachés, elle file un tissu soyeux
qui plus tard, gonflé d'air, prendra la forme d'un dé à
coudre et constituera sa poétique demeure. N'anticipons
pas.

Mais comment l'Argyronète pourra-t-elle changer l'eau
de sa maisonnette et la remplir de cet air indispensable à
sa vie? Oh ! c'est bien simple : elle monte comme en se
jouant à la surface de l'étang, prend une bulle d'air qu'elle
emporte sous son abdomen, plonge vers son palais, arrive sous son toit de satin, lâche la bulle d'air qu'elle a
été chercher comme on va puiser de l'eau à la fontaine,
et cette bulle refoule l'eau hors de la maison.

Cet ingénieux manège est répété vingt fois, trente
fois, s'il le faut ; après bien des allées et venues, toute
l'eau qui remplissait le logis se trouve remplacée par
l'air que vient d'emmagasiner, bulle par bulle, la vaillante araignée.

Au contact de l'air le tissu se dilate, se gonfle etprend
la forme d'une cloche à plongeur. Afin de rendre sa
demeure imperméable, l'Argyronète la badigeonne d'un
vernis que son corps sécrète.

Il ne reste plus à la grande artiste qu'à parer son manoir aquatique ; pour une tapissière de sa force, ce n'est
qu'un amusement : en quelques tours de fuseau la soie
se déroule et s'attache autour de la maison, qui se trouve
capitonnée d'un satin éblouissant.

Elle file ensuite un cocon bien doux, aussi blanc que la
neige, qu'elle pose sur un moelleux tapis : c'est le nid
qui va recevoir ses œufs, c'est le berceau où naîtront
les petites araignées.

Mais ce n'est pas tout d'avoir un beau palais de satin,
il faut songer au couvert. C'est justement ce que vient
de faire la prévoyante Argyronète : tout autour de sa de-

meure elle a imaginé des pièges et tendu des filets. L'insecte n'a qu'à venir pour être surpris, empêtré, garotté et croqué.

Ajoutons que l'habitation de l'araignée est défendue par un réseau inextricable de ces fils qu'elle seule peut démêler.

Tel est le merveilleux séjour de l'Agyronète. Que sont devenus les palais de Palmyre et de Babylone? de la poussière qu'emporte le vent. La maisonnette de l'Argyronète ne tient qu'à un fil ; mais ce fil léger résiste depuis des milliers de siècles, et le petit palais de cristal flotte, toujours charmant, au fond des eaux.

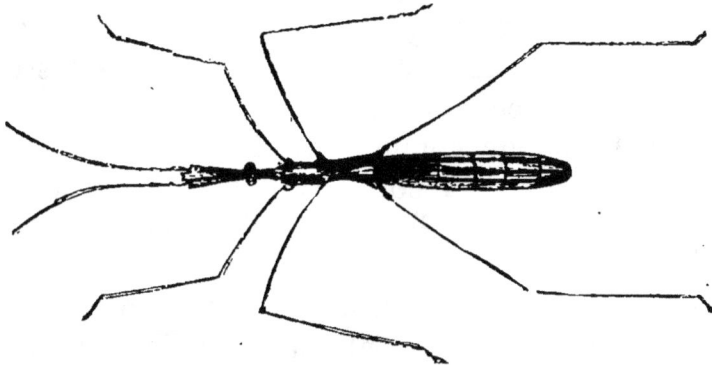

Le Gerris. (Longueur 0ᵐ015.)

Le *Gerris* est une araignée d'eau, légère et déliée, montée sur de hautes jambes, minces comme un fil. Je ne sais rien de plus svelte et de plus dégagé que le Gerris. On dirait un nuage, une fumée, un rêve. Il est cependant fort bien constitué et merveilleusement taillé pour la course : avec ses grandes pattes plus fines que des aiguilles il court, j'allais dire il vole, sur les eaux avec une agilité stupéfiante.

Afin que, dans ses courses aquatiques et vagabondes, le Gerris ne puisse se noyer ou même se mouiller, la prévoyante nature a eu soin de recouvrir ses pattes et son corps d'un duvet soyeux. Grâce à cet habit de bain, le Gerris va et vient, court, s'élance, glisse et bondit sur

la surface des étangs, sans qu'une gouttelette d'eau
jaillisse sous sa longue patte d'araignée. Mais il ne s'agit
pas de toujours courir, de toujours patiner ; il faut
s'arrêter, manger ; alors, le Gerris n'a qu'à allonger ses
pattes de devant armées de pinces solides pour saisir
une victime qui peut-être prenait ce léger insecte pour
une ombre.

37. — L'Hydrophile — Le Dytique — Les Tourniquets

L'*Hydrophile* et le *Dytique* : la victime et le bourreau,
un architecte habile à côté d'un féroce assassin, l'intelligence en face de la brutalité.

Tout le monde connaît l'Hydrophile, ce magnifique
et gros scarabée au corps verdâtre et luisant, nuancé
de beaux reflets métalliques. Sa poitrine se prolonge en
une longue pointe acérée et ses jambes de derrière sont
armées d'un robuste éperon. On dirait un insecte guerrier ; c'est un savant. Cet aspect belliqueux cache des
mœurs paisibles et douces, un naturel timide, une vie
calme, un régime frugal. Comme l'Hydrophile ne se
nourrit que d'herbes aquatiques, il n'a pas besoin de
surprendre ou d'attaquer une proie, de mutiler, de
broyer, d'assassiner une victime.

Son industrie est remarquable. L'Hydrophile construit
une coque élégante où la femelle dépose une cinquantaine d'œufs, de très jolis petits œufs, qui sont à l'œuf de
l'autruche ce qu'une motte de terre est à une montagne.
Pour rendre imperméable ce nid de satin, l'ingénieux
scarabée l'enduit de tous côtés d'une liqueur visqueuse
et le ferme avec le plus grand soin. Mais cette coque, ce
nid, ce berceau va donc se trouver privé d'air ? c'est justement la réflexion que vient de faire l'Hydrophile. Aussitôt
il complète son travail et surmonte sa coque d'une longue

pointe conique qui permet à l'air de pénétrer dans le nid.

Ce chef-d'œuvre demande à peine quatre heures au gracieux artiste. Heureux l'Hydrophile s'il n'est pas interrompu dans ses beaux travaux par les mandibules meurtrières de son implacable ennemi : le Dytique.

Le Dytique est le requin des insectes. Audacieux et féroce autant que vorace, il s'attache aux flancs des poissons, ne lâche prise que lorsqu'il est satisfait, et n'est jamais satisfait que lorsqu'il a arraché, avalé les morceaux ! Ne pouvant dévorer ces géants des eaux, ce pygmée avide et cruel les déchiquète avec fureur. Dans l'impossibilité d'engloutir le poisson entier, il le déchire, en emporte un lambeau.

Dès qu'il aperçoit l'Hydrophile, ce brave architecte, vainement déguisé en combattant, le Dytique se précipite sur lui, s'accroche sur son dos, lui enfonce ses mandibules tranchantes entre la nuque et le corselet, lui sépare la tête du tronc.

Le Dytique est un nageur de première force. Son gros corps, luisant et noir, entouré d'une bande jaune de la forme d'une nacelle, fend les eaux avec une rapidité foudroyante. Ajoutez que ce terrible insecte vole admirablement. Ouvrant ses sombres ailes, il s'en va d'étang en étang, de rivière en rivière, déchiqueter les poissons, décapiter les insectes, promener dans les eaux l'effroi, la douleur ou la mort. Ne soyons pas trop sévère envers cet insecte exterminateur que la nature a créé et armé pour mettre un terme à la trop grande fécondité des races envahissantes.

Le Tourniquet.
(Longueur 0ᵐ007.)

Maintenant, voyez-vous ces petites perles métalliques et brillantes, moins grosses qu'un pépin de pomme, qui courent, qui courent, qui courent en décrivant de grands cercles sur la surface de l'étang ? Ces points de vif argent sont de petits scarabées, des *Tourniquets*.

C'est plaisir de voir ces gracieux insectes décrire sur les eaux leurs grands cercles qui se coupent les uns les autres avec une régularité mathématique, tracer leurs capricieuses arabesques, leurs zigzags étranges, valser, patiner, bondir, se poursuivre, se dépasser dans les éblouissantes évolutions de ce *steeple-chase* aquatique.

Puis, tout à coup, ils s'arrêtent tous comme par enchantement, immobiles, pétrifiés ; ce ne sont plus que des points sur l'eau. Quelle est cette panique ? un poisson qui passe, un oiseau qui vole... tous les points ont disparu dans l'étang.

Ne nous y trompons pas : ce n'est pas la passion de la course ou le plaisir de la danse qui agite ainsi les Tourniquets à la surface des eaux. C'est la crainte, la plus justifiée des craintes : environnés de tous les dangers, s'ils courent, tournent, serpentent, bondissent avec cette fiévreuse agilité, c'est pour se soustraire aux pinces d'un insecte, à la gueule d'un poisson, au bec d'un oiseau.

38. — La Punaise des eaux — La Nèpe

Les eaux, comme la maison, ont leur teigne et leur punaise, insectes très intéressants malgré leur nom odieux.

La *Notonecte* ou *Punaise d'eau* est agile et vive, toujours en mouvement ; elle nage sur le dos comme si elle faisait « la planche », et c'est plaisir de la voir prendre ses rapides ébats à la surface des étangs.

Ses longues pattes de derrière sont garnies de poils disposés comme les barbes d'une plume ; elles remplissent l'office ingénieux d'avirons. Plus courtes et plus nerveuses, les pattes de devant sont destinées à un usage non moins important : elles servent à saisir la proie.

Ce sont des pinces. Rames et fourchettes, telles sont les pattes de cet insecte. Avec les unes il se guide, avec les autres il se nourrit.

La Notonecte est terriblement armée ; avec sa trompe acérée elle perce cruellement le doigt imprudent ou distrait qui la touche. Sa piqûre, dit-on, est presque aussi cuisante que celle de l'abeille.

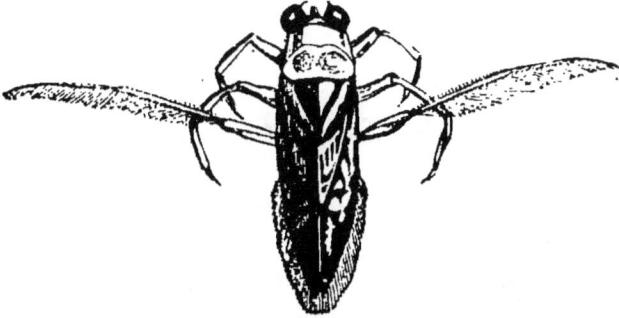

La Notonecte. (Longueur 0ᵐ014.)

La hardiesse et la férocité de cette punaise en font un des bandits redoutés de l'étang. Avec sa terrible lancette, ce cruel insecte se fait un jeu de tuer les jeunes têtards et d'assassiner les petits poissons. Sa pince est toujours tendue, sa lancette toujours prête. La Punaise des eaux n'est pas un vilain insecte ; ses pattes frangées sont très originales, et la couche d'air qui recouvre ses ailes bleuâtres en forme de toit donne à son corps une teinte d'argent.

Si la Notonecte est la punaise des eaux, la *Nèpe* pourrait en être le scorpion. Mais je goûte médiocrement ces sortes de comparaisons, trop souvent exagérées ou fausses.

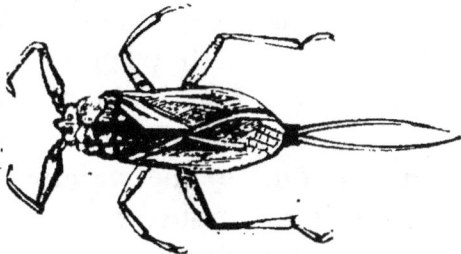

La Nèpe. (Longueur 0ᵐ018.)

La Nèpe a le corps large et plat ; ses longs bras se terminent par des pinces tendues en avant, toujours prêtes à saisir une proie. Sa grande queue rappelle vaguement celle du scorpion.

Particularité aussi triste que bizarre pour une fille des eaux, la Nèpe ne nage pas. Pour atteindre sa proie elle marche par secousses, s'avance par saccades, reste attachée à la vase des marais, où elle traîne sa queue de scorpion, tandis qu'au milieu des nénuphars et des joncs fleuris, les Gerris et les Tourniquets courent, patinent et valsent sur les eaux.

---

39. — L'Hydre verte

L'*Hydre verte* est le phénomène des marais et des étangs. Ce n'est pas une bête, c'est un couloir vivant. Dans toute sa longueur, ce singulier polype n'est qu'un tube vide, un sac creux, une peau bizarre qu'on retourne comme un gant sans que l'Hydre s'en porte plus mal. L'envers devient tout simplement l'endroit, et l'Hydre, toujours alerte, n'a fait que changer la face de son existence.

Où sont les organes de cet être étonnant ? la science les cherche. Où se cache le grand ressort de l'existence ? on l'ignore. Dans quel coin mystérieux de l'animal fonctionne l'importante machine? on ne l'a pas trouvé.

L'Hydre n'est qu'un sac, qu'une peau ; mais ce sac est vivant ; il respire, il nage, il se reproduit, et le principe de vie qui fuit l'observation doit se cacher dans l'épaisseur de cette peau étrange.

Savez-vous maintenant comment on multiplie cet être singulier ? C'est avec une lame, en le découpant comme une galette. Tout autre animal s'empresserait de mourir ; mais l'Hydre, qui est un assemblage de plusieurs êtres et la réunion de plusieurs vies, ne paraît même pas s'inquiéter de ce morcellement. Chaque morceau de la bête amputée se développe et grandit. Chaque tronçon se perfectionne et se complète, chaque fragment devient à son tour une hydre parfaite ; le bourgeon se fait feuille ; le rameau se fait arbre, et c'est par bouture, comme une plante, que l'Hydre des étangs se multiplie.

Si l'on coupe une hydre par la moitié du corps, le côté de la tête prendra celui de la queue et le côté de la queue celui de la tête.

Si vous variez l'opération en coupant l'hydre en long au lieu de la trancher en large, un autre phénomène se produit : en grandissant, la partie droite prendra la partie gauche qui lui manque, et de son côté la partie gauche se complétera de la partie droite dont elle a été privée.

Mieux encore : en fendant ce polype sur certaines parties de sa longueur, on arrive à former un phénomène artificiel, un monstre horrible : une hydre enfin à autant de têtes et de queues qu'on en voudra. Cette bête apocalyptique vivra parfaitement sans manifester le

L'Hydre. (Grossie quatre fois.)

moindre malaise, la moindre surprise.

Qu'importent à l'Hydre cinq ou six têtes de plus ? Cet effroyable supplément ne la gêne en rien, et elle semble indifférente à cette monstrueuse parure. Elle devient ce qu'on veut et regarde pousser ses têtes comme une plante laisse bourgeonner ses feuilles, et c'est ainsi qu'en taillant une hydre comme un copeau on n'arrive qu'à multiplier sa vie.

De même que l'horticulteur fait pousser des champignons dans une plate-bande, l'homme, avide d'expériences et d'études, prend l'Hydre des étangs et fait germer cinq ou six têtes sur ce corps déjà si étrange passé à l'état de phénomène et de caricature.

40. — LES PLANTES AQUATIQUES

La flore des eaux est aussi brillante et aussi variée, mais plus étrange, plus curieuse que celle des champs et des bois.

Voici d'abord les *joncs* et les *roseaux* aux tiges élancées, aux feuilles murmurantes; les *menthes* et les *glaïeuls*, la *salicaire* aux épis rouges, les *mauves* aux fleurs lilas, la *renoncule* des étangs et le *jonc fleuri* qui, le pied dans l'eau, « ouvre au soleil son ombelle rosée ». Voici encore le *plantain des eaux* aux trèfles d'argent, l'*ancolie* aux fleurs bleues, l'*iris jaune* aux fleurs d'or, et le *liseron*, qui enguirlande les oseraies de clochettes roses.

Ici le *nénuphar* étale sur les eaux ses larges feuilles où se dresse une coupe d'or ou d'argent. Là les vertes *lentilles* forment des tapis flottants.

Plus loin les *myriophylles*, qui portent des épis de charmantes fleurettes, et la *callitriche* ou belle-chevelure, qui dénoue sur la surface des eaux ses feuilles touffues et légères.

D'un côté le gracieux *chara* allonge de toutes parts ses petits rameaux branchus, ponctués de vésicules rouges pleines de graines. D'un autre côté, l'*anacharis* aux tiges frêles et déliées incline sur l'étang le gracieux bouquet de ses feuilles coquettes. Aux *carex* élégants, aux *souchets*, aux *hottonia* se mêlent les *arums* aux jolies feuilles allongées en cœur, à la longue tige coiffée d'un cornet de satin blanc, d'ou s'élance un épi de fleurs jaunes aux parfums délicieux.

Dans les eaux se cachent l'étonnante *utriculaire*

aux vessies merveilleuses et la *châtaigne d'eau*, qui ne monte à la surface des étangs qu'une seule fois, pour fleurir.

Aux bords des rivières et des marais se dressent deux fleurs charmantes et perfides, le *rossolis* et la *grassette*, dont les feuilles éclatantes s'étalent en rosette visqueuse, tombeau des insectes.

Parmi ces plantes, les unes annoncent le voisinage des eaux, les autres penchent leur tige sur l'onde comme si elles voulaient se mirer dans les rivières et les étangs. D'autres, plus hardies, mettent franchement le pied dans l'eau; d'autres enfin vivent submergées dans la vase avec l'eau pour ciel.

Parmi ces plantes, il en est qui le matin font leur apparition sur la surface des étangs et le soir se retirent sous les eaux; il en est d'autres qui, munies de vessies natatoires, montent ou descendent dans l'onde selon que ces outres merveilleuses se remplissent de liquide ou d'air. Enfin ces plantes dont la tige flotte dans l'étang sont comme amarrées à la rive par des racines terrestres ; d'autres, au contraire, ont des racines aquatiques, et libres, détachées de tout, voguent à l'aventure, indécises, errantes, comme des plantes en peine.

Vous plaît-il maintenant de longer la rivière ou de faire le tour de l'étang pour nous mettre en rapport plus intime avec les plantes les plus importantes et les plus curieuses des eaux ? Commençons par les roseaux et les joncs.

41. — Les Roseaux

Les *Roseaux* sont la parure et la musique des étangs.
Ils entourent les eaux d'une verte ceinture qui s'agite,
ondule et murmure au moindre vent. Sous ces touffes de
verdure se cachent les grenouilles bavardes et les salamandres tachées de jaune, des poissons, des insectes, des nids
d'oiseaux. C'est le rempart mouvant qui sépare la terre
des eaux.

Le Roseau est une plante charmante qui semble animée.
On dirait qu'elle soupire, qu'elle se plaint ou qu'elle
chante dans une langue aérienne. On dirait qu'elle
veut suivre le vent qui passe et dérober sa pointe
agitée aux sveltes « demoiselles » qui s'y posent, comme
un diamant, dans leur valse capricieuse le long de la
rivière.

Le Roseau est une plante modeste. Il ne l'est pas sous
les tropiques, où son feuillage gigantesque abrite les
monstres des grands fleuves de l'Amérique ou de l'Inde,
des reptiles immenses, le caïman, le boa, des hippopo-
tames, des tortues énormes.

La Fontaine l'a dit : « Le Roseau plie et ne rompt pas. »
Faut-il en conclure que le Roseau n'est qu'un courtisan
toujours prêt à s'incliner pour relever plus haut sa tête ?
Combien de gens alors, à l'échine docile et souple,
auraient le droit de prendre pour armes le Roseau des
rivières ! Non ! la courbette du Roseau n'est qu'un gracieux salut à la brise qui passe.

On a fait au Roseau une grande réputation de commé-
rage. Vous connaissez, sans doute, l'histoire : Un jour
le roi Midas ayant eu l'impertinence de préférer la flûte de
Pan à la lyre d'Apollon, le dieu de la musique le châtia
spirituellement de ce mauvais goût, en affublant sa tête
royale d'une paire d'oreilles d'âne. Grâce à sa longue

chevelure, Midas put dérober son infirmité aux regards de ses courtisans, mais non à l'intimité de son barbier. Celui-ci, dans la crainte de trahir le secret du roi, fit un trou au bord d'un étang et le confia à la terre. Mais il y avait là des roseaux qui entendirent cette curieuse confidence et ne purent garder le secret. Chaque fois que le vent passait dans leur voisinage, ils murmuraient : « Le roi Midas a des oreilles d'âne. »

Avouons entre nous que l'aventure était trop piquante pour être tenue secrète.

Rappelons que la première flûte fut un roseau : le vent qui, en passant sur une plantation de roseaux, faisait résonner les restes des tiges que la cognée avait épargnées, donna les premières idées des pipeaux ; le souffle de l'homme introduit dans les tuyaux en tira des sons mélodieux. D'épreuve en épreuve, les pipeaux furent perfectionnés et la flûte fut inventée. La flûte de Pan, que Midas avait préférée à la lyre d'Apollon, n'était que des pipeaux composés de plusieurs roseaux.

Tel est l'instrument qu'on a découvert chez des insulaires de la mer du Sud. Il consiste en une dizaine de petits roseaux attachés ensemble sur une seule ligne. On en joue en le faisant glisser sur les lèvres. Ces roseaux de même grosseur, mais coupés à des longueurs inégales, produisent des sons différents, vagues et monotones, irréguliers comme toute musique primitive.

Le Roseau est une plante biblique. Il revient souvent dans les pages de l'Écriture. Avant de se réfugier au désert, Agar répudiée passe une nuit dans une touffe de roseaux et les Hébreux captifs ne cessent de travailler aux pyramides que pour couper les roseaux du Nil.

Les roseaux se mêlent aux palmes sous les pas de Jésus entrant dans Jérusalem, et quand il est condamné à mort, ses juges lui mettent dans la main pour sceptre ridicule un roseau :

Voilà le Roi des Juifs !

Non, ce n'était pas le roi des Juifs, un Saül, un David, un Salomon; mais le Roi du monde, inaugurant par sa mort avec sa couronne d'épines et son sceptre de roseau un règne qui dure depuis deux mille ans.

———

42. — Les Joncs

Les *Joncs* se mêlent aux roseaux pour enguirlander les rivières et les étangs. C'est la parure et la barrière des eaux.

Le Jonc est l'emblème de la docilité : sa tige simple et mince se plie, se courbe, se tresse comme l'on veut. On en fait mille objets charmants.

Tandis que le roseau discute avec le chêne, le Jonc se rend utile. Dans beaucoup de contrées de l'Amérique et de l'Inde, il n'est guère d'usages auxquels il ne se prête avec une rare complaisance. Le Jonc, c'est le toit de la hutte et la natte où l'on dort; c'est le panier où l'on entasse la récolte, la corbeille où l'on serre les provisions, le chapeau léger qui affronte les rayons du soleil, le bâton solide et gracieux qui sert d'appui au voyageur. En jonc sont les berceaux d'enfants, et sur les bords du Zambèze il est une peuplade qui ensevelit ses morts dans un cercueil en jonc. Le Jonc léger! c'est par là que commence et que finit dans ces contrées la fragile vie de l'homme.

L'Amérique nous envoie ses cannes et la Chine ses chapeaux. Alexandre, César, Napoléon avaient fait le rêve de conquérir le monde : il semble que la Chine ait l'ambition de le coiffer. A chaque été elle inonde l'Europe de modestes chapeaux en jonc dont le bas prix se mesure à toutes les têtes. Il faudrait être plus pauvre que Job pour risquer un coup de soleil, et le Juif-Errant lui-même pourrait s'offrir un de ces chapeaux chinois dont le prix est justement : cinq sous.

Enfin de compte, il n'y a pas beaucoup de plantes, j'imagine, qui puissent servir, comme le Jonc, à faire des paniers et des toitures, des corbeilles et des chapeaux, des nattes, des berceaux, des tapis, des cannes et des cercueils.

Malgré tant de services, le Jonc est un ennemi du progrès. Il fuit devant les cultures et il a horreur de la charrue, ce premier outil des civilisations. L'invasion des Barbares fut suivie de la grande invasion des joncs et des roseaux qui couvrirent les plaines de la Gaule.

Demandez au Jonc ce qu'il a fait des antiques cités qui se pressaient jadis aux bords des fleuves ? Un désert de verdure. N'a-t-il pas envahi ces fleuves eux-mêmes, rétréci leurs rivages, accaparé ou détourné leurs eaux ? Regardez l'Euphrate et le Tigre ; regardez le Jourdain !

Là où s'épanouissent nos grandes villes, Bordeaux, Rouen, Lyon, Paris, se dressait autrefois le Jonc barbare. Il fallut l'arracher pour poser la première pierre, et, dans les âges à venir, quand ces riches cités auront disparu, le Jonc, qui fut expulsé de leur berceau, renaîtra sur leurs ruines.

La graine du Jonc a, d'ailleurs, une étonnante faculté germinative. On sait que des graines de haricot, de seigle et de froment poussent admirablement après un siècle et demi, deux siècles même. M. Duchartre affirme que des graines trouvées dans de vieux tombeaux remontant à l'époque celtique ont levé en grand nombre, par centaines. Certains botanistes vont jusqu'à affirmer que l'on a obtenu la germination de grains de froment trouvés dans des tombeaux de momies égyptiennes.

Voici maintenant ce que dit M. Grimard à propos des joncs qui recouvraient, il y a vingt siècles, le berceau de Paris : « Il est avéré que dans les fondations de l'une des plus vieilles maisons de la Cité, il a été recueilli tout récemment des graines d'une espèce de joncs qui ont parfaitement germé. Les vigoureuses pousses de ces graines nous ont ainsi montré les descendants des joncs antiques qui, il y a deux mille ans environ, furent foulés sur la plage par les premiers fondateurs de la vieille Lutèce. »

N'est-elle pas admirable la vitalité de ces graines de jonc qui se conservent intactes pendant des siècles, dans un coin obscur, comme si elles attendaient la ruine de Paris pour reprendre leur place aux bords de la Seine !

43. — Les Nénuphars. — Les Lentilles d'eau

Les *Nénuphars* et les *Lentilles* décorent la surface des eaux. Les unes en font un tapis vert, les autres un parterre flottant. Il y a deux espèces de nénuphars : le blanc, le jaune. Le premier étale sur l'onde de belles fleurs de neige, le second dresse sur ses larges feuilles une coupe d'or.

Les Nénuphars.

Le Nénuphar règne sur les eaux comme la rose dans les jardins, la marguerite dans les prés, le muguet dans les bois.

Cette plante est à la fois la grande dame et la petite-maîtresse des étangs. Un nuage l'attriste, un coup de vent la froisse, une goutte d'eau l'inquiète : dès que le soleil brille, elle élève sa fleur blanche à la surface de l'onde et la laisse tout le jour sous l'action caressante des rayons, aux souffles attiédis de la brise, aux bourdonnements des insectes. Mais quand vient le soir, elle s'empresse de faire sa toilette de nuit en fermant ses fleurs fatiguées, et disparaît sous les eaux dans son alcôve liquide.

Dans le jour même, quand le ciel s'assombrit, le Nénuphar ferme aussitôt sa corolle comme on ferme la porte au vent et à la pluie, et se retire dans ses appartements aquatiques, d'où il sortira au premier rayon de soleil.

La Lentille d'eau n'est pas plus grosse que la lentille des champs, dont elle a pris le nom. Ce n'est qu'un point vert sur l'étang. Mais ces milliards de points se touchent, se pressent, se confondent et forment sur les eaux des tapis mouvants du plus beau vert.

Les Lentilles d'eau sont des plantes vagabondes et libres, aux racines détachées, flottantes, sans d'autre appui que l'onde.

Sous ces plantes infimes s'abrite et vit tout un peuple d'insectes minuscules, l'*hydre* verte, un sac vivant ; la *daphnie* aux bras ramifiés comme des branches d'arbres, le *cypris*, dont la coquille ressemble à un haricot, le *cyclope*, qui porte un œil au milieu du front, créatures chétives mais admirables, nains microscopiques pour qui la petite Lentille d'eau a les profondeurs immenses d'une forêt vierge.

———

44. — La Châtaigne d'eau. — L'Utriculaire

Une des plantes les plus intéressantes et les plus communes de nos étangs, c'est la *Châtaigne d'eau.*

Elle naît, germe et vit tranquillement dans la vase, qu'elle semble ne devoir jamais quitter. C'est une fille du limon, une pauvre plante submergée qui paraît à jamais privée des caresses de la brise et des rayons du soleil. Attendez ! aussitôt qu'est venu le moment de fleurir, un prodige s'opère : le pétiole de ses fleurs se renfle en une sorte de vessie pleine d'air qui allège notre plante, et la Châtaigne d'eau s'agite, se soulève, se balance, monte, apparaît à la surface des eaux ; et, c'est ainsi que s'élançant de sa prison liquide, elle vient fleurir librement, en plein air, sous les rayons fécondants du soleil.

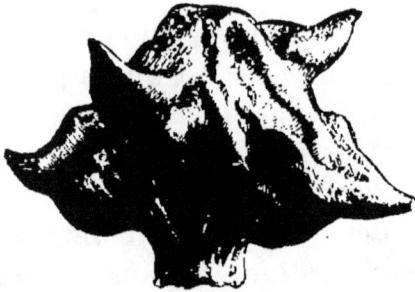

La Châtaigne d'eau.

Après la floraison, la Châtaigne d'eau n'a plus rien à faire à la surface de l'onde. Son devoir est rempli. L'eau succède à l'air dans ces vessies merveilleuses, et peu à peu, elle plonge au fond de l'étang pour y mûrir ses graines.

Le nénuphar apparaît tous les matins au-dessus des eaux pour se retirer chaque soir. C'est sa façon de se lever et de se coucher. La châtaigne d'eau ne se montre qu'une fois par an à la surface de l'onde, pour s'épanouir, pour reproduire son espèce. C'est le pèlerinage de la floraison.

Voici encore une plante submergée, la frêle *Utriculaire*, aux pâles fleurettes jaunes. Ses feuilles sont garnies d'une multitude de petites outres ou vessies, d'où vient le nom d'*utriculaire*.

D'après certains botanistes, ces outres ne seraient que des appareils de natation, se remplissant tour à tour d'air et d'eau ; d'eau pour alourdir la plante et la guider au fond des étangs, d'air pour l'alléger, la pousser à la surface.

D'autres naturalistes, qui nous semblent avoir raison, considèrent ces outres comme des engins de pêche. La délicate Utriculaire ne serait, à ce compte, qu'une plante carnassière, une attrapeuse et une mangeuse d'insectes, un **ogre végétal** comme la grassette et le népenthès.

Sur les vessies de l'Utriculaire s'ouvre un petit orifice garni de poils rudes et divergents, appelés, selon Pizzetta, à repousser les trop gros insectes qui voudraient forcer la place. Derrière ces poils, une sorte de clapet, une soupape qui s'ouvre du dehors en dedans, trappe ingénieuse et perfide, libre pour l'entrée, inexorable pour la sortie.

Malheur à l'imprudent insecte qui, égaré dans les poils de l'Utriculaire, pousse ce clapet trompeur, pénètre dans cette outre, son tombeau ! Pour lui, cette trappe imperceptible est comme la porte de l'enfer de Dante, « où il faut laisser toute espérance ».

D'abord, l'insecte nage avec volupté dans cette gouttelette d'eau qui lui semble un océan, mais bientôt sous l'énergique action des ferments que sécrète l'outre de la plante, il se décompose et disparaît. L'Utriculaire a dévoré son prisonnier.

44. — Le Rossolis. — La Grassette

Aux bords des étangs se rencontrent deux plantes fort élégantes et dont les singuliers instincts ne sont pas sans analogie.

Ce sont le *Rossolis* et la *Grassette*.

Toutes les deux prennent les insectes à la glu. Le Rossolis les retient captifs, et puis les rend à la liberté — s'ils ne sont pas morts en prison. La Grassette fait mieux : elle mange ses prisonniers.

Le Rossolis affectionne le bord des étangs et des rivières. Du centre de ses vertes feuilles étalées en rosette s'élance un joli épi de fleurettes blanches.

Laissons l'épi, parlons des feuilles : leurs bords sont couverts de poils au bout desquels brille une perle de rosée, gouttelette toujours fraîche, toujours gluante.

L'infortuné moucheron qui, de son aile ou de sa

patte, effleure ce piège charmant, se trouve aussitôt
englué, et plus il fait d'efforts pour se dégager, plus il
s'empêtre, plus il irrite la plante qui châtie l'étourdi du
désagrément qu'il lui cause en l'enfermant sous ses poils
qui se courbent, se croisent et se courbent encore,
emprisonnant comme dans une cage leur petite victime.

Quand le Rossolis est calmé, les poils s'écartent,
et le prisonnier est libre ou étouffé.

Après tout, le Rossolis n'est pas une plante carnassière.
Il n'a que ses nerfs.

Tout autre est la *Grassette*. Comme le Rossolis, elle
étend en rosette élégante ses larges feuilles molles et
vernissées. Du milieu de cette rosette s'élèvent deux
tiges droites et fines, couronnées de petites fleurs violettes.

Comme pour le Rossolis, laissons la fleur, observons
la feuille. Quelles que soient la sécheresse du sol et
l'ardeur du soleil, le bord de ses feuilles est toujours
humide et brillant, couvert d'une liqueur onctueuse
que sécrète la plante elle-même.

Si vous regardez attentivement, vous apercevrez sur
ces feuilles des dépouilles informes, des débris d'insectes. Qu'est-ce donc ? Un assassinat, un véritable
assassinat aggravé d'un guet-apens. Voici le drame :
l'insecte qui se hasarde sur les feuilles visqueuses de la
Grassette est aussitôt pris; alors, tout doucement, la
feuille se recourbe sur la proie, qui se trouve à la fois
engluée et emprisonnée. Au bout de quelques heures, la
feuille se déroule peu à peu et vous regardez; plus d'insecte, une dépouille, des débris... La Grassette a dîné.

FIN

TABLE DES MATIÈRES

DU PREMIER VOLUME

Paris. — Imp. Vᵉ P. LAROUSSE et Cⁱᵉ, rue Montparnasse, 19.

Paris. — Imp. Vᵉ P. LAROUSSE et Cⁱᵉ, rue Montparnasse, 19.

www.ingramcontent.com/pod-product-compliance
Lightning Source LLC
Chambersburg PA
CBHW061107220326
41599CB00024B/3946